一体两翼

虚实融合的真谛

朱文海　唐明南　肖莹莹　著

清华大学出版社

北京

图书在版编目（CIP）数据

一体两翼：虚实融合的真谛 / 朱文海，唐明南，肖莹莹著.—北京：清华大学出版社，2024.3（2024.4重印）
ISBN 978-7-302-65621-0

Ⅰ.①一… Ⅱ.①朱…②唐…③肖… Ⅲ.①智能制造系统 Ⅳ.①TH166

中国国家版本馆CIP数据核字 (2024) 第044919号

责任编辑：刘 杨
封面设计：傅瑞学
责任校对：欧 洋
责任印制：宋 林

出版发行：清华大学出版社
      网   址：https://www.tup.com.cn，https://www.wqxuetang.com
      地   址：北京清华大学学研大厦 A 座   邮   编：100084
      社 总 机：010-83470000   邮   购：010-62786544
      投稿与读者服务：010-62776969，c-service@tup.tsinghua.edu.cn
      质量反馈：010-62772015，zhiliang@tup.tsinghua.edu.cn
印 装 者：三河市铭诚印务有限公司
经   销：全国新华书店
开   本：185mm×260mm   印   张：12.75   字   数：256 千字
版   次：2024 年 3 月第 1 版   印   次：2024 年 4 月第 2 次印刷
定   价：52.00 元

产品编号：102307-01

智能制造模式／系统的实践认识
（代自序）

自 20 世纪 90 年代初开始研究和探索以计算机集成制造（computer integrated manufacturing，CIM）为代表的先进制造模式，转眼 30 多年过去了。在工作中，我先后研究和试点应用了计算机集成制造、并行工程（concurrent engineering，CE）、精益生产（lean production，LP）、敏捷制造（agile manufacturing，AM）等先进制造模式／技术，积累了一定的实战经验。2011 年以来，我又开始研究和探索以工业 4.0 为代表的智能制造模式，希冀能够深入理解和掌握新一轮智能制造的哲理与技术途径，总结形成一套制造业转型升级的系统方法论，支持我国制造业企业提升核心竞争力和自主响应市场变化的能力，助力我国从制造大国走向制造强国。

为了总结、凝练多年研究与工程实践的经验，近年来先后撰写了《从计算机集成制造到智能制造：循序渐进与突变》《制造业数字化转型的系统方法论：局部服从整体》《智能制造中的建模与仿真：系统工程与仿真的融合》3 部专著。其实，在写作之初，每本书都是独立构思的，并没有留意它们的内在联系。在构思本书的过程中，在重温、回想已出版的 3 本专著的核心思想、技术脉络时，猛然发现这几本看似孤立的书，与正在撰写的《一体两翼：虚实融合的真谛》刚好构成了一个紧密关联的系列。或许是智能制造模式／系统本身就具有灵性，它一直为我指引着研究和探索的方向，似乎早已暗中圈定了撰写的范围与内容。

1. 通晓先进制造模式累积进化的历程

英国前首相温斯顿·丘吉尔曾经说过："回溯往昔，你向后能看多远，你向前就能看多远。"这句话对我们研究当下的智能制造模式／系统，猜测智能制造未来的走向，都是大有裨益的。实际上，科学研究的方法也是如此。科学就是在扬弃的过程中不断向前发展的。对问题（现象）给出"暂时"最合理的解释，随着认识的提高，用新的解释替代和完善原有的解释。这一过程不断更迭。依据科学技术累积进化的观点，可以将先进制造模式看作一个有"生命"的系统。随着企业生存环境和需求的变化，先进制造模式为了适应变化而不断改进和完善，变化积累到一定程度则发生突变，新的制造模式就出现了，从而不断满足制造企业永续生存的需要。

半个多世纪以来，为了提升制造企业的生产能力、降低产品成本、提高产品质量，为消费者提供丰富多彩的产品和服务，美、日、法、德等发达国家根据制造业生存和发展的需要，以及不断变化的消费需求，制定了诸多发展规划，陆续开展了计算机集成制造、并行工程、精益生产、敏捷制造、智能制造（intelligent manufacturing，IM）、大批量定制（mass customization，MC）、绿色制造（green manufacturing，GM）等先进制造技术、系统的研究和应用实践，形成了多种先进制造模式，为其本国制造企业赢得全球化的市场竞争提供了强有力的理论、技术、集成系统产品和服务支持。例如：计算机集成制造提出从系统的观点进行协调，进而实现信息、功能与过程的集成（系统集成），使得信息流动起来，解决了制造企业自动化"孤岛"问题，但 CIM 并没有对企业层科级（金字塔）组织结构、串行流程提出明确的再造需求。并行工程则借鉴和发展了CIM，在组织、经营过程、技术上都超越了 CIM，即组建由来自不同部门的人员、用户代表，甚至竞争对手组成的多学科产品团队（integrated product team，IPT），变传统的串行流程为并行流程（integrated product process development，IPPD），广泛采用 CAX/DFX、PDM 工具 / 系统，在产品设计的早期阶段就充分考虑影响产品质量的因素，从而缩短产品研发周期、降低成本、提高质量等。敏捷制造则继承了并行工程的成果，通过组建动态企业联盟（跨地域的虚拟企业），实现企业的敏捷与柔性，以及信息共享、制造资源的高度利用等，快速响应市场需求。大批量定制则兼顾了客户的个性化要求，实现按订单生产，充分借鉴规模生产的成本优势，为客户提供低成本、定制化的产品和服务。绿色制造则进一步将环境保护因素引入制造过程中，从设计源头就考虑产品全生命周期的绿色化。不难看出，各种先进制造模式就是伴随市场竞争、客户需求、技术进步等，不断产生而丰富发展起来的。从不同的角度、不同的层次对已有的先进制造模式进行扩展完善，解决了当时制造企业面临的突出困境与挑战，并取得了显著的效果。随着智能、数字经济时代的来临，新的先进制造模式也必然会应运而生。

2011 年，德国政府发布《德国高技术战略 2020》，涵盖了工业 4.0、数字化进程、智慧服务、大数据、云计算等领域。其中，工业 4.0 是以智能制造为主导的生产方法，其目标是建立高度灵活、个性化、数字化的产品与服务的生产模式，推动制造业向智能化转型。伴随着工业 4.0 的提出，智能制造的热浪顷刻间席卷全球。今天的智能制造当然也不例外，它不是凭空产生的，而是在综合集成多种先进制造范式优点的基础上，汇聚云计算、物联网、大数据、人工智能、自主感知等科技成果，构建一个理想的智能制造系统，从而实现制造企业（集群）纵向、横向，以及价值链端对端的三类集成。通过建设全面宽频的互联网基础设施，使更多的企业，特别是中小企业，乃至个体设计师（工程师），随需组建跨地域的动态联盟（虚拟组织）。动态联盟中的每个成员都能使用赛博物理系统（cyber physical systems，CPS）并行、协同地开展产品设计、生产与服务等，使整个 CPS 中的制造资源得到高效利用，进而实现优化资源生产率和效益的总体目标。

众所周知，生产力决定生产的方式和组织形式。先进制造模式／系统的产生和发展也必然受科学技术的制约。如果某种先进制造模式与当时的生产力水平不匹配，无论是超前，还是落后，都无法充分发挥其应有的能力和作用，甚至一定时期内还会妨碍生产力的发展。另外，每一种先进制造模式所要解决的问题都会有侧重点，也会有一定的适用范围。因此，实施先进制造模式、构建智能制造系统时，首先必须十分清楚研究的对象、拟解决的系统问题，然后确定合理、有效的数字化转型目标，进而设计解决系统问题的总体方案，以系统方法论为指导，循序渐进地实现制造企业数字化转型的目标。

2. 掌握解决复杂系统问题的方法论

与云计算、大数据、物联网，以及以机器学习为代表的人工智能等技术的研究、开发和行业实践沸沸扬扬、喧嚣的场景类似，数字化转型一瞬间也成了当下的热潮。面对潮流，一部分企业或敏感地捕捉到新的商机，或唯恐被竞争对手超越，急切地涌入转型者的行列，以求能立于潮头，或至少可以分一杯羹。一些信息化服务商巧借新概念华丽转身，摇身一变成为数字化转型的服务商。由于缺乏理论体系的指导和实践经验积累，这些服务商提供的解决方案犹如"盲人摸象"，仅仅是数字化技术、工具等应用的花样翻新，甚至是新概念的堆砌，仅从企业运行的某个侧面，零敲碎打地试图解决企业问题（将一头大象砍成两半，永远也得不到两头小象），没有能够站在系统整体的高度为企业设计系统解决方案。正可谓头痛医头、脚痛医脚，而企业真正的症结在何处却不得而知。更有甚者，一些服务商所提供的解决方案犹如"**普罗克拉斯提斯之床**"，强迫企业去适应其解决方案。

历史经验总是不断地提醒人们：任何潮流，既蕴含着新生事物强大的生命力和潜在的商业价值，又很容易在涌动中吹起泡沫，形成陷阱，致使盲从者折戟沉沙。一些制造企业在没有找准数字化转型切入点（支点）的情况下，便急匆匆地踏上了数字化转型的征途，以为只要乘上转型的头班车就万事大吉了。尽管投资了很多软／硬件，也漫无目的地采集了许多数据（其实那些数据不过是躺在 IT 系统中的一堆杂乱数据，根本没有转变成为有用的信息），却不能为企业战略决策提供任何强有力的支持。一些企业没有全面意识到这一轮数字化转型的战略性、系统性和长期性，仅仅重视各种自动化设备、机器人、信息系统的购入，认为有了自动化、智能装备、智能产线、智能车间，就实现了数字化转型。对于数字技术与工业技术的深度融合，数字技术与组织、流程、管理等方面深度融合的整体性、系统性的认识严重不到位。显而易见，工具本身并不能给企业带来全面的数字化转型，这些工具需要有合适的人来掌控，需要与各项业务工作很好地融合在一起，需要以精细化的企业内部管理作支撑。这些企业虽然在数字化转型上花费了九牛二虎之力，但是与预期的目标相去甚远，有些甚至偏离了初始方向。出乎意料的实施"效果"使企业对转型的满腔热血化为一盆冰水。

制造企业之所以迫不及待地尝试数字化转型，一方面是来自生存的压力；另一方面，资本的推波助澜，众多服务商、高层论坛以未来趋势名义的大肆炒作，社会舆论部门或领导加入到新概念的无节制宣传中，以及舆论过分渲染等，无一例外地都助长了制造企业数字化转型的"热情"。许多制造企业数字化转型之所以遭遇"滑铁卢"，是因为不清楚为什么要转型，或者是没有抓住问题的关键，却在非紧要处猛下功夫，更有甚者错把手段当成目的，最典型的就是"机器换人"。正如系统思考专家德内拉·梅多斯（Donella H. Meadows）指出：构成系统的三个要件是**要素**、**内在连接**和**目标**。其中，系统中最不明显的部分——目标才是系统最关键的决定因素；内在连接也非常重要，如果改变要素之间的连接，通常会改变系统的行为；要素虽然是我们在系统中最容易被注意到的部分，但它在系统中是最不重要的，除非要素的改变能够导致目标或者连接的改变。只要不触动系统的内在连接和总目标，即使替换所有的要素，系统也会保持不变，或者仅发生缓慢的变化。

制造业数字化转型工作是以目标为导向，以系统方法论为指导，以切实可行的系统解决方案为技术路线，努力实现自身业务的数字化，即建立与现代生产力相适应的生产方式和组织形式，利用数字化工具和手段，建立覆盖全系统、全方位、全过程的价值创造空间，按需动态、优化配置全生态圈的资源，以提升制造企业价值创造的核心能力，并为客户提供完美的价值体验。随后才是利用数字化转型形成的模式，积累的技术、经验等，开拓新的产业领域。如果企业变革的重心、次序发生了错位，就会导致变革的失败。

制造企业数字化转型是一个漫长、需要稳步推进、持之以恒的过程，不存在唯一的成功标准，而且也无法实现生态圈、企业、工厂、各个部门以及生产线之间的完全同步。对于制造业数字化转型的目标系统建设而言，由于建设过程中不可能让原有系统停止运行来重建或完善目标系统（系统重构），因此，最好的解决方案也是唯一可行的路径，就是一小步一小步地逐渐进化，直至实现转型的每一个阶段目标。过猛的行动会导致适得其反的结果，它不仅不会帮助企业迅速实现永续生存的目标，还会导致不稳定和震荡的发生。

强调一点，认识和改造瞬息万变的世界，仅仅掌握系统方法论是不够的。因为，系统方法论是对方法集合中的共性进行的总结提炼，不是解决具体问题的实际方法。要解决复杂系统的问题，还要在系统方法论上，掌握科学的方法。即以系统方法论为指导，确定解决问题的具体方法，按步骤、流程解决实际的问题。

3. 练就构建虚拟世界的真本领

近年来，数字孪生（digital twin）、数字主线／线索（digital thread）、基于模型的系统工程（model-based systems engineering，MBSE）、元宇宙（metaverse）等新概念如雨后春笋般破土而出，屡见不鲜。仿佛一瞬间，我们曾经面临的、难以解决的问题都随着新概念的提出迎刃而解了。在认真观察、仔细研究后，我们不难发现：听到和看到各种媒介大肆宣传和介绍的大都是某种技术／工具如何好，能解决某种难题，却很少听到解决问题的具体方案。以数字孪生为例，我们时常听到专家学者宣讲利用数字孪生可预测现实系统（产品）的未来，却很少涉及问题的具体解决方法。实际上，大家真正关注的是，应该收集什么样的数据，利用收集到的数据能解决什么问题。换句话说，就是如何对现实系统进行有针对性的数字孪生。直言不讳地讲，不管概念多么华丽，都要有关键技术支撑。今天流行的多种新概念，是统统绕不过建模与仿真这座高山的，避而不谈、视而不见并不能帮助我们解决现实中的问题。

在人类生活的现实世界里，我们会经常遇到很多棘手的问题。为解决这些问题，需要设计科学的解决方案。科学的解决方案通常采用科学方法和计算法，是在给定的约束条件下可以证明的解决方案。必须指出，如果问题存在一个精确的数学解（解析解），就应该毫不犹豫地使用这个精确解。可是，现实世界中观察到的大部分问题往往因为太复杂而无法采用科学理论方法直接、快速地解答。当遇到复杂问题又急需解答时，人们不得不采用工程启发式方法。启发式（heuristics）源自希腊词汇 heuriskein，意思是"寻找办法"。因此，启发式可以理解为合适的或可执行的经验的集合。如果一个特定的方法在过去用过，很可能在未来同等条件下也有用。简而言之，如果存在精确解，科学家必须找到它；如果科学家找不到，就得靠工程师想办法。和我们在日常生活中解决问题时采用的方法一样，工程师或科学家解决复杂问题的基本策略是**简化**，即将复杂事物简单化。为了理解和处理复杂系统，我们需要使用模型对复杂系统进行**形式化描述**。

模型作为思考的工具，是科学研究的重要手段。尤其是在大规模工程技术应用项目中，模型更是必不可少的。在科学研究和工程实践中，我们能够构建一个模型，利用它进行试验，并根据特定的应用目标，对它进行相应的修改完善。由于客观世界的复杂性和无限性，人们在某一个具体阶段，对于客观世界的认识总是简化的，只能从有限的某个部分或某些方面来描述和反映客观世界，即总是从客观事物的无限属性中，选择主要的、当前关注的若干属性，形成对于某事物（或复杂系统）的一个简化的"版本"。在众多学科中，人们公认基于模型的范式是系统工程强有力的方法，而建模与仿真为这一方法提供了核心机制。建模与仿真是人类认识世界和改造世界的必由之路。

构造虚拟世界来研究真实世界中的问题，需要经历三个基本建模阶段，即概念建模、数学建模、仿真建模。这三个阶段所采用的表达形式，其抽象程度是依次递增的。也就是说，从表现形式上，三类模型离我们所认知的真实世界越来越远（这里不涉及仿真可视化所达成的直观性）。

（1）概念模型是对真实世界的第一次抽象，是构建后续模型的基本参照物。以概念描述的模型便于人们的理解，但并不适合计算机的计算和运行。因为计算机在本质上是一个因果逻辑系统，需要在概念模型的基础上采用更注重逻辑和数量关系的形式，将概念模型中的数量关系、逻辑关系描述出来，以便于计算机程序的开发，其中用图元描述形成图元模型，用数学符号描述形成数学模型。

（2）数学模型是构建摆在大家面前的实际问题与数字工具之间关联的、必不可少的桥梁。数学建模的综合作用、桥梁地位和创新理念已被越来越多的人接受。数学模型的应用是模型研究方法的一大进步，也是计算机仿真的基础。对于系统描述的形式化和数学抽象，使之可以精确定义和定量研究一个系统。为了进行仿真，数学模型中还必须给出依据离散化求解特征变量的数学描述。

（3）仿真建模是从仿真对象中抽取概念模型、数学模型并转化为可以在计算机上运行的计算机模型的过程，是对真实世界的第二次抽象。仿真模型与计算机操作系统、采用的编程语言、算法（与计算精度、稳定性、实时性要求有关）有密切关系。计算机模型首先要能忠实地映射形式化描述的模型，其次作为一种软件产品要符合仿真应用的需求：有用、能用、好用和重用。

正如工业 4.0 设想的，制造业未来的生存空间为 CPS。CPS 桥接了原来完全分割的虚拟世界和现实世界，使得虚拟网络世界智能化，并基于物理世界与虚拟世界的相互连接，有机地实现信息交互，并且能够优化物理世界设备之间的控制、操作和传递，构成一个泛在、绿色、智能、高效的物理世界，使得现实世界更加丰富多彩。可以想象，人类未来生存的空间应该是更加泛化意义上的虚实融合的世界。面向未来，我们对虚实融合的世界该有怎样的认识呢？

4. 领悟虚实融合世界的真谛

科学技术的飞速发展，已将人类带入了现实世界和虚拟世界并存、融合的境界。这里所说的虚拟世界不是指人的精神世界，而是人们根据现实世界通过科学技术手段形成的一个模拟现实的世界。虚拟世界是独立于现实世界，但又与现实世界密切联系的世界。虚拟最早的表现形式是人们凭借语言、图表对事物的一种表征。也就是说，虚拟是与人类相伴相随而生的。早期人们用肢体、口头语言，后来用文字语言、图表来描述虚拟对象，例如象形文字对对象外形的描述，数字对结构的虚拟等。随着数字、信息技术的发展，出现了数字化虚拟，数字化虚拟可以展示事物更多方面的特质，例如三维的形式，声音、动作等，使虚拟事物能更全面地展现赛博空间（cyberspace），给人以更加逼真的感觉。

虚拟不是纯粹的幻想或是完全虚构的东西，它是人们对于自己思想的一种实现，是将自己对于理想世界的想法通过虚拟世界的一种构建，或者说是对现实世界的一种反映。虚拟事物是通过数字技术对现实事物的一种表达，它比文字和图片的一般描述更具直观性和多维性。因此，虚拟是一种真实的存在，它不仅以现实作为依托，也有人为的操作，更有各项技术的支持来表现出它的全貌。没有现实世界的存在，没有人们对虚拟世界的渴望，虚拟世界根本不可能呈现在我们的面前。无论虚拟世界如何发展都离不开人的思想和现实世界的支持。

虚拟来源于现实世界，同时又高于我们生存的现实世界，是对现实世界的一种超越。虚拟世界可以轻易实现我们的构想，它可以超越现实的束缚，达到一种人们理想的世界，丰富人们的生活，使我们的生活充满更多的乐趣。虚拟世界是现实世界的一种升华，是数字技术对现实世界的一种描述，这种形象的描述已远远超过了文字的表达，看似与现实极其相关但是又远远超脱于现实世界。虚拟世界对现实世界的这种强大的模拟使得人们仿佛身临其境，产生极其逼真的感觉，可以帮助人们对其成为现实的可能性做出充分的估计。我们也可以将一些不可能成为现实的东西在虚拟世界中"创造"出来，它可以充分发挥我们的想象力，也许在数年后伴随着科技的进步，这些不可能反而成了可能。

如何构建虚实世界融合的模型，给出合理的解释，是摆在我们面前的重要课题。今天，人类生活的世界已连接了数以亿计的智能装备、传感器等，未来会更多。为此，构想虚实融合的模型时，除虚实一体化之外，需要充分考虑其智能、生命等特征。为了更加深入地理解虚实融合的真谛，在多年智能制造理论研究与应用实践的基础上，笔者研究并提出了阐述虚实融合本质的"一体两翼"模型，即虚实空间作为两个翅膀，与（智能的）身体连接，从而构成一个有机整体。像鸟儿一样，既可独自飞翔（个体智能），又可以集群编队飞行（群体智能）。提出模型，给出合理的解释仅仅是开始，还要回答一些系统实现的问题。例如，虚实世界是如何实现连接的？构成虚拟世界的元件是什么？虚实世界融合的方法、过程是什么？答案是数学、建模与仿真。当然也离不开系统工程、项目管理，以及虚拟现实、基于模型的系统工程、数字孪生，以及新近火爆的元宇宙等技术的支持。

智能制造中的 CPS 是虚实融合的典型范例，它完美展现了"一体两翼"的思想，而且多个 CPS 还可以构成智能制造体系，实现生态圈制造能力的涌现。关于 CPS 的构建方法，因制造企业的规模和所处生态位的不同会有所不同。例如，中小微企业可租用服务商提供工业互联网平台构建自己的CPS，并通过该平台实现与利益相关方的联通。头部企业可以将工业互联网平台本地化，构建私有的CPS，再通过平台与其他利益相关方互联。对于制造业的生态圈，可以跨多个工业互联网平台，实现整个价值网络上利益相关方的互通互联。概括起来，未来的CPS将是一个基于工业互联网平台的分布式复杂系统／体系。

5. 结束语

人们在陆地、海洋（第一、第二个域）上生活了多少万年不得而知，我们知道人类凭借飞机进入天空（第三个域）才100多年，对太空（第四个域）的探索仅仅半个多世纪。21世纪，人类创造了第五个域——赛博空间（广义的虚拟世界）。如果我们把近年来倍受推崇的元宇宙视同于赛博空间（由于受内容的限制，笔者认为目前的元宇宙仅仅是赛博空间的子集），那么，CPS描绘的虚拟世界不过是赛博空间在制造领域的投影。即便如此，CPS中的"C"依然是十分庞大、复杂的，因为工业互联网可以将全球制造企业连接在一起。

提出元宇宙、赛博空间等概念相对容易一些，对这些概念的目的、意义、重要性等理解也不存在多大的问题，尽管这些概念的定义迄今为止尚未统一。现实中，我们面临的最大问题是如何构造满足特定场景的元宇宙或赛博空间等，以便进一步实现虚实世界的融合。我们不能仅仅知道5W（When、Where、What、Who、Why），更要知道1H（How to）。如何构造虚拟世界，答案只有一个，即将建模与仿真技术和领域知识（先验信息）融合，构建形式化、简要描述问题的机理模型。与此同时，还要保证驱动模型的数据的正确性。一旦整个系统（体系）的模型发动起来，人类就可以借助技术、装备进入这个虚拟世界，通过虚实世界的互联、互通和互操作，创造更加美好的未来！

朱文海

2022年11月于北京

前　　言

2006 年美国国家科学基金会（The US National Science Foundation，NSF）首次提出赛博物理系统（cyber physical systems，CPS）（国内多译为信息物理系统），并将其作为重点资助的前沿技术方向。2011 年，德国在汉诺威工业展上正式对外宣布"工业 4.0"国家战略，将赛博物理制造系统（cyber physical production systems，CPPS）作为智能制造系统的核心技术。一时间，关于 CPS 的论文、书籍，以及成功案例等，如漫天飞舞的雪花随处飘落。现如今，随着 MBSE、数字孪生、数字主线、混合现实、元宇宙等新概念如雨后春笋般地涌现，在各种交流场合已经很少有人提及 CPS 了，似乎它已风光不再，像风驰电掣的高铁一样在人们的视野中瞬间消失。真心希望这仅仅是笔者看到的表象，深信专家、学者们对 CPS 的研究、探索一天也没有停止过，恰如水面下的暗流涌动。

虽然 CPS 概念的提出已有十多年了，即便从 2011 年算起也十年有余，但是国内外对 CPS 这个复杂主题的研究仿佛才刚刚开始，认识的程度也远远不够。在普罗大众将目光转向更多的新概念、新技术的时候，有没有意识到，这些新概念、技术产生的原因，恰恰是因为 CPS 构建需求的牵引，以及人们渴望在虚拟环境中对已有系统或构想中的系统进行研究、体验的强烈需求而产生的。

曾有专家、学者给了 CPS 一个极为通俗的解释，即所谓的鸡蛋模型。其中，蛋黄——physical 表示物理实体，蛋清——cyber 表示由信息、网络、计算机等创建的虚拟世界。将 CPS 比喻为鸡蛋充分体现了 CPS 是由虚实两个部分组合而成的统一体。笔者经过研究、思考后发现，鸡蛋模型多少有点美中不足。虽然鸡蛋模型清楚地阐述了 CPS 的直观表象，但是疏漏了虚实之间的相互作用、渗透和协调等，更突出的问题是无法阐述 CPS 是充满生命、自适应的复杂系统 / 体系。

关于完美体现虚实融合真谛的问题，一直在笔者的脑海中萦绕，时常思考它应该是什么样的。随着对智能制造模式 / 系统研究的深入，对 CPS 的认识不断提高，构想了多个表述虚实融合本质精髓的模型，其中包括较为接近虚实融合本质的太极图——一个阴阳交替、动态演进的模型。然而，该模型也随后被否定，其原因依旧是缺少智能的特质。几经反复，有一天终于恍然大悟，一个清晰的画面在脑海中展现：一只鸟儿在山林中自由自在地飞翔，为了适应周遭环境而不断地调整飞行速度，改变飞行姿势和线路。更令我兴奋的是，豁然开朗之际，竟然还联想到了"一体两翼"这个词，感觉十分贴切、绝妙。继而又联想到可以把生态圈企业集群的 CPS 比喻为天空中飞翔的、浑然一体的鸟群，一个去中心化的复杂系统 / 体系。

激动之余，遂产生了撰写此书的念头，随即花费了数月的时间，构思了本书的大纲，勾勒了骨架和脉络，并收集了大量的支撑材料。经过了一年半左右的笔耕，终于在 2022 年年底完成了首稿的撰写。又几经修改和增删，撰写的工作才告一段落。虽然书稿从构思到撰写完成仅用了两年的时间，但书中饱含着我多年研究与实践积累的大量知识。更重要的是，本书充分吸收和借鉴了国家科技部的国家重点研发计划"网络协同制造和智能工厂"重点专项（项目号：2021YFB1716300）的技术路线和研究成果、依托北京电子工程总体研究所在航天产品数字化研制的成果、航天云网科技发展有限责任公司工业互联网云平台（INDICS）应用实施的成功经验，以及复杂产品智能制造系统技术国家重点实验室团队在智能制造领域研究与实践的成果。没有这些成果的支撑，也难成此书。笔者万分感谢单位和同志们的大力支持和无私奉献。

在此成书之际，心中最想表达的愿望是：一愿思考、实践后的认识，能为大家研究、理解虚实融合做些铺垫，进而能为智能制造模式 / 系统研究、开发与推广应用助力；二愿笔者的笔耕能为中国制造业的腾飞、永远不被"卡脖子"贡献些许绵薄之力；三愿祖国早日成为世界制造强国，实现中华民族的伟大复兴。

复杂产品智能制造系统技术国家重点实验室总技术负责人　朱文海

2023 年 3 月于北京

导　　读

　　这本书是朱文海总工程师继《从计算机集成制造到智能制造：循序渐进与突变》《制造业数字化转型的系统方法论：局部服从整体》《智能制造中的建模与仿真：系统工程与仿真的融合》三部专著后的又一力作。在撰写本书的过程中，朱总曾多次和我们分享他关于"一体两翼"的构想和对"虚实融合"的理解与认识。"一体"，是指工业互联网平台与智能化的软件，以及回路中的人构成拥有智能/智慧的**主体**；"两翼"，是指数字对象构成的"**赛博空间**"和人、机器、设备、物料、产品等组成的"**物理空间**"，犹如鸟的一对翅膀。这个比喻非常生动地展示了虚实融合世界的智能性、对称性、均衡性、动态性、涌现性等特征，有助于我们探索包括智能制造系统在内的赛博物理系统（cyber physical systems，CPS）的设计、构建和运行。

　　受到朱总"一体两翼"构想的深深影响，我作为本书的第一批读者，自然而然、如法炮制地按照这个清晰的逻辑框架去理解和品味本书的思想和内容。我发现本书就虚实融合的论述内容本身而言，在研究和撰写的思路上同样体现了"一体两翼"的特征。"一体"，是虚实融合内容的主体，包括虚实融合的概念、方法、实践与展望，它们是研究和论述虚实融合如何"高飞"的着力点；"两翼"，则分别是从物理世界看虚拟世界和从虚拟世界看物理世界，也就是虚实双方如何互相审视、互相作用、互相协作，它们是研究和论述虚实融合如何"展翅"的出发点。下面我就按照这个阅读框架，与读者分享我关于本书的阅读心得。

1. 从物理世界看虚拟世界

　　这部分内容主要集中在本书的第 1、2 章。作者从制造企业这个物理世界最活跃、最典型和最重要的实体之一出发，剥茧抽丝地从物理世界引出虚拟世界。

1）从制造企业出发

　　企业管理的兴衰成败，可归结为"对抗熵增"。作者引用了热力学第二定律："封闭系统的熵要么增加，要么不变，永远不会减少。当封闭系统的熵达到最大时，这个系统就达到了平衡态状态，不能继续做功。"和耗散结构理论："在远离平衡的非线性区形成新的、稳定的宏观有序结构，由于需要不断与外界交换物质和能量才能维持，因此称为耗散结构。"

这些定律或理论阐明了企业生存和发展的根本目的，那就是在"物竞天择，适者生存"这一铁律下，从"无序"转变为"有序"。并且，企业若想在市场上占有一席之地，最重要的是让自己能存活下来，乃至永续生存。关于这种存活状态，作者指出了共同进化在系统发展中的作用，这是非常值得关注的。"共同进化的关系，从寄生到同盟，从本质上讲都是具有信息的属性。稳步的信息交流将它们焊接成一个单一系统。"这个观点进一步引出了生态位和生态系统的问题：企业和生物体一样，要选择并构建恰当的生态位，不断进化以适应企业生态系统，获得生存和发展的空间。

至此，企业的生存、企业的进化和企业的生态，这些问题都从热力学定律、耗散结构理论和进化论出发，得到了本质上的解释。也是在这一背景下，制造企业的制造模式如何演进也就不难解释。"无边落木萧萧下，不尽长江滚滚来"，在回顾一个个引领一时的制造模式的过程中，我们除了感慨时代洪流和技术创新的奔腾不息，不得不加以警醒，人类不可能完全脱离实物而生存。制造业一直不断地凭借新的科学技术提高生产能力，提高产品和服务的品质。我们尤其不能任由虚拟经济打压实体制造业，否则，不等他国的军事侵略、经济封锁、科技卡脖子，我们自己都会走向灭亡。

在对制造业和制造企业的实体进行"打破砂锅问到底"的剖析后，从物理世界的生存和发展角度去审视虚拟世界也就有的放矢了。随着人工智能、物联网、工业互联网等的蓬勃发展，人类正在通过 CPS 将制造企业引入虚实融合的世界。随着制造业与工业互联网的融合与迅速发展，虚实融合的世界正成为支撑和引领全球新一轮产业变革的核心技术体系。

2）透过物理世界看虚拟世界

如何从物理世界出发看待虚拟世界，作者依次回答了三个问题。

首先，人类为什么能从物理世界虚构出虚拟世界？作者归因为人类的虚构能力和创造力。虚构能力使智人能够在大规模陌生群体之间产生信任并开展合作，这也是智人能够在众多人种和恶劣的环境中生存下来并脱颖而出的重要基石。而且，人类可以开展灵活多变的合作，这使得人类可以通过合作建造出史无前例的金字塔，也可以建造出宇宙飞船登上月球。同时，创造力也非常重要。创造力是人类在创造性地解决问题的过程中表现出来的一种个性心理特征，是根据一定的目的，运用一切已知信息，产生某种新颖、独特、有社会或个人价值的产品的能力。其核心是创造性思维能力。尤其是虚拟世界的创造，涉及大量的新概念、新理论、新技术和新设备，这些都依赖于创造力来发挥作用。

其次，人类依靠物理世界的什么要素去创造虚拟世界？ 作者提出所谓的虚拟世界与物质世界、精神世界一样，其本身是真实存在而非虚幻的，是一种特殊的现实世界，即一种人造的数字世界。虚拟世界的灵魂是 0 和 1，错综复杂的虚拟世界由数字 0 和 1 的字串组合而成。这些数字信息可以来源于真实世界映射的这部分信息，但这既受到真实世界中人们对其本身信息获取的限制，也受到传输方式的限制；与此同时，它们也可以是虚拟世界原生的这部分信息，由于它们本来就诞生于虚拟世界中，故此不会受到任何传输的限制。

最后，人类如何通过物理世界的工具感知和体验虚拟世界？ 作者对虚拟现实技术进行了回顾和分析。人类如何通过 VR（virtual reality，虚拟现实）技术和装备来拥抱虚拟世界，作者列举了 VR 技术在终端消费领域、机械制造、航空航天、医疗、教育等领域的尝试和应用，指出了克服 VR 发展瓶颈、让 VR 技术成为主流仍需解决的问题，提出了 VR 的发展趋势。我们相信，随着与 5G、人工智能、边缘计算等技术的融合，VR 技术将以不同的形态发挥其实现人与虚拟世界协同交互的重要作用。

2. 从虚拟世界看物理世界

这部分内容主要集中在本书的第 5、6 章。本书从数学和模型两个角度，将虚拟空间的概念如何向物理空间映射、向物理空间连接进行了描述。给我深刻印象的是：数学的本质、数学的能力，甚至数学的美感，这些都决定了我们从虚拟世界反观物理世界的水平。我们在从概念模型、数学模型到仿真模型的模型构建的深度和广度中，实际是通过数学和数字，聚焦物理世界的改造需要，从不同的角度，侧面观察和描述物理世界，而不是全面、完整地去看物理世界。

1）数学是虚拟世界和物理世界之间往返的桥梁

探究数学的桥梁作用，首要的是从抽象出发，同时要把握抽象的程度。书中有这样一段话值得反复咀嚼："数学的关键就在于针对不同情境进行不同程度的抽象。当我们到处简化和理想化我们的问题情境时，我们必须很小心地避免过度简化——我们不能把要研究的对象简化到让它失去了其所有有用的特性。反过来说，如果我们把某种过于复杂的数学概念或方法应用到一个并不需要它的情境中，我们就会觉得这种数学概念或方法毫无意义。"可见数学是桥梁，实际上虚拟世界的抽象程度是和我们看待物理世界的出发点和角度紧密相关的。

这本书言简意赅地论述了分析、代数、几何是如何成为数学的三大基础，即"旧三基"。带领读者领略了数学领域的很多分支，诸如算术学、逻辑学或者代数学，如何一点点萌芽，直至趋于成熟，并成为一门独当一面的独立学科。突出强调了数字符号和字母符号体系是如何强有力地推动数学这门学科的发展，旨在清晰论述数学是如何在自然科学和技术的发展中成为精确表述它们的规律和解决它们的问题的方法。

这本书进一步讲述了科学家和工程技术专家凭借数学洞察力，如何开发了许多可以有效完成计算任务的算法。从某种角度看，这些算法是虚拟世界构建和运行的核心引擎。

2）模型是虚拟世界和物理世界之间沟通的载体

首先，这本书阐述了一个重要观点：模型不是"原型的重复"，而是根据不同的使用目的，选取原型的若干侧面进行的抽象和简化。在这些侧面，模型具有与原型相似的数学、逻辑关系或物理形态。换句话说，模型是对相应的真实对象和真实系统及其关联中那些有用的、令人感兴趣的特性的抽象，是对真实对象和系统某些本质方面的描述，它以各种可用的形式提供所研究对象和系统的信息。当前推进智能制造，特别需要关注这一观点，要解决物理世界的什么问题，相当程度上决定了如何在虚拟世界构建数字模型。

其次，这本书多次强调了模型的发展周期，即从概念模型、数学模型到仿真模型的发展路径，并从虚拟环境模型、人造系统模型和人的行为模型等三方面分析了模型的分类和组成。

我受到一些启发：当前我们开展基于模型的系统工程，本质上就是要将模型的生命周期、产品的生命周期和项目的生命周期紧密地、有序地结合起来，也就是要把模型作为各类活动的结果载体，在虚实空间之间有效、及时地传递起来。

总之，针对研究什么样的问题决定构建什么样的模型，掌握构建模型的方法、过程，才能确保构建虚拟世界的成功。

3. 虚实融合内容的主体

这部分是这本书的主体内容，将虚实融合的过去、现在和将来一一呈现。内容包括虚实融合的概念分析（第3、4章）、实现方法（第7章）、探索实践（第8、9章）和未来展望（第10章）。

1）虚实融合的概念分析

2021年被称为"元宇宙元年"。作者在剖析了元宇宙概念和元宇宙典型的应用场景，将其视为虚实融合发展的阶段产物。作者提出了这样一个观点，值得我们深思：赛博空间是数字空间的通用表述，是虚拟世界的总称；未来的赛博空间不仅包括来自物理世界事物的数字孪生、虚拟重构，还包括人类精神世界的数字化产物，甚至包括具有人类智慧的虚拟人。当然，也不排除虚拟空间的数字原生。**元宇宙则是赛博空间现阶段的代名词**。

作者围绕虚实世界融合的真谛，通过"一体两翼：虚实融合世界的释义"点出了本书的主旨。

在虚实融合的世界中，"一体"指的是连接物理世界，生成虚拟世界，并将二者有机整合的智能化的网络平台，该网络平台拥有智能主体（由人和智能机器组成，未来还可包括虚拟人），类似于人的"大脑"或群体的"超脑"，依据物理系统反馈的信号，进行智能化的自主决策，并给两翼发布新的执行指令；"两翼"指的是现实世界（由物理实体组成）和虚拟世界（由数字模型组成），"两翼"根据智能主体的指令协同工作，即像鸟儿一样在天空中自由地飞翔。

通过这一框架，可以帮助我们理解虚实融合世界的内涵和本质，对于研究和建造虚实融合世界的实现系统、对研究与应用智能制造模式/系统都是非常重要的。同时，作者给虚实融合一个更加开放的发展方向："理论的真正源头是猜想，知识的真正源头是随批评而修改的猜想。"

2）虚实融合的实现方法

作者将虚实融合的实现放在多个维度下去综合考虑，给出很多令人深省的观点。

一个是抽象的维度，在由现实世界向虚拟世界转换的过程中，一般要建立三种类型的模型，即概念模型、数学模型、仿真模型；对应的，在表现形式上，从现实世界到概念模型、数学模型，从概念模型、数学模型到仿真模型，也就是两次抽象。我的理解是，在不同抽象层次间切换是我们实现虚实融合的主要难点和主要工作。

一个是工程的维度，针对越来越复杂的需求，需要开发和构建的人造系统越来越庞大，呈现出体系的特点，要能够根据新任务的需求，把现有系统与新开发的系统组合在一起。因此，构建虚实融合的世界需要系统工程，还需要体系工程的思想、方法和工具的支持。我的理解是，由于系统工程和体系工程的诸多不同，使得我们实现虚实融合的维度和过程必将更加复杂。

一个是管理的维度，作者尤其强调了复杂工程中沟通的基础就是系统模型，强调了采用多种管理方法和工具对虚实融合世界的开发过程进行管控，以确保在有限资源的约束下，达到项目总目标和实现方法的最优。

一个是进化的维度，也就是从单向进化到双向协同进化。这里引入了对数字孪生的思考：数字孪生技术的产生，使虚拟样机从单向进化走向了双向交互进化。我们相信，未来虚实融合的世界一定是虚实系统的智能互动、协同进化。

3）虚实融合的典型实践

这本书从虚实融合的经典范例，即智能制造中的CPS的产生和发展，通过与鸡蛋模型、太极图模型的对比，阐述了一体两翼模型的CPS版本，将CPS作为"一体两翼"的典范进行了剖析：由虚拟现实生成系统构建的赛博空间与由人、机器、设备、物料、产品等组成物理空间犹如鸟的一对翅膀，即所谓的"两翼"；工业互联网平台与智能化的软件，以及回路中的人构成拥有智能/智慧的"主体"，即所谓的"一体"。决策能力是 CPS 的核心能力（CPS 的算法智能＋人的智能/智慧），是快速响应变化的自主适应能力。

我印象最为深刻的是这个释义同时反映了 CPS 的体系特性，"像鸟儿一样，既可以三五成群，也可以成百上千地聚集在一起。它们既可以独自生活，也可以群居，充分体现了 CPS 的独立运行、分布式集成、动态调整体系结构等特征"。几句简单的表述充分显露了作者思想的独到之处。

作者从构建智能制造系统 CPS 技术途径出发，提出制造业 CPS 系统的构建是一项非常复杂的工程项目，需要从产业链结构、价值网络、企业协作模式、企业规模等多个维度去分析。从中小企业、大型企业和生态圈企业集群等几个层级，提出采用分布式体系架构、多级分层框架等是不同产业链、不同规模企业构建 CPS 的通用模式。

4）虚实融合的未来展望

作者阐述了相关技术的发展和未来智能制造系统的特征。再一次强调了建模与仿真在虚实融合中的基础地位。就建立赛博空间而言，不管大家是否认同，离不开建模与仿真这门科学的支持。没有建模与仿真技术的支持，赛博空间只能沦为个人头脑中的"海市蜃楼"，无法实现多人协同共享和共同体验。

以上是我对这本书的浅析，更加深入的体会还有待读者的品读。本人水平有限，导读内容供读者参考。

这本书作者均来自复杂产品智能制造系统技术全国重点实验室（即前言中提及的复杂产品智能制造系统技术国家重点实验室，后更名为此名称）。实验室成立 8 年来，以航天大国重器和国家工业互联网新型基础设施为典型对象，发挥复杂产品产业链、智能制造价值链和系统技术创新链"三链融合"的国家队优势，推动智能制造理论和方法升级，组织制定复杂装备行业标准规范，开展智能制造应用模式探索和软件平台研发，促进实验室技术成果快速转化应用，努力成为我国智能制造领域的国家战略科技力量。

这本书是作者长期研究和实践的智慧结晶，是实验室的又一项智力成果。盼望这本书能够推动我国智能制造技术的研究和实践，为数字中国建设贡献一份力量。

复杂产品智能制造系统技术全国重点实验室主任　施国强

2023 年 4 月 20 日

目　　录

第1章

企业生存才是硬道理

相信许多人都听过"昔日重现（yesterday once more）"这首歌，反复听也不是一件难事，而且还可能百听不厌。昨天真的可以再来吗？答案是否定的！对于一个失败的人来说，东山再起是可能的，但因时光不可逆，已经不同于昨日。对于那些倒闭的大公司／大企业来说，再现往昔的光辉与荣耀，简直就是痴人说梦。众所周知，"物竞天择，适者生存"是生物界生存和发展的基本法则，生物生态系统中生物个体之所以能够生存与发展，是因为它能够适应生物生态环境的变化，选择适合自身生存的生态位，甚至可以与其他生物共同进化。该法则同样适用于企业的生存与发展。古往今来，有多少知名企业由于违反基本法则而在瞬间倒闭，又有多少企业为了生存而在苦苦挣扎。昔日的荣耀并不代表永恒，永续生存才是企业奋斗的目标。

在今天数字经济的时代，企业已不可能仅仅作为个别的、分散的、孤立的个体形态存在。同样，以争夺有限资源最大限度地满足自身需求的低层次竞争不可能保证企业实现永续生存的目标。实践证明，一个企业要想在企业生态系统中能够持续生存与发展，就必须自主适应企业生态环境的变化，与其他企业协作，实现"双赢"或"多赢"。为此，企业必须制定以生存为目标的长期战略，选择与长期战略配套的先进制造方式、手段，支持企业长期战略目标的实现。

半个多世纪以来，为了解决不同时期制造企业面临的生存困境，学术界、企业界一直在探求、尝试多种先进制造模式／系统，经过坚持不懈的努力，解决了一个又一个问题，形成了多种先进制造模式。先进制造模式就是这样在需求的牵引下不断进化，伴随的先进制造系统在功能、性能等方面也在不断提升。可想而知，21 世纪第 2 个 10 年提出的工业 4.0（新一轮的智能制造）是先进制造模式进化的必然产物。工业 4.0 中描绘的 CPS 是一个复杂系统／体系，是虚实融合世界的典型范例。工业 4.0 的 CPS 掀起了通过虚实融合系统的构建来支持制造企业实现数字化、网络化、智能化，进而实现长久生存的企业战略目标的新篇章。

1.1 企业巨星陨落的原因：熵增定律

2001 年，吉姆·柯林斯撰写的著作《从优秀到卓越》畅销数百万册，书中介绍了 11 家从优秀到卓越的公司，总结归纳了这些卓越公司所具有的共同特质。可是，事与愿违，当 2019 年国内再版此书时，初版书中曾大力宣传的 11 家卓越公司，有两家已经倒闭了，而且有 6 家公司的股票价格已低于市场平均股价。按说当年这本曾一度引发"洛阳纸贵"的畅销书，早已失去了昔日的"风采"，国内为什么还要再版此书，令人百思不得其解。难道是把它作为反面教材，让我们重新领略一番那些卓越公司曾有多么风光吗？认真思考过后，笔者感到遗憾的是，那些曾经帮助企业从优秀走向卓越的特质竟然不具备通用性，在今天的市场环境下"失灵"了。事实上，大家是在该书出版几年以后才认识到，吉姆·柯林斯的论证存在较大的缺陷。一方面，他选取的成功案例有"幸存者偏差"之嫌；另一方面，基于历史数据统计形成的卓越模式，并不能很好地预测这些公司的未来。该卓越模式仅使用了历史数据归纳，并没有用新数据来证明其是否正确。这一点同使用大数据统计归纳建立唯象模型（非机理模型）来预测事物的未来，犯了同样的错误。比如天气预报，谁能准确预测 10 天后的天气，何况对更长时日之后天气情况的精准预测。历史的经验一再告诫我们，使用历史数据进行归纳、外推时要格外当心（仅采用归纳法是不科学的，还需要演绎证明），避免像乐观的"罗素鸡"一样犯错误，在等待农夫前来投喂的某天清晨被"屠宰"。

数字经济时代是技术与产业发生颠覆的时代，也是动荡和洗牌的时代。无数优秀的在位"巨无霸"企业纷纷倒下，尽管它们曾经在星空中熠熠生辉、光芒万丈，令多少企业只能望其项背、顿足叹息。众多大型公司倒闭引发的话题是：昨日成功的秘诀今天已经失灵，众多大型企业在瞬间倒闭，犹如纽约世贸大厦在瞬间坍塌。这样的事例很多：2001 年，美国安然公司倒闭；2002 年，美国联合航空公司破产；2008 年金融危机后，美国第四大投资银行雷曼兄弟因负债 6130 亿美元而倒闭，第五大投资银行贝尔斯登被摩根大通公司收购，华盛顿互助银行被美国联邦存款保险公司查封、接管；2012 年，柯达公司申请破产保护，当年的决策者们不会想到，敲响丧钟的正是他们自己公司发明而被雪藏的数码相机。近年来，国内多个世界 500 强企业纷纷重组或倒闭，如海南航空、"第四桶油"华信能源、渤海钢铁等。

梳理陨落的巨星企业名单时，最典型的代表非诺基亚手机事业部莫属。诺基亚因无法适应智能手机时代而不断衰退，最终不得不放弃手机业务，于 2013 年 9 月将手机业务和许多专利作价 54.4 亿欧元卖给了微软公司。众所周知，诺基亚曾经创造了何等的辉煌，令许多手机制造商都不敢与其对视。从 1996 年开始，诺基亚的手机业务连续 15 年获得全球市场份额第一，公司利润达到了前所未有的高度。2003 年，诺基亚的经典机型 1100 在全球累计销售 2 亿部，这个手机销售纪录在机型迅速迭代的今天，创造了难以企及的神话。作为手机霸主，2007 年诺基亚横扫全球 40% 的份额。然而，一代手机帝国的大厦在顷刻间崩塌，神话和巨星陨落之间似乎仅一步之遥。

表面的原因是，在许多公司大力推售智能手机的时候，由于诺基亚没有跟上时代的步伐，缺乏创新，故而惨遭淘汰。实际上，早在 1998 年，诺基亚就联合爱立信、摩托罗拉和全球最早的手机操作系统公司 Psion 成立了塞班公司，开发智能手机操作系统。1999 年，推出了 Symbian OS v5.x，这是全球真正意义上的首款智能手机操作系统。早在 2000 年，诺基亚手机事业部就设计出了一款只有一个按键的触屏智能手机，具备收发电子邮件和玩游戏的功能。2004 年，诺基亚的研发人员已经研发出了能上网、大屏幕、触摸界面的智能手机，但公司高层经过认真评估后认为该方案失败的风险高且投资额巨大，公司原有投入大量资金、庞大的生产线，难以用于智能手机的生产（积重难返），因此该方案未获得董事会的批准。虽然诺基亚当时的 CEO 康培凯在 2006 年曾准确预言：互联网与手机在未来将会融合在一起，而且诺基亚要成为"真正融合互联网和移动性的公司"，但最不可思议的是：将这一精准预言变为现实，在市场大获成功的并不是康培凯领导的诺基亚手机事业部，而是乔布斯领导的苹果公司。

其实，颠覆性技术的涌现只是诺基亚手机帝国崩塌的导火索或压倒骆驼的最后一根稻草。与重大、新的商机失之交臂的原因，就是诺基亚已形成的成熟体制，以及其文化要求他们严格地评估新产品研发，在新投资的成本与潜在收益之间进行慎重的权衡。当诺基亚的工程师被迫在不合时宜、原有系统上修修补补的时候，苹果公司在手机领域从零开始，把每项新技术的潜能都充分发挥出来，开发出用户体验良好的智能手机（iPhone）。妄自尊大、故步自封、积重难返等，吞噬掉了一家曾经利润丰厚、家喻户晓的企业巨头。诺基亚大厦的坍塌不是偶然的，而是必然的。曾经优秀的企业文化、原本的核心技术，乃至核心竞争力竟然变成了"核心障碍"！

赤裸裸的现实摆在企业面前：当超出自身响应能力的剧烈变化来临时，每一家知名企业都可能从"不可战胜"瞬间滑落到被"轻易征服"。当它们所在的领域变得非常不稳定、非常动荡时，所有这些企业皆因自身过于臃肿而丧失了灵活性和自主适应性，不能对周遭环境变化作出快速响应，它们的体系和边界已经失去弹性，变得过于僵硬。只要稍加思考就会明白，世界上所有的事物都是从"有序"变得"无序"的。例如，居住久了的房间，如果不经常整理、清洁，就会变得很脏、很乱。又比如，公司大了，组织机构会变得更加复杂、更加细化，结果体形就变得庞大、臃肿，官僚主义、流程化、教条主义就会大行其道，最后必然导致"效率大幅度下降"。这背后的本质其实就是熵在增加。熵被用来度量系统的"内在混乱程度"。其实，自然界中无序性增加的趋势是可以采取措施来施加一定的限制的。例如，生物通过不断摄取、加工能量与物质来维持其生命，并且，较高级的生物（恒温动物）甚至根本就不与周围环境处于热平衡状态。

热力学第二定律，又称熵增定律，完全可以用来解释昔日无比辉煌的企业是如何从辉煌走向没落的。热力学第二定律的定义为"封闭系统的熵要么增加，要么不变，永远不会减少。当封闭系统的熵达到最大，这个系统就达到了平衡态状态，不能继续做功"。即系统的熵越大，其做功的能力就越差。一般来说，系统会不断变化直至达到平衡态，然后就不再变化了，除非某种外界影响作用于它（对系统做功或者增减某种东西）。熵的增加表示系统从比较有规则、有秩序的状态向无秩序的状态演变。该定律进一步指出，虽然能量可以相互转化，但是不可能百分百地被利用，在转化过程中，总有一些能量必然被损耗掉。一个"巨无霸"公司慢慢地从开放走向自我封闭，对周遭环境的变化渐渐地变得熟视无睹、麻木。即便已经预见了未来，也因自身的臃肿肥硕，难以快速灵活地响应市场变化，失去了重大商机。随之而来的必然是企业大厦的坍塌。管理学大师彼得·德鲁克曾经说过："管理就是要做一件事情，那就是如何**对抗熵增**。"

从有机生命系统来看，所有的生命都有一个终点，那就是死亡。一个人熵最大化的状态便是死亡。因此，人在生命期限内，只有一直保持不稳定状态，才能对抗熵的增加，对抗熵增也意味着人要让自身变得有序。如何变得有序呢？薛定谔提出：生物体新陈代谢的本质，是使自己成功地摆脱在其存活期内所必然产生的所有熵。人通过周围环境汲取秩序，低级的汲取秩序是求生存，即获取食物，靠吃、喝、呼吸和新陈代谢，这是生理需求；高级的汲取秩序则是增强自身技能，在与他人和社会的交往中获益。但无论是低级汲取还是高级汲取，都是人为吸引一串负熵去抵消生活中产生的熵的增量，这是人类生存的根本：**以负熵为食**。企业作为复杂系统，需要不断地接收物质、能量和信息，以负熵对抗熵增，才能生存和持续发展。

如何对抗熵增？比利时物理化学家伊里亚·普里高津给出了答案。普里高津教授于20世纪60年代末创造了耗散结构（dissipative structure）理论。耗散结构是一个远离平衡态的非线性的开放系统（不管是物理的、化学的、生物的乃至社会的、经济的系统），通过不断地与外界交换物质和能量，在系统内部某个参量的变化达到一定的阈值时，通过涨落，系统可能发生突变即非平衡相变，由原来的混沌无序状态转变为一种在时间上、空间上或功能上的有序状态。这种在远离平衡的非线性区形成的新的稳定的宏观有序结构，由于需要不断与外界交换物质和能量才能维持，因此称之为耗散结构。耗散结构理论认为，"开放"是所有系统向有序发展的必要条件。当一个系统具备了"耗散结构"后，它就能有效对抗熵增。普里高津对耗散结构形成的条件作过简单通俗的说明。他写道："生物和社会组织包含着一种新型的结构，……生物和社会的结构的一个共同特征是它们产生于开放系统，而且这种组织只有与周围环境的介质进行物质和能量的交换才能维持生命力。然而，只是一个开放系统并没有充分的条件保证实现这种结构。只有在系统保持'远离平衡'和在系统内的不同元素之间存在着'非线性'机制的条件下，耗散结构才能实现。"

自然界中，一个生命或物种消亡了，会慢慢地淡出人们的视野。幸运的话或许还会被人们偶尔提及，例如灭绝的恐龙。对于倒闭的"卓越"企业，最多不过是企业经营失败案例库中的一个"典型"案例。人们也时常会把这个反面教材拿出来点评，并不厌其烦地剖析其失败的原因。可以肯定的是，不会再有人四处去宣扬它（们）昔日的"成功法门"与"光辉的业绩"。生命消亡的警示是：死亡清除了那些无能者，为新生者腾出了位置。企业若想在市场上占有一席之地，最重要的是让自己能存活下来，乃至永续生存。"物竞天择，适者生存"的自然界铁律对企业也同样适用。

1.2　自然界中生命的启示：自然选择

19 世纪初，各种动植物的物种起源，对人类的智慧而言仍然是大自然中深藏的一个秘密。查尔斯·达尔文取得了一个决定性的突破。在对南美等遥远地域进行广泛深入的考察时，丰富多彩的动植物世界及其为了生存所具有的各种精巧器官引起了他的注意。经过多年思考后，他得出了关于动植物物种起源的全新理论，其基本论点今天已被人们广泛接受。达尔文认为，在自然界中，生物个体既能保持亲本的遗传性状，又会出现变异。出现有利变异的个体就容易在生存斗争中获胜，并将这些变异遗传下去；出现不利变异的个体则容易被淘汰。例如，各种动物，或多或少地善于适应它们的环境，为食物而竞争。也可能有其他形式的竞争，只有适者生存了下来。依靠相同食物生活的不同物种将展开竞争，而结果只有最能干的那种——如能最快获得食物的物种——能够生存下来。经过长期的自然选择，微小的有利变异得到积累而成为显著的有利变异，从而产生了适应特定环境的生物新类型。达尔文把这种在生存斗争中，适者生存、不适者被淘汰的过程，叫作自然选择（natural selection，另一译名"天择"）。"自然选择"是达尔文给大自然原本十分无情的过程起的名字：大自然会毁灭一些物种和某些物种的变体，那些不合天意的物种会走向灭亡；而对某些喜爱的特征和物种偏爱有加。达尔文的自然选择学说，能够科学地解释生物进化的原因，以及生物的多样性和适应性，对人们正确认识生物界具有重要意义。

自然选择的要义是：生物个体在生殖成就（fitness）上有差异，这些差异都有适应的道理。自然选择能使有利于生存与繁殖的遗传性状变得更为普遍，并使有害的性状变得更稀有。这是因为带有较有利性状的个体，能将相同的性状转移到更多的下一代。经过了许多世代之后，性状产生了连续、微小且随机的变化，自然选择则挑出了最适合所处环境的变异，使适应得以发生。在自然选择中，如果一个身体拥有存活的本钱，体内的基因也会存活，因为基因就在身体里。因此，能存活的基因通常是让身体有存活本钱的基因，两者的关系如影随形。自然选择不但能使生物在遗传方面保持优势，而且这种自然力量有无比的建造功能，在几亿年间，它竟然可以创造出将一个细菌类的细胞建造成为花、木、鸟、兽，甚至人类的奇观。

自然选择的一个主要途径就是食物稀缺时的竞争。失败者难以获得足够的营养物质来繁衍健康的后代，因此最终会逐渐走向灭亡。胜利者却能获得食物养育后代，然后把那些更具适应力的特征传递下去，这其中就包括它们在竞争中成为佼佼者的特质。因此，自然选择其实是记录了自然界中自我繁殖的结果。那些能够更成功地进行自我繁殖的物种会在生命的大蛋糕中获得更大的一块。想要更成功地繁殖，有很多方法：比其他物种更有效地寻找、组织、开发资源；与其让其他物种杀死你，不如更有效地杀死对方；比其他物种更好地适应变化。

同时，在自然界中，当气候变化时环境条件也会发生变化，微不足道的气候变化也可能产生实质上崭新的选择过程，从而"促进"发展。但"促进"发展并不意味着新发展出来的物种必然在客观上优于被取代的物种。新物种只是更适应新的生存条件。这时可能呈现出被人们认为是退化的表象，复杂生物可能被简单生物所取代。换句话说，谁具有灵活的外在表现形式，谁就能获得回报——这正是进化（evolution，又称演化）的精髓所在。一副能适应环境的躯体，显然比一副刻板僵硬的躯体更具优势；在需要的时候，后者只能像等待"天上掉馅饼"一样期待突变的降临。生物不可能在所有方面都一样灵活，适应一种压力，就会削弱适应另一种压力的能力。将适应写到基因中是更有效的办法，但那需要时间；为了达到基因上的改变，必须在相当长的时间内保持恒定的压力。在一个迅速变化的环境里，保持身体灵活可塑是首选的折中方案。科学研究证明，进化并不是全都引起进步，进化过程中也有退化，但从有机界总的进化过程看，进步性发展是进化的主流与本质。

进化一词源于拉丁文 evolutio，意思是展开，一般用以指事物的逐渐变化、发展，由一种状态过渡到另一种状态。在生物学中是指族群里的遗传性状在世代之间的变化。所谓性状则是指基因的表现，这些基因在繁殖过程中，会经由复制而传递到子代。而基因突变会使得性状改变，或者产生新的性状，进而造成个体之间的遗传变异。新性状又会因为迁徙或是物种之间的水平基因转移（horizontal gene transfer，HGT），而随着基因在族群中传递。当这些遗传变异受到非随机的自然选择或随机的遗传漂变影响，而在族群中变得较为普遍或稀有时，就表示发生了进化。第一个提出系统进化理论的学者是法国博物学家拉马克，他认为一切物种，包括人类在内，都是由其他物种变化、繁衍而来的，而物种的变异和进化又是一个连续、缓慢的过程。斯宾塞认为"进化"一词具有进步的含义，并赋予"进化"以无所不在的普遍意义。但是达尔文对这种"进步观"表示怀疑，在达尔文看来"进化"并不是"普遍的变化"，也不意味着"进步"，而是"持续的渐变""有规则的变化"。达尔文的"进化"是物种的进化，即物种不断变异，新物种产生，旧物种灭亡，并且进化是逐渐和连续的，不存在不连续的变异和突变。

"进化"基本上是一个无穷重复的"繁殖"过程。在每个世代里，"繁殖"从上一世代取得基因，遗传到下一世代，但是往往不是原封不动地遗传下去，有些基因会发生微小的随机差错——突变。一次突变不过是在基因既有的值上加"1"或减"1"，而且突变的基因是随机选出的。这就是说，即使每一世代的变化，从量方面说非常小，经过许多世代后，后裔与始祖之间就会因为累积的突变而有巨大的遗传差异。但是，虽然突变是随机的，世代累积起来的变化却不是随机的。突变与天择（自然选择）携手，在绵长的时间里可以构建许许多多复杂的事物。创造这样的结果，主要有两种方式：第一种是"大家一起来"（基因型共演化，co-adapted genotypes），第二种是"军备竞赛"（arm races）。表面看来它们很不一样，但是以"共演化"与"基因互为环境"这两个概念来讨论的话，它们就融会贯通了。

（1）"大家一起来"浅显易懂。例如，胚胎发育的过程可以看成一个由几千个基因出力的合作事业。发育中的生命体，有几千个基因在工作，相互合作，一起将胚胎组装起来。了解这个合作事业的关键，就是天择青睐的基因，一直着眼于它们适应环境的本领。只要是一群相当的基因，相互合作完成一项任务，不管它们共同建造的是眼睛、耳朵、鼻子、行走的四肢，或一个动物身体所有的合作零件。在任何一个生物身体内，有作用的基因都可视为一个团队的成员，它们合作无间，造就了一个有生命的身体。

（2）猎食者和猎物之间，寄生虫与寄主之间都有"军备竞赛"。某个生物世系（猎物）的生存装备，因为受到另一个生物世系（猎食者）的装备不断演化的压力，也不断地演进，这就是军备竞赛。任何生物个体，只要敌人有演化能力，就会被卷入军备竞赛。例如，猎豹的猎食装备与战术若是日益演化精进，对瞪羚而言，其也必须亦步亦趋、紧追不放。猎豹会变得腿更快，眼更锐，齿爪更利。瞪羚受累积选择的压力，它们也会逐代改善，跑得更快，反应更灵敏，身形隐藏得更自然。军备竞赛极为重要，因为演化史上的"进步"性质主要是军备竞赛的结果。军备竞赛概念最紧要的一点就是竞争双方都在进化，都让对方的日子更难过。事实上，军备竞赛的概念就最纯粹的形式来说，意味着：竞争双方在装备上会有明显的进步，可是斗争的成功率仍然零成长。军备竞赛不一定只发生在异种成员之间，同种成员之间也时常发生。例如，为什么森林中的树都长得那么高大？答案其实很简单：若其他的树都很高，矮树则无法生存，因为它只能在其他树下"乘凉"，照不到阳光。同种成员要是挡住了阳光，任何一棵矮树都会受害，与受异族侵害无异。搞不好同种成员之间的伤害更重，因为生物更容易受同种成员竞争的威胁。究其原因，同种成员完全依赖于相同的资源生活、繁衍，因此比异族更难缠。**企业之间可怕的竞争多数属于这种同行之间的竞争。**

不同物种之间的竞争，当然只有当它们共同生活在一个地域中时才会发生，但即使各个物种居所很近，它们也常常能创造出新的生活环境来避开竞争。例如鸟类，它们因为长着完全不同的喙而开发了不同的食物来源。于是这些鸟类通过建立"生态小环境"而避免了相互之间的激烈竞争。对此我们当然也可以说，它们在各自的领域中是最适者，因为它们是具备这种特殊能力的唯一物种。生态小环境在一定程度上好比是一块野生动物保护区，某一特定动物能够在其中独自生活而不受干扰。关于食物来源的例子表明，生态小环境并不一定由隔离的地域所形成，虽然地域隔离可以更好地起到生态小环境的作用。**通过专门化而得以共存绝不只限于生命界。**

自然界中，同是食草的动物是可以在同一个环境下和平共处的，它们通过以下的方法来实现：①不同的食草动物吃不同的植物；②不同的食草动物吃同一植物的不同部位；③不同的食草动物在距离地面的不同高度上取食；④不同的食草动物在同一区域活动的时间和季节不同。显然，在自然界生态位发生重叠但不完全表现出竞争与排斥，或者说生态位重叠并不一定带来竞争。如果资源很丰富，两种生物就可以共同利用同一资源而彼此不会给对方造成损害。可见，资源相对生物需要的满足程度对研究生态位重叠与竞争的关系是非常重要的。根据生态学原理，竞争是在资源供应不足且生态位重叠的条件下才形成的。因此，生态位重叠只是竞争形成的一个必要条件。从生态位角度来分析，完全重叠或完全分离的状态都是不客观、不理想的。生态位的形成减轻了不同物种之间的恶性竞争，有效地利用自然资源，使不同物种都能获得一定的生存优势，这正是自然界各种生物欣欣向荣、共同发展的原因。

自然界中，大部分的进化是共同进化（coevolution），生物体不仅是进化的，而且是与别的物种和变化着的无机环境共同进化。通过漫长的共同进化过程，地球上不仅出现了千姿百态的物种，而且形成了多种多样的环境。共同进化的概念最早是由 Ehrlich 和 Raven 于 1964 年在讨论植物和植食性昆虫（蝴蝶）相互之间的进化影响时提出的。他们认为生物界普遍存在的现象是"共同进化"而非传统观念的"生存竞争"，但他们并未给共同进化下定义，因此，不同的研究者对该词有不同的定义。约翰·汤普森在《互相影响和共同进化》一书中对"共同进化"作了一个正式定义："共同进化是相互影响的物种间相互的进化演变。"共同进化首先强调的是进化，即个体是处在一个从低级到高级、从简单到复杂的不断上升的阶段；其次，共同进化指出环境中的其他物种对个体的相互作用力，即这种进化是可以相互影响的，这种影响的结果导致整个系统成为相互作用的整体。

从生态学的角度来看，对共同进化的理解是：个体的进化过程是在其环境的选择压力下进行的，而环境还包括其他的生物。因此，一个物种的进化必然会改变作用于其他生物的选择压力，引起其他生物也发生变化，这些变化反过来又会引起相关物种的进一步变化。在很多情况下，两个或更多物种的单独进化常常相互影响，形成一个相互作用的共同进化系统（coevolution system）。共同进化就是多种形式的学习，斯图尔特·布兰德在《共同进化季刊》中写道："没错，生态系统是一个完整系统，而共同进化则是一个时间意义上的完整系统。它在常态下是向前推进的、系统化的自我教育，并从不断改正错误中汲取营养。如果说生态系统是在维持的话，那么共同进化则是在学习。"

共同进化的关系，从寄生到同盟，从本质上讲都是具有信息的属性。稳步的信息交流将它们焊接成一个单一系统。

在共同进化中有一个特别有趣的例子是"共生"现象，其中不同物种相互帮助，而且甚至只有这样大家才可能都生存。大自然为我们提供了大量这样的例子。例如，蜜蜂依靠花蜜为生，同时四处奔波传播花粉，为使植物更加茂盛而操劳；一些鸟飞到鳄鱼张开的口中，"清理"鳄鱼的牙齿；蚂蚁把蚜虫当"乳牛"。通常绝不是只有两三种动物相互竞争或共生，事实上，大自然中的各种过程环环相扣地相互联系着，大自然是一个高度复杂的协同系统。

德国学者德贝里于 1951 年最先提出"共生"的概念，并作出正式解释。他认为"共生的本质就是不同生物密切地生活在一起"。之后，共生概念得到生物学家们的进一步认识：柯勒瑞、刘威斯等提出并阐释了互惠共生的概念；1969 年，生物学家斯科特则对共生概念进行了更为确切的界定，认为这是"两个或多个生物在生理上相互依存程度达到平衡的状态"；1970 年，美国微生物学家玛葛莉丝提出细胞共生学说，并且从生态学的角度再次解释了共生的含义，认为"共生是不同生物种类在不同生活周期中重要组合部分的联合"。

共生的形式有许多种：有的共生需要借助共生关系来维持生命，这属于专性共生（obligate symbiosis）；有的共生关系只是提高了共生生物的生存概率，但并不是必需的，这叫作兼性共生（facultative symbiosis）。共生关系有时是不对称的，在共生关系中很可能出现一种生物是专性共生而另一种生物是兼性共生的现象。共生还分为内共生（endosymbiosis）和外共生（exosymbiosis）：内共生是指一种生物长在另一种生物体内，生物学家所说的"体内"是指生物体的细胞之间或身体组织里面；外共生是指一种生物长在另一种生物之外。

自然选择是解释共生生物进化过程的关键。决定共生特征能否得以传承的关键因素是种群压力——种群压力是指对某个种群的个体来说比较艰难的生存环境。在某生物种群中，有些个体具有比其他个体更利于生存繁衍的共生特征，它们更有可能将这个特征传给后代，而其他不具备这种有利特征的个体则很可能在进行繁殖前死去。这样经过一代又一代的传递，有利于生存的优越特征会在该种群中表现得越来越明显。在进化过程中，生物的共生特性与它们逃脱天敌以及捕获猎物的特性同样重要。

共生并非只能成双成对。三个一组也可以融合成一个渐进的、以共同进化方式连接的共生系统，整个群落也可共同进化。实际上，任何生物只要能适应其周边生物，就可以在某种程度上起到间接的共同进化触媒的作用。既然所有的生物都相互适应，就意味着同一生态系统内所有生物都能通过直接共生或间接相互影响的方式参与到一个共同进化的统一体里。

各种物种的共生现象是以物种"社会"为环境去进化的。就某一种类的物种来说，它所面对的环境是一个共同的环境（生物圈或某一条生物链），只能被动地适应环境的物种相对于那些会自动改造环境的物种的生存能力弱。如果一个物种只是一味地依赖于其他物种所构成的外在环境去生存，那么这个物种始终处在唇亡齿寒的被动位置；而主动改造环境的物种会不断使其他物种有利于它自己的生存，也就是说它能不断地使其他物种相对于自己的可依赖性增强。

与物种共生现象同一原理，就某一种类的生物，它既要面对由其他物种构成的环境，同时还要面对物种内部由同类个体构成的内在环境。在该内在环境中，同类个体之间也存在竞争，同一物种的个体如果没有生存能力也会被淘汰，那些进化上会主动去增强个体间可依赖性的个体将有利于该物种的发展。所以，那些互为有利、分工合作的物种，比那些个体间没有联系起来的共生物种的生存能力强，如蚁群、蜂群、狼群、人群等。

共生实际上是一种聚族群居，是一种生态状态的最优化倾向，向群性质随着进化阶段越来越高，共生联合更像有意识的理智化现象。

自然界充斥着"自然选择"作用下的"进化"——特别是共生生物的"共同进化"。每个有植物的角落都有寄生生物、共生生物在活动，时刻上演着难解难分的"双人舞"。自然界半数生物都共生共存！自20世纪90年代起，大企业之间的结盟大潮（尤其在信息和网络产业当中）是世界经济日益增长的共同进化的另一个侧面。与其吃掉对手或与之竞争，不如结成同盟——共生共栖。

1.3　企业追求的战略目标：永续生存

众所周知，企业经营的战略目标是永续生存。只有生存下来，才有机会达成所愿，而死亡则意味着"一了百了"。为了生存和发展，企业总免不了与对手发生冲突——竞争。从企业竞争来看，绝对的竞争与无竞争都不是企业关系的和谐状态，也都不利于企业的健康发展，而应在两者之间融入某种特殊的平衡，达到平衡点的状态。在这一状态中，企业既有足够的稳定性来支撑自己的存在，又有足够的创造性来发展自我，达到一种自发调节和存活的状态。因此，应创造出一种处于边缘的竞争状态。虽然市场竞争是客观存在的，但竞争策略总是遵循这样一条原则：只要有可能，就得避开竞争对手的制约，避免双方无谓的争夺，与竞争对手共同谋求发展，实现真诚合作，就能成倍地提高双方效率。

当今时代，任何一个企业要生存和发展，仅靠自己的资源不可能有效地参与市场竞争，必须把经营过程中的相关方纳入一个紧密的价值网络中，才能满足企业利用一切市场资源快速高效地进行生产经营的需求，以期进一步提高效率和在市场上获得竞争优势。换句话说，为了更好地为顾客创造价值，一个企业必须与其相关的贡献者（contributors）一起共同努力。现代企业竞争早已不是单一企业与单一企业之间的竞争，而是一个企业价值网络（生态圈）与另一企业价值网络（生态圈）之间的竞争。在企业进行生产经营时，不仅要考虑到企业自身的利益，同时也要考虑到价值网络上各个环节的利益，企业同它们之间的关系已不再是简单的业务往来关系，而是利益共享的合作伙伴关系，即共同进化。

共同进化是相互依存的物种在无限循环的互惠环境中进化的过程，它同样也适用于企业之间。有密切关系的企业无论是以竞争、合作或竞争合作的形式存在，都会在相互作用中共同进化。**企业经营的大环境是一个联系紧密、互为依赖的共生系统。**共同进化并不排斥优胜劣汰，正如猫为了捕食老鼠必然要变得更加敏锐和强壮，但毕竟有虚弱或懒惰的猫因不能适应要求而遭淘汰。现代企业的竞争不仅存在于单个企业，还表现在企业群体之间，那些难以适应企业或企业群体发展规律的个体必将消失。不同企业相互配合，生产消费者所需要的商品并提供良好的服务已经成为一种趋势，共同进化就是这个趋势的结果，也是企业新型竞争关系构建的目标。

共同进化作为一种新的战略竞争思想已经越来越受到企业界的关注。共同进化的理念是"双赢"或"多赢"思想的深化和发展，它不是强求企业趋于共同化，片面强调一种"和谐"或"协调"的共存共荣关系；相反，它强调的是一种积极的对抗理念，共同进化正视过激竞争所带来的种种阻碍企业健康发展的不利，并积极努力地去减轻这种不利；它倡导的竞争，其目标本身是多元化的。共同进化更体现了企业持续发展的一种趋势，在当今世界中，竞争需要合作，合作是为了竞争；竞争迫使合作，合作加强竞争。资源共享导致共同受益，信任互惠则保证公平竞争。最后应该强调的是必须建立一种透明的、公开的决策过程的制度作为共同进化的基本保障。

管理学大师彼得·德鲁克曾说："企业之间的生存发展如同自然界中各种生物物种

之间的生存与发展，它们均是一种生态关系。"企业和生物体一样，要选择并构建恰当的生态位，不断进化以适应企业的生态系统，获得生存和发展的空间。作为组织体的企业，其处在经济、社会、文化和自然环境等因素构成的生态环境中，同样适用于生态位理论。在现实中，由于企业成长环境是由众多因素构成的一个网络系统，企业成长的过程就是这一网络系统不断优化和演进的过程。许多规模和实力都很弱小的中小型企业也可以与那些庞大的巨型企业在市场中共同生存和发展，其根本原因就在于它们拥有不同的生态位。

企业生态位是物种生态位思想在企业经营领域的应用，它对于分析和解决企业经营、管理和竞争等问题，具有方法论层面的指导意义。企业生态位是企业在整个生态资源空间中所能获得并利用的资源空间的部分，是一个企业乃至一个行业在企业生态大环境中拥有的明确位置，企业在行业中的生态位是企业在行业内竞争实力的标志。企业生态位作为伴随企业发展演化出现的一种功能有机体，不仅体现企业生命机体生成发育的动态过程，而且也反映外部环境变化及其对企业环境选择要求的变化过程。企业生态位的发展往往是企业内部系统发展力与外部环境控制力动态效率统一的合力结果，并作为一种连接企业与外部环境之间互动关系的功能纽带，不断显示着强大的辐射效应，成为企业与生存环境中其他企业保持共生合作关系、避免恶性竞争产生的动能支点，深刻反映着企业群落中的企业关系变化、资源流向和空间分配。

企业生态位是由企业自身状况、外部环境、环境对企业的影响、企业对环境的作用以及企业与企业之间的相互关系共同决定的，是企业在与外部环境"平衡—不平衡—新的平衡"的矛盾运动中逐渐形成的。每个企业在一定时期内只能占据企业生态资源空间的某个部分，其占据部分即为企业生态位。企业的生态容量可以由企业自身与环境共同创造。实际上，企业竞争性的发展，促进了技术与产品的不断创新，增加了就业机会，从而会不断扩大企业的生态容量。

在一个集群区域内处于不同生态位的企业能够获得不同的利益。正是由于资源要素被不同集群企业利用才使其具有不同的生态位。当两个集群企业需要同一资源时，就会出现生态位重叠。假如两个集群企业具有完全一样的生态位，根据高斯原理（Gause principle），集群企业生态位的重叠部分必然发生竞争排斥作用。当集群企业存在于共同的生存环境中时，必然存在生态位分化现象，消除生态位重叠，实现集群企业生态位分离。衡量集群企业共同进化的主要因素是生态位宽度，集群企业生态位宽度越大，则该企业的竞争能力越强。

当一个企业生态位被另一个企业完全包围时，结果将取决于两个企业的竞争能力。内部集群企业处于竞争优势时会把外围集群企业从发生竞争的生态位空间排挤出去，以实现两个企业的协同共存。否则外围集群企业将占据整个生态位空间，内部集群企业最终消失。当两个企业生态位部分重叠时，其中一个企业占有另一企业的部分生态位空间，此时两个企业可以实现协同共存，但具有竞争优势的企业将会占有重叠部分的生态位空间。

两个生物物种在生态位重叠并已引发竞争后，其中一个被完全排斥的情况尽管客观存在，但在竞争过程中通过生态位的分离来实现共同生存的目的，是物种在进化过程中对竞争的有效回答。此外，还可以通过资源的补充来实现不同种群在同一环境中的共存。当企业生态位发生重叠并造成企业过度竞争时，也应从生态位的分离和新资源的扩充两个途径调整彼此的竞争关系，实现共同进化，使企业处于相对平衡的状态。在现实中，由于资源的稀缺性和有限性，往往是多个企业共同占有并利用同一资源或生态空间，企业竞争也就成为企业之间生态关系的主旋律。为了避免竞争的负面作用，多数企业都会采取有效措施对自身的生态位不断注入特质因子，有意识地将自身的生态位与其他企业分开。错开生态位的主要途径是利用自身的优势形成自己的特点，使自己的生态位不与同行重叠，从市场中得到最大利润。

生态位理论表明，在没有获取新资源的情况下，企业之间的竞争是不可能扩大市场需求的，即便有新的资源介入也难以承受更多企业在同一生态位上的不断重叠。因为企业的竞争是有成本的，其成本会消耗企业的全部预期利润。减少竞争意味着企业利润的增加，企业也将因此获得健康发展。当今企业之间的竞争已不可避免并趋向紧张，因此有必要创建企业竞争的边缘。这种边缘从根本上限制竞争企业的数量，避免造成总体大量过剩的问题，同时减少竞争对手之间的恶意破坏行为，保证竞争有序进行。竞争边缘状态的创建离不开政府的宏观政策、法律法规、行业的准入制度及企业之间的契约与自律等。

中小企业与大企业各有其生存与发展的必然性，它们在一国经济发展中的作用既是独特的，又是互补的。大企业是经济发展的龙头，中小企业是当代经济中最为重要也是最具活力的经济单元，中小企业与大企业的共生模式可确定为符合市场经济体制的，以对称互惠的连续共生为主体的多元共生模式。在市场经济体制下，中小企业或大企业选择何种共生模式，取决于多种因素。资产专用性水平、交易频率、不确定性、企业家能力、产业的技术含量、内部与外部规模经济、产业的地理集中性、市场结构等因素均影响企业对共生模式的选择。同时，影响企业对共生模式选择的种种因素是动态多变的。这些影响因素的多元性、复杂性和动态性客观上要求多元共生模式并存的模式结构与之相适应。

生态系统的共生现象应该是系统的普遍现象而不是个别现象，企业生态系统的共生机制，强调协调发展的整体性、演化发展中的各个因素之间的协调性等问题，强调要处理好企业发展与社会进步、经济增长、自然生态平衡间的关系，既要满足当代人的需要，又要满足后代人的需要。

一个好的、优秀的企业不一定是一年能赚几亿元或几十亿元的企业，而一定是长盛不衰的企业。自然界检验一个物种成功的尺度，是看这个物种是否能延续下去。同理，检验一个企业成功的尺度是看这个企业能否生存下来，能否长久地生存下来。换句话说，做企业不是百米冲刺，而是马拉松赛跑。衡量企业成功的标准不是强大，而是生存，能生存才是最好的企业。实践证明，偏离自己生态位去做强者的企业非垮不可。世界上优秀的企业都是百年不衰的企业。这些企业既是强者又是适者！强者与适者的结合，是对自己生态位的高度发挥。

1.4 先进制造模式的演变：累积进化

人类不可能完全脱离实物而生存。放眼全球，不管虚拟经济曾何等喧嚣，世界各国在经济上的竞争主要还是制造业的竞争。饿肚子要吃饭，是人之常情。如果没有食物，纵使虚拟经济再发达，我们依旧会挨饿。正如常言所说："巧妇难为无米之炊。"也许有人抬杠说："拿数字去换粮食。"如果全球闹粮荒，或者被某些产粮大国"卡脖子"，请问到哪里去换粮食呢？我们必须保持头脑清醒，虚拟经济必须服务于制造业，而不能仅在金融圈子打转转、捞快钱。典型的事例就在眼前，当新冠病毒感染肆虐的时候，需要大量的防护和医疗物资，再大的互联网公司也生产不了口罩和呼吸机，唯有靠制造企业来生产。换句话说，元宇宙、社交网络、虚拟口罩和/或虚拟呼吸机是救不活新冠病毒感染患者的。**再任由虚拟经济打压实体制造业，用不着他国的军事侵略、经济封锁、科技卡脖子，我们自己都会走向灭亡。**

千百年来，制造业一直不断地凭借新的科学技术提高生产能力，提高产品和服务的品质。在传统制造技术逐步被现代高新技术渗透、交汇和演变过程中，形成先进制造技术的同时，出现了一系列**先进制造模式**。可以肯定的是，制造模式具有鲜明的时代特征。研究和掌握制造业的先进制造模式及其运作规律是一个重要的理论和实践课题。制造模式是制造业为了提高产品质量、市场竞争力、生产规模和生产速度，以完成特定的生产任务而采取的一种有效的生产方式和一定的组织形式。制造过程的运行、制造系统的体系结构以及制造系统的优化管理与控制等均受到制造模式的制约，必须遵循制造模式确定的规律。先进制造模式是在传统制造模式的基础上，逐步发展、深化、创新而形成的。先进制造模式是指企业在生产过程中，依据环境因素，通过有效地组织各种生产要素来达到良好制造效果的先进生产方法。这种方法已经形成规范的概念、哲理和结构，可以供其他企业依据不同的环境条件，针对不同的制造目标采用。它以获取**生产有效性**为首要目标，以**制造资源快速有效集成**为基本原则，以**人—组织—技术**相互结合为实施途径，使制造系统获得**精益、敏捷、优质与高效**为特征，以适应市场变化对**时间、质量、成本、服务**和**环境**的新要求。先进制造模式的先进性表现在企业的组织结构合理、管理方法得当、制造技术先进、市场反应快、客户满意度高、单位生产成本低等诸多方面。

典型的先进制造模式有（但不限于此）：计算机集成制造、并行工程、精益生产、敏捷制造、智能制造、大批量定制、绿色制造、虚拟采办（simulation based acquisition，SBA）、云制造（cloud manufacturing，CM）等。详细内容参见参考文献 [7]。

这些先进制造模式从不同角度、不同层面解决了当时制造企业面临的困境与挑战，并取得了显著的效果。通过分析比较得出结论：新的先进制造模式是在已有先进制造模式的基础上，通过累加新的知识而产生的，即先进制造模式演化是一个累积进化的过程。例如：CIM 提出从系统的观点进行协调，进而实现信息、功能与过程的集成（系统集成），使得信息流动起来，解决了制造企业自动化"孤岛"问题。由于关注范围有限和认知的局限性，CIM 并没有对传统的企业的层科级（金字塔）组织结构、串行流程提出优化的要求。串行的研制流程导致在产品设计的早期阶段无法充分考虑产品全生命周期中的各种因素，不可避免地造成较多的设计返工，在一定程度上影响了企业战略目标的实现。CE 借鉴和发展了 CIM，在组织、经营过程、技术上都超越了 CIM，即组建由来自不同部门的人员、用户代表，甚至竞争对手组成的多学科产品团队，变传统的串行流程为并行流程，广泛采用 CAX/DFX、PDM 工具 / 系统，在产品设计的早期阶段就充分考虑影响产品质量的因素，从而缩短产品研发周期、降低成本、提高质量等。当时的CE 实施还局限于单个企业内部。AM 则继承了 CE 的成果，通过组建动态企业联盟（跨地域的虚拟企业），实现企业的敏捷与柔性，以及信息共享、制造资源的高度利用等，快速响应市场需求。MC 则兼顾了客户的个性化要求，实现按订单生产，充分借鉴规模生产的成本优势，为客户提供低成本、定制化的产品和服务。GM 在并行、敏捷的基础上，进一步将环境保护因素引入制造过程中，从设计源头就考虑产品全生命周期中与物质、能源和环境有关的各种问题。SBA 立足于 CE 和虚拟制造之上，将建模与仿真贯穿于产品全生命周期，即全系统、全过程、全方位（三全）采用虚拟样机技术，实现更快（quicker）、更好（better）、更省（cheaper）地为客户提供产品和服务。CM 则在多种先进制造模式的基础上，引入云计算、物联网、大数据、人工智能的阶段性成果，构建CPS，通过虚实映射实现复杂产品全生命周期的动态感知、智能化自主决策、资源综合集成优化等。云制造是未来的智能制造的初始阶段。

工业 4.0 的提出与全球范围内的推广，使 CPS 成为智能制造的关键使能技术和提高企业核心能力的重要武器。CPS 之所以可以提升制造的核心能力，恰恰是因为它将信息世界的巨大计算力和物理世界的制造能力有机整合为一个整体，突破了传统生产系统在时间和空间上的限制，极大地发挥了生产系统的潜力。

1.5 CPS 的提出：瓜熟蒂落

CPS 进入普罗大众的视野，起始于 2011 年德国提出的工业 4.0。2013 年 4 月在汉诺威工业博览会上又发布了《工业 4.0 实施建议》（*Recommendations for Implementing the Strategic INDUSTRY 4.0*），极大地促进了世界各国对工业 4.0 和 CPS 的重视。之后，国内关于工业 4.0 和 CPS 的文章如漫天飞舞的雪花纷至沓来，各种高层论坛、讲座、产品推介会如雨后春笋般涌现。如今十余年过去了，伴随着新概念层出不穷地破土而出，人们也随波逐流地将兴趣转向了当下一个又一个热门主题，如基于模型的系统工程、数字孪生 / 数字主线、混合现实（mixed reality，MR）等，特别是近期异常火爆的元宇宙。如今，CPS 似乎已从大众的视野中消失。尽管大家对 CPS 的关注程度已经大幅降低，但是，对于全球科研机构、高等学府和制造企业而言，对 CPS 的研究与实践实际上才刚刚起步，一切都在井然有序地进行着。连续与离散系统集成、自主感知、人工智能、智能装备等技术发展催生了 CPS，也推动了 CPS 向前发展。尽管未来的路依旧很漫长，我们坚信 CPS 将为制造企业实现智能制造奠定坚实的基础。

实际上，CPS 并不是由德国人率先提出的。早在 2006 年，美国就提出了 CPS 的概念。2005 年 5 月，美国国会要求美国科学院（National Academy of Sciences，NAS）评估美国的技术竞争力，并提出维持和提高技术竞争力的建议。5 个月后，基于此项研究的报告《站在风暴之上》问世。随后，2006 年 2 月，美国科学院发布《美国竞争力计划》明确将 CPS 列为重要的研究项目；2006 年年末，美国国家科学基金会（National Science Foundation，NSF）召开了世界上第一个关于 CPS 的研讨会，并将 CPS 列入重点科研领域，开始进行资金资助；2007 年 8 月，美国总统科学技术顾问委员会（President's Council of Advisors on Science and Technology，PCAST）在题为《受到挑战的领导力：信息技术在全球竞争中研究与发展》的报告中列出了八大关键信息技术，将"网络信息技术与物理世界的连接系统"列在首位，其余分别是软件、数据、数据存储与数据流、网络、高端计算、网络与信息安全、人机界面与社会科学；2008 年 3 月，美国 CPS 研究指导小组（CPS steering group）发布了《赛博物理系统概要》，把 CPS 应用于交通、农业、医疗、能源、国防等方面。2009 年 5 月，来自加利福尼亚州伯克利分校、卡内基梅隆大学等高校和波音、博世、丰田等企业界的研究人员参加了由美国计算机领域研究人员的社团组织——计算社区联盟资助的以"CPS 研究中的产业—学术界新型伙伴关系"为主题的研讨会，会议最终发布了《产业与学术界在 CPS 研究中的协作》白皮书。2014 年 6 月，美国国家标准与技术研究院（NIST）会集相关领域专家，组建成立了 CPS 公共工作组（CPS PWG）联合企业共同开展 CPS 关键问题的研究，推动 CPS 在跨多个"智能"领域的应用。2015 年，NIST 的工程实验室智能电网项目组发布了 CPS 测试平台（Testbed）的设计概念，已开始收集全球范围内的 CPS 测试平台清单，并建立了 CPS 测试平台组和交互性的公共工作组。2016 年 5 月，NIST 正式发表《赛博物理系统框架》，提出了 CPS 的两层域架构模型，在业界引起了极大关注。截至 2016 年，美国国家科学基金会投入了超过 3 亿美元来支持 CPS 基础性研究。

德国作为老牌的制造强国，也特别关注 CPS 的发展。2009 年，德国《国家嵌入式系统技术路线图》提出发展本地嵌入式系统网络的建议，明确提出 CPS 将是德国继续领先未来制造业的技术基础。2010 年 3 月 1 日，德国工程院启动了 agenda CPS 项目，并经过近 2 年的研究，发布了《赛博物理系统综合研究报告》。在这个项目中，德国首次提出了 "CPS+ 制造业 = 工业 4.0" 的说法。2013 年 4 月，在汉诺威工业博览会上德国正式发布了《工业 4.0 实施建议》，提出建设一个 "全新的基于服务和实时保障的 CPS 平台"。2015 年 3 月，德国国家科学与工程院发布了名为《在网络世界》的研究报告，对 CPS 的能力、潜力和挑战进行了分析，提出了 CPS 在技术、商业和政策方面所面临的挑战和机遇。依托德国人工智能研究中心（Deutsches Forschungszentrum für Künstliche Intelligenz，DFKI），德国开展了 CPS 试验工作，建成了世界上第一个已投产的 CPPS 实验室。

随着研究与实践的不断深入，人们逐渐认识到构建可靠的 CPS 需要功能强大的计算平台作为支撑，而强大的计算平台的开发则需要先进的工具和开发方法。在 21 世纪初，为了迎接这项挑战，人们开始研究集成控制、计算和通信的系统方法论，这就促成了一个不同寻常的学科（CPS）的诞生。2016 年，在 CPS 概念提出的 10 周年之际，美国科学院、工程院、医学院联合发布了《美国 21 世纪 CPS 教育报告》，报告指出 CPS 是一个新兴学科，并给出了 CPS 本科学士学位和硕士学位的课程规划，以及土木工程、机械工程、电气工程、计算机科学等专业的课程改革方案。CPS 的相关理论已经被美国政府部门列为主要优选研究的科学技术，这在航空、航天、船舶、汽车等制造业也同样被重视。

CPS 概念的提出是与计算机（computer）、控制（control）、通信（communication）等技术的发展、嵌入式系统的深入应用紧密相关的，是技术进步的必然产物。众所周知，最早的计算机是专门用来进行数值计算和信息处理的单机系统。随着嵌入式系统的出现，计算机系统的作用早已今非昔比。嵌入式系统是指集成了计算机硬件和计算机软件，为完成某一特定目的而设计的机电或电子系统。其软件内容只包括软件运行环境及其操作系统，而硬件内容包括信号处理器、存储器、通信模块等在内的多方面内容。相较于一般的计算机处理系统，嵌入式系统不能实现大容量的存储功能，因为没有与之匹配的大容量介质。今天，嵌入式系统已无处不在。从手表到照相机，再到冰箱，我们所能见到的工业产品几乎都属于嵌入式系统，因为这些设备中都集成了一个微控制器和相应的软件系统。CPS 是对嵌入式系统的一般意义的扩展，但与刚刚提及的这些嵌入式系统不同，CPS 更强调各个实体与计算网络的融合。汽车、飞机和机器人是典型的例子，因为它们在空间中物理移动的方式由计算机化的离散控制算法决定，该算法基于物理状态的传感器读数来调节执行器（例如，制动器）。

CPS 是一个结合计算领域以及传感器（sensor）和作动器（actuator）的装置的集成控制系统，包括无处不在的环境感知、嵌入式计算、网络通信和网络控制等系统，使我们身边的各种物体具有计算、通信、精确控制、远程协作和自组织功能，使计算能力和物理系统紧密结合与协调。在传感器的帮助下，CPS 接收并处理来自物理世界的大量数据，并将这些数据用于基于网络的各种应用和服务中，最终使这些服务和应用通过作动器反馈并影响实体世界（与物理世界实现反馈闭环式交互）。简而言之，CPS 将信息功能（计算或通信以及控制）与物理功能（运动或其他物理过程）相结合，以解决任何一方都无法单独解决的问题。CPS 的最终目标是实现信息世界和物理世界的完全融合，构建一个可控、可信、可扩展的网络，从根本上改变人类构建工程系统的方式。

CPS 集成先进的信息通信和自动控制等技术，在赛博空间与物理空间之间架设一座桥梁，构建了一个在物理空间与赛博空间中，人、机、物、环境、信息等要素相互映射、实时交互、高效协同的复杂系统，使物理实体能够通信，能与信息（数字）空间相互作用，创造一个真正的网络互联物理实体的世界，实现基于数据自动流动的状态感知、实时分析、科学决策、精准执行，解决产品全生命周期过程中的复杂性和不确定性问题，提高资源配置效率，实现系统内资源调配和运行的按需响应、快速迭代、动态优化。

对于由众多 CPS 组成的自组织网络（体系）来说，根据任务的需要、业务过程，以及所需资源能够进行动态配置；网络系统中的组件（可独立运行的 CPS）应该具有根据具体需要，随时随地地加入或退出的能力；如果系统中某部分组件的毁坏，系统要能够自主地补充（如感知设备电池耗尽，要能够自动组织其他的设备或资源来确保感知设备的正常运行）；即使一个或多个内部系统组件失效或损坏，智能系统也能继续表现良好并继续发挥其效能。网络系统（体系）的冗余设计，保证了系统的健壮性。

虽然依照 CPS 的概念，它在工业界的全面、深入应用还有较大的差距，但一些早期的应用已经进入我们的生活，并被我们每天使用。典型案例之一就是车载导航系统，CPS 系统为地球表面每一块土地都提供了一个全新的、瞬时可知的虚拟地图。车辆既行驶于现实世界的道路上，也穿行于虚拟世界中，在移动通信数据的帮助下，现在的导航软件还能根据即时路况规划最佳行驶路线。如今的车载导航系统只不过是智能手机的一个 App 而已。

可以肯定地说，互联网和移动互联的发展正在一步一步地将人类社会引入赛博空间（赛博空间的概念详见本书的 4.1 节）。在赛博空间中，人们借助全域的电磁网络接入，脱离实际地理位置，通过虚拟交互式体验实现了全球通信和控制。可以肯定的是，人工智能、物联网、工业互联网等的蓬勃发展，正在通过 CPS 将制造企业引入虚实融合的世界。研究与实践表明：CPS 因控制技术而起，信息技术而兴。随着制造业与工业互联网的融合与迅速发展，它正成为支撑和引领全球新一轮产业变革的核心技术体系。

对于未来的制造业而言，在虚拟世界中可以开展许多在现实世界中暂时还无法进行的工作。例如：①在新产品研制过程中，由于产品在创造构思中，实物根本就不存在，只能在虚拟世界中开展虚拟设计、仿真，直至投入生产；②试验费用昂贵，或者运行环境构建非常困难，甚至无法建造（例如，月球、火星），只能在虚拟环境中进行仿真试验；③物理试验失败可能对人员造成伤亡，为确保万无一失，需要在虚拟环境中进行多次试验，以便制定最好的试验方案和防护措施；④当实物生产、使用维护过程中，不仅可以在虚拟世界进行生产过程仿真，还可以利用收集的真实数据进行生产线维护、产品维护、产品健康预测等。当然，虚实融合的益处并不只是这些。

我们可以构想一下未来的制造企业（集群）：它们将围绕企业生存的战略目标，不断优化生态圈，使生态圈内的企业协同发展、共同进化（演化）；在日臻完善的数字化、网络化、智能化的集成系统（CPS 集群）中，通过生态圈内企业的协同创新，为人类提供优良的产品和服务，为人类创造更加美好的未来。

1.6　小结

纵观制造业的历史，有多少像诺基亚手机事业部一样的"庞然大物"纷纷倒下，从而退出历史的舞台；又有多少昔日曾光芒万丈的公司在苦苦挣扎而濒临破产。巨大成功滋生的"傲慢自大"和"官僚主义"已渐渐成为束缚其自身发展的桎梏，"机构臃肿""人浮于事"则更是雪上加霜。这种"巨无霸"企业如同"温水煮青蛙"，逐渐丧失了快速响应市场变化的能力，直至僵化而亡。伴随着诸多头部企业的倒闭，熵增定律一次次被人提起，而又一次次被企业家们忘记。曾几何时，企业家们忘记了"永续生存"才应该是企业经营的"战略目标"，把"赚快钱、赚大钱"直接当成了公司（企业）的"战略目标"，甚至为赚钱而不择手段。快速的赢利更加助长了资本家的贪婪，根本不顾及对环境和下一代的伤害。企业高层被胜利冲昏头脑，狂妄自大加上误判，必然导致"公司的大厦"在瞬间土崩瓦解。人类真的应该好好地向自然界中的生命学习，从这些生命的身上获得更多的启迪，从而使为造福人类自身而创建的企业能够茁壮成长、长命百岁乃至永续生存。

自然选择是自然界中生命给予的启示。地球上所有的生物不是杂乱无章地堆积，各种生物之间有着直接或间接的关系，它们彼此相互影响、相互制约，形成有规律的组合。

物种之间的复杂关系，不仅影响着物种的生存，同样影响着物种的进化。进化真正想要的，即它去往的目的地，是揭示（或创造）某种机制，能以最快的速度揭示（或创造）宇宙中可能的形式、事物、观念、进程。其最终目的不仅仅要创造形式、事物和思想，而且要创造用以发现或创造新事物的新方法。

"错位生存，协同共生"是大自然中生命系统生存和发展的必然选择。在动物界，凶猛动物之间，为了避免因争夺食物而造成不必要的伤亡，它们寻找食物的时间是错开的，竞争的各方都乐意利用尚未有竞争对手竞争的资源而转移到与其他物种不发生重叠的生态位去，或尽量在少重叠的生态位中生存发展。与此同时，自然界存在着大量的共生生物，它们相互促进，不断适应环境的变化。市场竞争也是如此，如果两个企业同时去争夺一个市场，必定会造成"两败俱伤"，这种"两败俱伤"的结果，是任何企业都不愿接受的。错开生态位的主要途径是利用自身的优势形成自己的特点，使自己的生态位不与同行重叠，在市场上得到更多的利润。与此同时，现代竞争已不再是"你死我活"，而是更高层次的竞争与合作（竞合），企业追求的不再是"单赢"，而是"双赢"和"多赢"。美国商界有句名言："如果你不能战胜对手，就加入到他们中间去。"

几十年来，制造业一直不断地探寻和实践先进的制造模式，希冀通过实施先进制造模式，扩展和完善其制造系统，以便支持制造企业实现"永续生存"的战略目标。随着科学技术的发展，经过多年的研究与实践，先进制造模式不断地累积进化，已经形成了今天的智能制造模式。智能制造模式必将随着科学技术的进一步发展而不断完善；智能制造的核心技术/系统——CPS 也将不断扩展和完善。CPS 与未来人类社会的生产、生活息息相关，具有广泛的应用前景。各国政府及组织纷纷开展 CPS 相关领域的研究探索。尤其在制造领域，发展 CPS 已经成为美国、德国等发达国家实施"再工业化"战略、抢占制造业新一轮科技革命和产业变革制高点的重要举措。

第 2 章

与现实世界平行的虚拟世界

　　想来当今世界上是否真的有人从未照过镜子或观看过自己在水中的倒影，就算真的确有其人，笔者也不打算同他或她讨论关于镜像的问题，因为彼此间的交流一定会非常困难。当你站在一面镜子前，就会看到镜子中自己的影像。你的一举一动、一颦一笑，镜子都会如实地将其反射出来。尽管它可以将我们带入一个虚拟的、用光织造的、由幻想驱动的平行世界，但遗憾的是，这种反射形成的镜像并没有自己的意识。所以，我们不研究这种由被动镜像构成的、平行的虚拟世界，当然也不研究人类内心的精神世界，而是要研究以现实为参照物，基于自然科学规律，在计算机、物理等效器上构建的数字世界。换句话说，它是一个与现实世界相互关联的、平行的、充满灵性的虚拟世界。

　　我们可以从多个角度对"虚拟"加以界定。从技术角度把虚拟界定为"集计算机及互联网、图像、文字、音像、仿真、传感、显示等技术于一体，对客观现实进行数字化处理的一种综合技术"；从文化哲学角度把虚拟界定为"是人对世界、对象、活动、意义等的人化形式的构建，这些人化形式主要是语言、符号、规则、数字等"；从思维方式角度把虚拟界定为"人类从现实性的生存方式和思维方式进入到虚拟性的生存方式和思维方式"。

　　从古至今，人类凭借得天独厚的虚构能力（想象力）、创造力，创造了神话故事，创造了汽车、飞机、卫星等人造系统，更创造了计算机系统生成的虚拟世界。对虚拟世界的认识需求不断催生以虚拟现实为代表的技术创新，增强现实/混合现实等丰富和发展了虚拟现实技术家族，为构造内容丰富的虚拟世界奠定了技术基础。

2.1 得天独厚的虚构能力和创造力

2.1.1 虚构能力

美国人有美国梦，中国人有中国梦。马丁·路德·金有句名言："I have a dream." "梦"的背后潜藏着人类一个非常重要的能力——虚构能力。虚构是由拉丁语"fictio" 转化的一个词，它本来的意思是赋予某种东西以形状。从中引申出来的虚构，是一种想象。想象是一种特殊的思维形式，是人在头脑里对已存储的表象进行加工改造形成新形象的心理过程，是人类特有的对客观世界的一种反映形式。它能够突破时间和空间的束缚。通俗地讲，虚构能力就是想象、讲故事的能力。换句话说，虚构就是要描绘出一个现实中原本不存在的东西，这是只存在于大脑中的现实或者场景。"虚构"这件事的重点不只在于让智人能够拥有想象，更重要的是人们可以"一起"想象，共同编制出种种虚构故事，比如神祇崇拜、神话故事、宗教信仰、幻想、对未来的憧憬等。以神话为例，由于原始社会生产力水平十分低下，面对难以捉摸和控制的自然界，人们不由自主地会产生一种神秘和敬畏的感情。而一些特殊的、灾害性的自然现象，如地震、洪水泛滥，以及人类自身的生老病死等，尤其能引起人类内心的惊奇和恐慌。人们由此幻想出世界上存在着种种超自然的神灵和魔力，并对其加以膜拜。自然现象在一定程度上被神化了，神话也就由此产生。神话以虚构故事的形式把自然力加以形象化，并借助想象表达古人对自然、社会现象的认识和征服自然力、支配自然力的愿望。只有当人类可以凭借语言来表达自己的情感，表达对自然和社会的领悟的时候，神话才有可能产生。

"简史三部曲"的作者尤瓦尔·赫拉利（以色列人）认为：这种虚构能力源自大约 7 万年以前人类的认知革命，即标志人类文明出现重大改变的节点是智人的出现，推动这一切的根源是直立人种在原始采集社会中慢慢发现了自己的"无知"。他们对大自然的无知、对大型生物的恐惧，慢慢促使直立人种向智人进化。而智人最大的特征是能够"虚构故事"，虚构故事的能力使智人慢慢地建立了部落，形成了政治团体乃至形成了队伍、国家。赫拉利在《人类简史》中说道："智人之所以能够打败其他所有人种，是因为他们具有构建虚构故事的能力，他们可以相互理解，达成协作。究其原因可能是人类的喉结发生了生理突变，人类的语言能力有了突飞猛进的发展，进而形成了超越感官直觉的抽象思维能力，这促进了信息的交流和知识的积累，形成了日渐强大的虚构能力。"在他看来，这种底层逻辑就是人类独有的"虚构能力"，使人类这种原本平淡无奇的生物，在短短的几万年时间中，从自然界脱颖而出，极大地改变了地球的面貌，某种程度上也主宰了其他生物的命运。

虚构使智人能够在大规模陌生群体之间产生信任并开展合作，这也是智人能够在众多人种和恶劣的环境中生存下来并脱颖而出的重要基石。虚构故事的能力使智人产生了群体效应。人类有了共同的信仰、共同的宗教，最后不断地扩大、壮大，形成了国家等政治团体。虚构故事的能力使得智人的管理水平极度提高，快速地扩大了管理半径。虚构故事的能力让智人之间出现了竞争，有了部落、国家，有了领袖和追随者，乃至战争等。由此我们明白虚构故事在人类文明进步的路上几乎起到了决定性作用。

虚构给人类社会的发展带来了无穷的欲望和动力。尽管人类现在已经具备了强大的改造世界甚至是毁灭世界的能力，但是生物演化的基本规律仍是支配人类行为的底层逻辑。这种规律就是"物竞天择，适者生存"。换句话说，人类始终都要解决竞争的问题，如果这种竞争只停留在生物本能的层面，将是比较有限的，因为由此产生的欲望受生理方面的约束。然而，虚构打破了这种物质层面的限制。拥有了虚构能力，就拥有了想象力，想得越多，能够表达出来的就越多。通过这种想象力，智人很快就能团结起来，协作的效率大大提升。虚构能力是人类组织资源、高效协作的基础，更重要的是它让我们的生活更加丰富多彩。智人通过几千年的努力让自己的物质世界和生存环境变得越来越优越，同时拥有着虚构的精神世界，这是其他动物不曾体验过的。当然，精神世界不是单独存在的，而是依附于物质世界的变化而不断演变的（物质决定意识）。

人类成为地球上的主宰并非因为人类会使用火、木器和石器等工具，而是由于人类超出其他动物一般水平的合作能力。产生这种合作的基础，就是通过虚构形成的人类秩序。从各种非正式的文化、习俗、惯例，到正式的规章、制度、法律，抽象的秩序和规则对人类的行为施以外部和内部的约束，从而促进了人类的合作。抽象的秩序使人类出现了一个重要的转变，即人类社会的发展不再是一个自然演化的过程，人类合作能力的增强不再是由于基因的改变，而是由于秩序和规则的改变，这种改变要迅速得多。从某种类人猿进化为人类花了数百万年；从认知革命到人类真正具备改造世界的能力（即大约 1 万年前的农业革命时）只花费了几万年的时间；而从农业革命到工业革命只花费了 1 万年左右的时间。工业革命则在短短的二三百年间，令人类社会和整个地球发生翻天覆地的变化。

自然界中，蜜蜂和蚂蚁是群体合作的代表，每个群体成员分工明确，但它们在群体中的分工从出生就已确定，并不具备灵活改变的弹性，无法响应环境变化而随即改变自身的职能。人类却能开展灵活多变的合作，这使得人类可以合作建造史无前例的金字塔，也可以合作建造宇宙飞船登上月球。当然，构造虚拟世界更离不开人类得天独厚的虚构能力。

2.1.2 创造力

创造, 顾名思义就是首先创立并制造出新的东西。在《辞海》里, 创造是"创造前所未有的事物"。创造是一项复杂的人类活动, 因此, 要想对其进行有效的定义, 必须顾及这样的事实, 即创造本身包含创造的过程和创造的成果。首先, 创造必须是具有丰富创造活动体验的实践过程; 其次, 该实践过程还应该有独创性的成果。因此, 创造是伴有独创性成果出现的、具有丰富创造性体验的实践过程。创造, 是一个内涵非常丰富的词汇, 人们片刻也离不开先辈们创造的、不可胜数的创新成果。

创造力 (creativity), 是人类特有的一种综合本领。所谓创造力, 是指人们在创造性地解决问题的过程中表现出来的一种个性心理特征, 是根据一定的目的, 运用一切已知信息, 产生某种新颖、独特、有社会或个人价值的产品的能力, 其核心是创造性思维能力。例如, 创造新概念、新理论, 更新技术, 发明新设备、新方法, 创造新作品, 都是创造力的表现。

创造力, 也就是创新性思维能力。创新性思维指的是不受现成的、常规的思路约束, 寻求对问题的全新的、独特性的解答和方法的思维过程。创新性思维是具有开创意义的思维方式, 能够开拓人类认识的新领域和新成果, 它是多种思维方式的结合, 尤其是发散思维 (divergent thinking)、聚合思维 (convergent thinking) 和直觉思维 (intuitive thinking)。发散思维, 又称辐射思维、扩散思维或求异思维, 是指大脑在思维时呈现的一种扩散状态的思维模式。好奇心是创造性思维的源泉, 探索和研究未知事物的心理倾向促使人们不断求新求异, 发现和提出新的问题, 并积极探索解决问题的方案。发散思维对问题从不同角度进行探索, 从不同层面进行分析, 从正反两极进行比较, 因而视野开阔, 思维活跃, 可以产生大量的独特的新思想。许多心理学家认为, 发散思维是创造性思维的最主要特点, 是测定创造力的主要标志之一。聚合思维在创造力结构中具有重要作用。聚合思维也称求同思维, 指的是把各种信息聚合起来思考, 朝着同一个方向而得出正确答案的思维, 即聚合思维是利用已有的知识经验或常用的方法来解决问题的某种有方向、有范围、有组织、条理性强的思维方式。聚合思维对于从众多可能性的结果中迅速做出判断, 得出结论是最重要的。聚合思维的具体方法有很多, 常见的有抽象与概括、归纳与演绎、比较与类比、定性与定量等。发散思维与聚合思维二者是统一的、相辅相成的。人们在进行思维活动时, 既需要发散思维, 也需要聚合思维。任何成功的创造性都是这两种思维整合的结果。直觉思维是指对一个问题未经逐步分析, 仅依据内因的感知迅速地对问题答案作出判断、猜想、设想, 或者在对疑难百思不得其解之中, 突然对问题有"灵感"和"顿悟", 甚至对未来事物的结果有"预感""预言"等都是直觉思维。直觉思维是一种心理想象, 它在创造性思维活动的关键阶段起着极为重要的作用。

创造力可以产生新思想，发现和创造新事物，它是成功地完成某种创造性活动所必需的心理品质。创造力是一系列连续的复杂的高水平的心理活动。它要求人的全部体力和智力的高度紧张，以及创造性思维在最高水平上进行。创造力是知识、智力、能力及优良的个性品质等复杂因素综合优化构成的。任何创造都离不开知识，知识丰富有利于更多更好地提出设想，对设想进行科学的分析、鉴别与简化、调整、修正。吸收知识、巩固知识、掌握专业技术、实际操作技术、积累实践经验、扩大知识面、运用知识分析问题，是创造力的基础。智力是创造力发展的基本条件，智力水平过低者，不可能有很高的创造力。创造力与人格特征也有着密切关系，高创造力者的特征包括兴趣广泛、语言流畅、具有幽默感、反应敏捷、思辨严密、善于记忆、工作效率高、从众行为少、喜好独立行事、自信、喜欢研究抽象问题、生活范围较大、社交能力强、抱负水平高、态度直率、坦白、感情开放、不拘小节，给人以浪漫印象。**创造力是推动生产、促进科学和文学艺术创造发明的重要力量。**

当人们在抽象意义上描述创造力时，常常把所有关于作品的点子所组成的集合比喻成一个物理意义上的空间。从而创作过程就可以被比喻为在这个空间中进行探索寻宝，寻找一个符合某种价值判断的作品（点子）。而那些能够称得上是"具有创造性"的作品，还必须具有一定的新奇性（novelty），让人眼前一亮，甚至有思路被颠覆的感觉。我们将这个空间称为"概念空间（conceptual space）"，因为它实际上是人们脑海中对某一个领域所有可能的作品的概念所组成的抽象的空间。

创造力是所有发明创造的前提，是一个国家、一个民族不断保持生命力的基础。我们人类社会的历史就是一部创新的历史，就是一部创新性思维实践、创新能力发挥的历史。

2.1.3　创造力与想象力、模仿力的关系

想象力是在大脑中描绘图像的能力，当然所想象的内容并不单单包括图像，还包括声音、味道等五官体验内容，以及疼痛和各种情绪体验都能通过想象在大脑中"描绘"出来，从而达到身临其境的体验。想象力是你头脑中"描绘"画面的能力，就好像是一支画笔，凭借人的意志，任何事物都可以在头脑里画出来，清晰的、色彩鲜艳的、天马行空的……想象力是人类大脑中一种强大的功能，属于右脑的形象思维能力。哲学家狄德罗说，"想象，这是一种特质。没有它，一个人既不能成为诗人，也不能成为哲学家、有思想的人、一个有理性的人、一个真正的人"。

想象力的培养，模仿往往是第一步。通过模仿，你可以抓住事物的外部和内部特点。

模仿绝不是无意识地抄袭，而是把眼前和过去的东西通过自己的头脑再造出来。与创造相比，模仿是一种低级的学习方法，但是创造总是从模仿开始的。古今中外许许多多有成就的人物，在开始时都是从模仿中获益的，然后再在前人的基础上加以创新，走出自己的新路。很多知名企业的成长也是如此。

丰富的知识、经验是发展想象力的基础。没有知识与经验的想象只能是毫无根据的空想，或者漫无边际的胡思乱想。扎根在知识与经验之上的想象，才能闪耀思想的火花。经验越丰富、知识越渊博，想象力的驰骋面就越广阔。生活经验的多寡，直接影响想象的深度和广度。丰富的生活经验是提高人们想象力的主要因素。我们应当广泛地接触、观察、体验生活，并有意地在生活中捕捉形象，积累表象，为培养想象力创造良好的条件。创造活动特别需要想象，想象离不开创造活动，因此，积极参加各种创造活动，是培养想象，特别是创造想象最有效的途径之一。

想象力是创造力的一个重要内容。具有创造力的想象是一种新颖、独立的想象。这样的想象并不是以前头脑中各种形象的还原，而是经过加工之后创造出来的新的形象。科学研究上的重大发现、生产技术和产品的发明、作家的构思、画家的灵感以及孩子的学习，都需要创造性想象的参与。**想象力是人类创新的源泉**！人类如果没有幻想过像鸟儿一样飞翔，就不会有飞机，更不可能登上月球；人类如果没有幻想过乌托邦就不会有追求社会进步的动力。想象力的魅力在于可以将人带入一个虚拟世界，体验现实生活中不可能实现的梦想。在创造性想象中，运用想象力去创造渴望实现的事物的清晰形象，接着持续不断地把注意力集中在这个思想或画面上，给予肯定性的能量，直到最后成为客观的现实。想象力是我们人类比其他动物优秀的根本原因。因为有了想象力，我们才能创造发明，发现新的事物、定理。想象力往往决定成功的概率，想象力越丰富，成功的机会就会越多。对于想象力与创造力，爱因斯坦更是把它放在了核心的位置。他认为"想象力比知识更重要，因为知识是有限的，而想象力概括着世界上的一切，推动着进步，并且是知识进化的源泉"。严格地说，想象力是科学研究中的"实在因素"。"异想天开"同样具备想象力的元素，往往能为科学探索提供鲜活的命题和无限的遐想空间，把"异想天开"与严谨的科学论证结合起来，可能会取得更多原始创新的突破。150多年前，法国科幻作家儒勒·凡尔纳曾在自己描述宇航生活的作品《从地球到月球》中写道："三位探险家乘坐在一枚大炮弹里飞上了月球。后来，有科学家受'乘炮弹飞上月球'的启发，完成了世界上第一部研究使用火箭解决星际飞行问题的科学著作的撰写。"

想象力只在头脑里，可以有各种奇奇怪怪的想法和天马行空的思考，创造力则要从想象力里面转化到现实中，有能力把想象出来的东西变成实际可操作的、可以创造出来的东西的能力。如果一个人只有想象力，没有创造力，则永远只是空想家。想象力是创造力四要素之一（创造力是由发现问题的能力、想象力、逻辑思维能力、实践推动能力构成的）。一件新事物被创造，首先得有人发现现有事物的不足，然后通过想象力来寻找各种解决问题的可能性，再通过逻辑能力来找到最好的解决方案，最后再通过实践来完成这个创造。

模仿能力（imitative ability）是指人通过观察他人的行为、活动来学习各种知识，然后以相同的方式做出反应的能力。模仿不但表现在观察别人的行为后能立即作出相同的反应，而且表现在某些延缓的行为展现中。模仿是人类和动物共有的一种重要的学习能力。模仿是人们之间相互影响的重要方式，是实现个体行为社会化的基本历程之一。通过模仿能使原有的行为巩固或改变，使原来潜伏的行为表现出来或习得新的行为动作。

创造力与模仿能力是两种不同的能力。动物能模仿，但不会创造。模仿只能按照现成的方式解决问题，而创造力能提供解决问题的新方式和新途径。人的模仿力和创造力有明显的个别差异。有的人擅长模仿，而创造力较差；有的人既善于模仿又富有创造力。模仿能力和创造力有着密切的关系，人们常常是先模仿，然后进行创造。科研工作者先通过观察模仿别人的实验，之后才提出独创性的试验设计。在这个意义上，模仿可以说是创造的前提和基础。创造的真正实现，不仅需要模仿来积累知识技能，更需要自由的探索和足够的试错空间，需要创造的灵感和创造性思维，所以只能说模仿是创造的前提，由此可以得出，人不可能凭空创造出一个东西，是需要有模仿的基础的。中国现代著名作家茅盾曾说过："模仿是创造的第一步，模仿又是学习的最初形式。"把能力分为模仿能力和创造力是相对的，模仿能力包含有创造能力的成分，创造力包含模仿能力的因素。在实际活动中两种能力是相互渗透的。

实际上，很多日本企业的创新都源自模仿，比如 7-11、丰田、佳能等。井上达彦——宾夕法尼亚大学沃顿商学院的高级研究员，多年来致力于日本企业创新研究的他对模仿与创新之间的关系有着权威的解答。他在《模仿的技术》一书中，通过对欧美以及日本企业的研究，发现"山寨"（模仿）与创新之间并非有着无法飞跃的隔阂，只要方法得当，"山寨"也可以变成创新。井上达彦所理解的"山寨"（更准确地说应该是模仿），不仅仅是对好的产品的复制，更重要的应该是对包含组织结构、盈利模式在内的借鉴与模仿。"仅仅进行产品的模仿，会加快模仿的速度，即使在模仿的基础上进行产品革新，也会立即被人追上，如果没有同时进行组织结构模仿，便不能出现真正意义上的差异化。"井上达彦在《模仿的技术》一书中举例说明商业模式的模仿的重要性：丰田汽车生产系统之父大野耐一在美国福特汽车公司参观学习期间，在看到美国超市的购物模式之后，联想到了"在必要的时间，购买必要量的必要产品"这种零件购买方式。回国后，他就立即开展尝试，并形成了一套拉式生产模式，即下游决定上游产品的数量。在丰田汽车购买零件就像去超市购物，目前用不上的零件没有必要存在工厂的库房里，丰田汽车的创意生产系统由此而产生。其核心思想就是准时生产（just in time, JIT），追求"零库存"，避免浪费。基于此，丰田汽车公司创造了精益生产（lean production, LP）的先进制造模式。

人的思维方式是多种多样的，模仿思维仅是其中之一，它在认识和改造客观世界中也确实有一定的作用，但它只是起到辅助作用。一旦形成惯性思维，就会阻碍人们的创造力。一味的单向模仿，只会让你的企业与所模仿的企业同质化。俄国大文豪列夫·托尔斯泰一针见血地指出："如果学生在学校里学习的结果使自己什么也不会创造，那他一生永远是模仿和抄袭。"

2.2 源自现实的虚拟世界

2.2.1 虚拟世界的内涵

英国科学家、哲学家波普尔曾把宇宙划分为三个世界，他认为首先存在着一个物理世界，即物理实体的宇宙；其次，又存在着一个精神世界；最后，还有第三个世界，即人类精神产物的世界。波普尔认为这三个世界都是客观实在的，各有其自身发展的逻辑，并且三者相互作用。但是，对于以往人类精神的产物，诸如文学艺术作品和科学技术产品等，由于其或展现精神内容，或凸显物质功用，并且这些人类精神的产物又因其具有物质存在形式而无法摆脱其所受的物理时空的局限，人们往往称其为精神的物化或人化的自然，并不把它们看作区别于物质世界和精神世界的第三个世界。然而，人类凭借得天独厚的虚构能力和创造能力，创造出了代表当代人类精神劳动的高级产物的虚拟世界，确实可以称之为人类现实生活的第三个世界。这个所谓的虚拟世界，它与物质世界、精神世界一样，其本身是真实存在而非虚幻的。不过，它是一种特殊的现实世界，即一种人造的数字世界。既不能把它简单地归结为有形物质，也不能把它简单地归结为意识，它是一种由物质向意识转化的中间环节，形成了事物的过渡态。

随着计算机的问世和发展，处于现实世界里的人们既可以沉浸在虚拟世界里乐不思蜀，也可以反反复复穿梭于虚实世界而不知疲倦。为了便于理解，我们需要将虚拟世界分成两类。一类是现实世界的数字化呈现，是为人类的大脑延伸及生产生活效率的提升服务，如网络、智能化等，通常称为现实平行世界，是工具性的传统经济社会和文化模式的升级或相互促进；另一类是精神世界的数字化、网络化、大众化呈现，这是数字世界无边、无界、无形、无常的隐性部分，像暗物质、暗能量一般。由于现阶段人类对自身精神世界认知的局限性，我们不得不暂时舍弃精神世界数字化的内容（作为人类的一些高级的思维和情感，现阶段是难以模仿的），而将主要精力放在现实世界的数字化上。

强调一点，虚拟世界并不是现实世界实体的静态镜像，也不可能是现实世界的完整映射，它是依托于现实世界（由于认知的局限性，仅能认识现实世界中事物的某个侧面或某些侧面），又部分超越现实世界的一个功能强大、交互的数字空间。

有关虚拟世界的定义，许多专家学者已经对其进行了充分的描述与想象。例如，牛津大学互联网研究所（Oxford Internet Institute，OII）的施罗德是这样描述的："虚拟世界是一种持续的虚拟环境，在其中人们可以如同真实世界般与其他人或事物发生交互。而这种虚拟环境，或者说成虚拟的现实，是通过计算机生成的，可以让人们和虚拟环境中的'人'进行交互；同时也可以让人们和这种虚拟环境进行交互。"该定义类似于百度百科"虚拟世界"的狭义定义。根据百度百科的定义，虚拟世界有狭义和广义之分：狭义的虚拟世界，是指由人工智能、计算机图形学、人机接口技术、传感器技术和高度并行的实时计算技术等集成起来所生成的一种交互式人工现实，是一种能够高度逼真地模拟人在现实世界中的视、听、触等行为的高级人机界面。一句话，狭义的虚拟世界是一种"模拟的世界"。广义的虚拟世界，则不仅包括狭义的虚拟世界的内容，而且指随着计算机网络技术的发展和相应的人类网络行动的呈现而产生出来的一种人类交流信息、知识、思想和情感的新型行动空间，它涵盖了信息技术系统、信息交互平台、新型经济模式和社会文化生活空间等方面的广泛内容及其特征。由此，我们可以认为虚拟世界是一个不同于现实世界的由人工高科技（如计算机技术、互联网技术、虚拟现实技术等）所创造的人工世界。

互联网世界是"虚拟世界"的典型代表，它是以计算机模拟环境为基础，以虚拟的人物化身为载体，用户在其中生活、交流的网络世界。尽管这个世界是"虚拟"的，因为它是在计算机（系统）上创造，并以数字形式存在；但这个世界又是客观存在的，它在使用者离开后依然存在。随着互联网技术高度渗入我们的工作和生活，我们的社交网络无论是在范围（包括地域分布和社交圈广泛性）还是在规模上，都是以往任何一个时代无法比拟的。这就导致了这种影响还具有不断自我强化的趋向。从互联网到移动互联网，再到物联网，我们在社交、媒体、物流、协作办公等非常多的领域正加速地将真实世界映射到虚拟世界中。

虚拟世界作为人类认知与技术水平达到一定程度的产物，是人类对现实世界中物质感知的反映，是一种以物质为载体的思想和文化存在。虚拟世界不是纯粹的幻想或是完全虚构的东西，而是人们对于自己思想的一种实现，是将自己对于现实世界的想法通过虚拟世界的一种构建，或者说是对现实世界的一种反映。虚拟世界中的事物所具备的属性本质上均来源于特定的现实世界中的物质的属性和关系并与之相对应。尽管随着技术的发展，虚拟世界对于现实世界的属性的反映必将趋向更加复杂和多样，但就其永远也不可能完整地反映现实世界的属性来看，却正好表明了虚拟世界的存在是以客观的现实世界为前提和界限的。

虚拟最早的表现形式是人们凭借语言、图表对事物的一种表征。可以说，虚拟是与人类相伴相随而生的。早期人们用肢体、口头语言，后来用文字语言、图表来描述虚拟对象，例如象形文字对实体对象外形的描述、数字对结构的虚拟等。随着数字、信息技术的发展，虚拟技术迅猛发展，出现了数字化虚拟（以计算机和代码的出现为标志）。数字化虚拟可以展示事物更多方面的特质，例如三维的形式，声音、动作等，使虚拟事物能更全面地展现虚拟空间，给人以更加逼真的感觉。虚拟世界中的"事物"是通过数字技术对现实事物的一种表达，它比文字和图片的一般描述更具直观性和多维性。因此，虚拟是一种真实的存在，它不仅以现实作为依托，也有人为的操作，更有各项技术的支持来表示出它的面貌。没有现实世界的存在，没有人们对虚拟世界的渴望，虚拟世界根本不可能呈现在我们的面前。与此同时，人们可以在计算机中直接进行创作与生产，生成原生的虚拟世界。

虚拟世界是在现实实践需要的基础上产生的，是继语言与文字之后更高级的连接人类思想和现实的一种新式工具。虚拟世界是由数字化技术、网络技术、多媒体技术、人工智能技术、现代通信技术，以及其他的一些硬件技术所创造的，而这些技术是随着现实世界的发展逐渐产生和完善的。基于人们对虚拟世界的需求，才使得这些技术在现实世界中不断地发展，最终让虚拟世界呈现在我们的眼前。因此，无论虚拟世界如何发展都离不开人的思想和现实世界的支持。虚拟世界背后的操作者是人，而人是现实世界的主宰。人对虚拟世界做出了规定，并对其进行维护，同时对身处其中的人和行为做出了约束，在此虚拟世界中，人们可以掌控一切，参与各种各样的活动，利用各种载体操纵着虚拟世界。

虚拟世界是人类生存的另一个世界，然而人们对虚拟世界的改造和对现实世界的改造是有很大区别的。相对现实世界的改造，人们对虚拟世界的改造只是人类改造现实世界的新工具。虚拟世界能够以多样化、多维度的方式展现人的思想过程和成果，它是人们思想表现的高级平台。虚拟世界更强大的功能表现在它可以让人们在事物发展结果出现之前对其进行模拟检测，从而趋利避害地在可能范围内控制事物的发展方向。通过这个新式工具，人类的思想得到了很好的扩散，各个行业的各类人群可以通过网络交换彼此的思想与方法，使得人们更好地了解到自身的不足，更好地了解世界，共同发展。虚拟世界有别于现实世界的根本原因在于它的技术性质，即虚拟性。虚拟世界中的事物可以按人的意愿被构造得尽善尽美或光怪陆离，并能以文本、声音、图像等方式表现出来。在虚拟世界中的空间和时间可以被压缩、跨越或者延伸。虚拟性这一特征使虚拟世界拥有了对现实世界的超越性。

虚拟世界可以轻易实现我们的构想，而且可以超越现实的束缚，达到一种人们所向往的世界，丰富着我们的生活，使我们的生活充满更多乐趣。虚拟世界是现实世界的一种升华，是数字技术对现实世界的一种描述，这种形象的描述已远远超过了文字的表达，看似与现实极其相关但是又远远地超脱于现实世界。虚拟世界对现实世界的这种强大的模拟使得人们仿佛身临其境，产生极其逼真的感觉，可以帮助人们对其成为现实的可能性做出充分的估计。比如，在虚拟世界中可以设计出一种极度"危险"和紧张的环境，通过特定的游戏规则的约束，能够导致人的精神高度集中。因此，对训练和提高人的各种技能而言，虚拟世界无疑是既安全又有效的。我们也可以将一些不可能成为现实的东西在虚拟世界中"创造"出来，它可以充分发挥我们的想象力，也许在数年后伴随着科技的进步，这些不可能反而成了可能。与此同时，它又呈现出很多不足之处。虚拟世界是个形式的世界，其中的事物只是具备了事物的形式，事物的材料不能被虚拟，因此事物的现实功能大多是虚拟世界无法具备的。而且，人有着丰富的思想和情感，这些都是虚拟技术还不可及的领域。

虚拟世界作为一种"人工的现实"或"人造的世界"，使得以其为平台而展开的人们的虚拟行动具有了一种经验或体验上的可重复性（虽然它并不具有像现实世界中行动那样的外在可感知的客观实在性），即具有了一种功能上的客观有效性。但是，对这样一种行动后果的客观有效性的确证，却是虚拟世界自身不能完成和实现的，而必须通过人们在现实世界中的感知和体验来做出检验。换句话说，你可以在虚拟世界中张开双臂拥抱银河或在人类的血液中游泳，但这一行动体验的最终确证，仍需要通过现实世界中的人类反应来实现。

虚拟世界起源于现实世界，二者是相互依托的，但它们之间也有着许多的不同点。现实世界中的事物都是客观存在的，是形式与质的统一体，而虚拟世界中的事物只是数字化的展示，并不是现实世界中的质料。虚拟世界所表达的思想和内容均是从现实世界中获得的，而不是凭空出现的。有了现实世界的庞大的信息，使虚拟世界变得丰富多彩，同时虚拟世界中的各种思想与关系也均是对现实世界的一种模仿。当然，即使是对一个强大的计算机系统而言，要全面模拟现实世界的各个层面是不切实际的。正如我们的科学模拟包含一些不要求冗余细节的抽象层面，模拟系统也可能会借助某些规则和假设，使一些细节不用被模拟出来。

我们将虚拟世界中的对象分为"可以主观决策的物体"和"不能主观决策的物体"，从而区分其智能性。理想情况下，"主观"决策的智能体能够在虚拟世界中自主创造信息和物质，而其他的非智能体既可以来源于人为设计，也可以来源于智能体的主动生成。因此，这些非智能体的组合，也就构成了虚拟世界的"空间"。这里的空间更多指的是，我们在虚拟空间中可以感受到的物理空间，而不是数字空间。

虚拟世界作为思想外化的物质结果一经形成，就如同思想的相对独立性和反作用一样，也具有独立性并反作用于现实世界。虚拟世界不同于现实世界的本质特征是为人类的生存与发展注入了新元素，随着虚拟技术的不断发展，这些新元素在人们的生产生活中的作用与影响也将更加广泛和深入。

虚拟世界的出现确实给人类的交往活动和生存状况带来了巨大的冲击和影响，并使得作为"人类存在"的人类主体的社会性与共同性得到了一种空前的延伸和扩展。但同样不可否认的是，它又在同时以一种抽象的、另类的方式表现出来，不仅增加了人们行动环境的符号性和虚拟性，而且也极大地改变了人类生活世界的面貌，给人类对于自身生活世界的本性和全貌的认知与确认带来了巨大的挑战。在某种意义上说，虚拟现实将改变人们的思维方式，甚至会改变人们对世界、自己、空间和时间的看法。

2.2.2　虚拟世界的灵魂：0 和 1

信息技术出现之前，人们在真实世界中使用真实的资源，生产并消耗真实的物品。在这一阶段，人类发生的所有交互都是建立在真实世界中的。从信息的流动方向来看，人类的信息来源于真实世界，最后输出的方向也是真实世界。也就是说，信息的提取和传递都是来源于真实世界、终止于真实世界并沉淀于真实世界。当信息技术出现后，人类获取信息的起点和终点就发生了变化，我们可以从真实世界获取信息，也可以从虚拟世界获取信息。这些信息既可以是人类输入虚拟世界的，也可以是虚拟世界自己产生的。

人类通过信息技术手段，将真实世界中部分或全部信息，移植到数字化空间中，再通过不同的媒介来获取数字化信息。其中的关键在于，人类发明了真实世界和虚拟世界之间的信息沟通方式，即二进制编码，同时它也是两个世界之间信息的翻译规则和方式。德国数学家和哲学家莱布尼茨第一个认识到二进制计数法的重要性，并系统地提出了二进制数的运算法则。二进制是计算技术中广泛采用的一种数制。二进制数据是用 0 和 1 两个数码来表示的。它的基数为 2，进位规则是"逢二进一"，借位规则为"借一当二"。二进制仅用两个数码 0 和 1，所以任何具有两个不同稳定状态的元件都可以用来表示数的某一位。实际上具有两种明显稳定状态的元件很多。例如，氖灯的"亮"和"熄"；开关的"开"和"关"；电压的"高"和"低"；电磁材料的南极和北极等。利用这些截然不同的状态来代表数字，是很容易实现的。而要找出一个能表示多于两种状态的而且简单可靠的器件，就困难得多了。二进制的符号 0 和 1 恰好与逻辑运算的"对"（true）与"错"（false）相对应，便于计算机进行逻辑运算。

计算机中用得最多，也是 CPU 唯一能识别出的数制，就是二进制。计算机内信息的表示形式是二进制数字编码。各种类型的信息（数值、文字、声音、图像等）必须转换成数字量即二进制数字编码的形式，才能在计算机中进行处理。真实世界的信息被解构成 0 和 1 这样可被计算机快速理解的信息。这种编码规则建立了两个世界之间的信息传输方式，因此真实世界的各类信息都可以被转换为二进制代码的方式，输入到计算机中呈现。当然，仅仅有这一个底层规则是远远不够的，还有另外两个方面需要考虑：①真实世界中，信息的体量和种类太多，需要以不同方式传输到虚拟世界；②虚拟世界中，信息需要再次调整为人可以接受的不同形式。

虚拟用 0 和 1 的数字方式去表达和构成事物以及关系，或者是用数字方式去构成事物，从而形成一个与现实不同但却有现实特点的真实的数字空间。而这种虚拟空间以及在其中存在的各种虚拟的"事物"，都能给人的感官带来与现实事物、现实空间同样的感受，达到一种以假乱真的效果。虚拟固然离不开现实，虚拟技术、虚拟事物当然都是以实践为基础的，但虚拟的各种事物如果构成一个"世界"，这个世界的各种事物经由人的感官而形成的也都是真实的"经验"。

虚拟世界中的信息来源有两种：一种是来源于真实世界映射的这部分信息，既受到真实世界中人们对其本身信息获取的限制，也受到传输方式的限制；另一种是虚拟世界原生的这部分信息，它们本来就是诞生在虚拟世界中的，不会受到任何传输的限制。也就是说，这部分信息是完完整整地通过数据的方式进行呈现的。对于虚拟世界内的任意角落、物体，都可以用代码的方式所定位与表现。因此，这种原生的信息是绝对数字化的，同时也可以通过代码和各种方式来完整地获取它们。在虚拟世界中，我们可以创造任何我们想要的物质和信息。实现方式也很直接，我们只需要增加 0 和 1 的数量，它就会自然而然地增加非常多的信息组合。

在虚拟世界中，一切都是由代码组成的，无论是空间地址还是具体的颜色、形状或动作等内容，都可以用二进制代码的表达方式来进行精确表现。因此，虽然真实世界中不一定所有信息都是可以获取的，但虚拟世界信息的可获取程度几乎是 100%。

二进制规则的发明，为人类打开了数字化的虚拟世界的大门。让我们看到了几乎无限的虚拟生存空间，以及几乎无限的虚拟资源。

2.2.3　构建虚拟世界的语言：计算机编程语言

计算机编程语言是指用于人与计算机之间通信的语言，是人与计算机之间传递信息的媒介，因为它是用来进行程序设计的，所以又称程序设计语言或者编程语言。计算机语言是一种特殊的语言，也是人机之间通信的桥梁。一方面，人们要使用计算机语言指挥计算机完成某种工作，就必须对这种工作进行特殊描述，而且它能够被人们读懂。另一方面，计算机必须按计算机语言描述来行动，从而完成其描述的特定工作，所以能够被计算机"读懂"。

计算机编程语言是程序设计的最重要的工具，它是指计算机能够接受和处理的、具有一定语法规则的语言。从计算机诞生，计算机语言经历了机器语言、汇编语言和高级语言几个阶段。在所有的程序设计语言中，只有机器语言编制的源程序能够被计算机直接理解和执行。

机器语言是用二进制代码表示的、计算机能直接识别和执行的一种机器指令的集合，它是计算机设计者通过计算机的硬件结构赋予计算机的操作功能。由于只有 0 和 1 能被计算机直接识别，但不利于我们理解与记忆。用机器语言编程时，程序员需要自己处理每条指令以及每一组数据的存储分配和输入输出，还得记住编程过程中每部所使用的工作单元处在何种状态，这是一件十分繁琐的工作。而且，编出的程序全是二进制的指令代码，直观性差又容易出错，并且修改起来比较困难。此外，不同型号的计算机的机器语言是不相通的，按一种计算机的机器指令编制的程序，不能在另一种计算机上执行，所以，一台计算机上执行的程序，要想在另一台计算机上执行，必须另编程序，造成重复工作。但由于机器语言可以被计算机直接识别而不需要进行任何翻译，因此其运行效率是所有语言中最高的。

为了克服机器语言难读、难编、难记和易于出错的缺点，人们就用与指令代码实际含义相近的英文缩写词、字母和数字等符号取代指令代码（如用 ADD 表示运算符号"+"的机器代码），于是便产生了汇编语言。所以说，汇编语言是一种助记符表示的、但仍然面向机器的计算机语言。汇编语言广泛用于底层编程，例如，嵌入式系统、工业控制等领域。用汇编语言编制的程序送入计算机，计算机不能像用机器语言编写的程序一样直接识别和执行，必须通过预先放入计算机的"汇编程序"的加工和翻译，才能变成能够被计算机识别和处理的二进制代码程序。用汇编语言等非机器语言书写好的符号程序称源程序，运行时汇编语言要将源程序翻译成目标程序。目标程序是机器语言程序，它一经被安置在内存的预定位置上，就能被计算机的 CPU 处理和执行。

无论是机器语言还是汇编语言都是面向硬件具体操作的。由于此类语言对机器过分依赖，要求使用者必须对硬件结构及其工作原理都十分熟悉，非计算机专业人员是难以做到的，这对计算机的推广应用是十分不利的。计算机产业的发展，迫使人们去寻求一些与人类自然语言相近且能被计算机所接受的语义确定、规则明确、自然直观和通用易学的计算机语言。这种与自然语言相近并为计算机所接受和执行的计算机语言称为高级语言。高级语言是面向用户的语言。无论何种计算机，只要配上相应的高级语言的编译或解释程序，使用该高级语言编写的程序就可以通用。

2.2.4　虚拟世界的内外部体验

我们通过阅读文学作品、观看电影及遐想，早已感悟了文学作品、电影，以及头脑中联想的虚幻世界和神鬼故事。例如，我们既观赏了动画片《大闹天宫》中的花果山、天庭、蟠桃园、广寒宫等虚构场景，也品味了孙悟空、太白金星、二郎神、玉皇大帝等神仙的风貌。当然，我们更可以浮想联翩，在脑海中勾勒《西游记》《聊斋志异》中的妖魔鬼怪。尽管想象是直截了当的虚拟现实，但这些还有别于在计算机上生成的虚拟世界和事物。这些区别或许在将来的某一天将消失，即当计算机可以像人一样（甚至超过人类）思考和联想时。我们暂不考虑遥远的未来，以下讲述的内容仅涉及目前人们对由虚拟现实系统创建的虚拟世界和事物的体验。

目前，游戏和训练模拟器中大量采用虚拟现实（详见 2.3 节）技术，而且人们正在为不远的将来构思大量新的用途。这一切已经或很快会成为司空见惯的事情：地球人乘坐太空战舰在宇宙中穿梭，为保卫银河系与银河系外的入侵者战斗。顾客足不出户却可漫步（甚至飞行）于虚拟现实超市、商场，而且可以和任意多个人结伴购物，每个人都可以看见其他人的影像，但不会遇到拥挤的人群或听那些不喜欢的音乐。在飞行模拟器中，驾驶员可以一打开油门就听到发动机的轰鸣声，感觉到座椅的推力，透过模拟座舱的窗户看见发动机在震动并喷着热气，尽管事实上根本不存在发动机。这些都是由计算机计算出来的，通过感知装置将模拟的结果反馈给驾驶员，使他（们）能体验（外部体验）到一些真实的感受和看到虚拟的情境。人们可以在任何虚构的场景中流连忘返，尽管该场景可能违反物理定律。当然，我们不能在这样的环境中学习物理知识，因为我们会学到错误的物理定律。

通过虚拟现实生成系统的反馈，用户可以获得越来越广泛的感觉，而且还包含用户与被模拟实体之间的互动。虚拟现实生成系统在给人带来外部体验的同时，也可间接地带给人以内部体验，但是它还不能提供具体的内部体验。例如，一个飞行员在模拟器里做了两次大致相同的外部体验（遭遇雷雨），但当第二次飞行中出现雷雨时，他就不会感到那么突然。虽然人们可以为机器编程，随时指挥它在飞行员的视野中产生雷雨，却无法编程控制飞行员的反应。尽管我们可以构想一项超出虚拟现实的技术，它可以诱导出指定的内部体验。目前，有些内部体验已经可以由人工控制（例如由某些药物诱导出的情绪），未来内部体验的范围可能会更大。但是，还有一类不能人工营造的内部体验是逻辑不可能的体验，例如：无法体验自己丧失知觉，因为按照定义，当一个人丧失知觉的时候，他（她）什么都无法感觉到。强调一点，目前的虚拟现实定义并不涉及内部体验。

2.3 感知体验虚拟世界的关键技术：虚拟现实技术

2.3.1 虚拟现实技术/系统概述

1. 虚拟现实技术

早在几百年前的吴哥窟中，就已经出现了 360° 展现历史事件或场景全貌的全景壁画，可见对现实世界的全景模拟是人类很早就有的梦想。1935 年，美国著名科幻小说家斯坦利·温鲍姆（Stanley G. Weinbaum）在他的短篇小说《皮格马利翁的眼镜》（*Pygmalion's Spectacles*）中描述了一种神奇的眼镜（见图 2-1），当人们戴上这种眼镜的时候，就可以直接进入到电影的各种场景中，不但可以感受到电影里的环境，甚至还可以与故事中的人物进行交流。这一构思被认为是人类首次提出的虚拟现实理念性概念，就此打开了人类探索虚拟现实世界的大门。

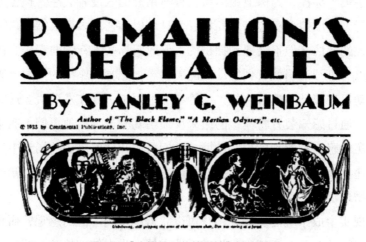

图 2-1 《皮格马利翁的眼镜》图书封面

虚拟现实（virtual reality，VR）技术，又称虚拟实境或灵境技术，是 20 世纪发展起来的一项全新的实用技术。1965 年，美国虚拟现实之父伊凡·苏泽兰（Ivan Sutherland）在 IFIP 会议上发表了题为 "The ultimate display"（终极显示）的论文，第一次提出将计算机屏幕作为 "一个观察虚拟世界的窗口" 的理论假设，指出计算机为这个窗口提供逼真的镜像、声音、事件和行为，体验者可以通过这一方式和虚拟世界里的对象相互交流。1984 年，VPL Research 公司的杰伦·拉尼尔（Jaron Lanier）首次提出 "虚拟现实" 的概念，将其定义为 "用计算机合成的人工世界"。20 世纪 90 年代初，国际上出现了 VR 技术的热潮，VR 技术开始成为独立研究开发的领域。

顾名思义，虚拟现实就是虚拟与现实的结合。虚拟现实中的 "现实" 是泛指在物理意义上或功能意义上存在于世界上的任何事物或环境，它既可以是现实中可实现的，也可以是现实中难以实现的或根本无法实现的。"虚拟"是指用计算机生成的意思。因此，虚拟现实是指用计算机生成的一种特殊环境，人可以通过使用各种特殊装置将自己"映射"到这个环境中，并操作、控制这个环境，实现特殊的目的，即人是该环境的主宰。简单地说，虚拟现实就是计算机生成的虚拟世界。形象地讲，就是在计算机中构造出的一个形象逼真的模型（虚拟世界），人与该模型可以进行交互，并产生与真实世界相同的反馈信息，使处于虚拟世界中的人获得和真实世界中同样的感受。虚拟现实是人们通过计算机对复杂数据进行可视化操作和交互的一种全新方式，与传统的人机界面以及流行的视窗操作相比，虚拟现实在技术思想上有着本质的飞跃。

人在真实世界中是通过眼睛、耳朵、手指、鼻子等器官来实现视觉、听觉、触觉（力觉）、嗅觉等功能的，通过视觉感觉到色彩斑斓的外部环境，通过听觉感知丰富多彩的声音世界，通过触觉了解物体的形状和特性，通过嗅觉知道周围的气味。为了实现与真实世界一样的感觉，就需要有能够实现各种感觉的技术，使得虚拟世界具备对环境、感知、自然技能等方面的模拟能力。从这个角度来看，虚拟现实技术是一种利用计算机模拟生成三维空间虚拟环境，并为用户提供多种逼真的感官体验（包括视觉、听觉、触觉等）的真实感模拟技术。虚拟现实环境能够为用户提供与真实环境高度相似的体验，仿佛身临其境一般。

现实中，创建极具真实感的虚拟环境的技术和实践都是艰巨的挑战，对于复杂的虚拟现实环境来说尤其如此。人要进入虚拟空间体验，既需要通过图片、视频或其他图形等内容获得真实的视觉沉浸体验，也需要将触觉、声音和其他刺激（可能包括气味）关联起来，才能使人脑相信这一切都是真实的。实现连接和协同的数字技术是创造出真实可信的虚拟体验的核心问题。

在一个理想的虚拟世界中，用户打开一个虚拟现实的应用程序，可以在没有帮助手册或任何指导的情况下就能够使用它。程序系统的界面直观，计算机图形真实可信，无论虚拟世界模拟的是一个真实的地方，还是一个不可能存在于现实世界中的幻想世界，这个目标都是相同的。对于应用程序开发人员和数字艺术家来说，要达到这个目标需要新的植物、动物和生物，需要引入不同类型的化身，以及制作全新的虚拟设置和移动方式，通过这些设置和方式，在坚持物体物理特性的同时可以超越现实世界中的运动。数字艺术家还必须思考如何通过光线、图案和感官线索来集中用户的注意力和重新引导他们的大脑和感官。

虚拟环境的成败最终取决于两个关键因素：信息的深度和环境的广度。信息深度指的是环境的丰富性，如显示图形、分辨率、音频质量和技术的整体集成。环境的广度指的是整个虚拟现实技术平台涉及的各种感官体验和反馈。

虚拟现实技术具有超越现实的虚拟性。虚拟现实技术利用现实生活中的数据，通过计算机技术产生的电子信号，将其与各种输出设备结合使其转化为能够让人们感受到的现象，这些现象可以是现实中真真切切的物体，也可以是我们肉眼所看不到的物质，通过三维模型表现出来。这些现象并不是我们能直接看到的，而是通过计算机技术模拟出来的现实中的世界（逼真的虚拟环境），我们需要通过特殊的交互设备才能进入该虚拟环境中。

目前，虚拟现实技术对视觉、听觉、触觉（力觉）、运动等方面的虚拟化已经有部分解决方案，商用的虚拟现实硬件设备大都实现了视觉（运动）方面的虚拟化。比如HoloLens2、Magic Leap ONE 等主流的头显设备都可以实现对数字世界的投影以及对现实世界特定对象（手势、眼动等）的识别和叠加。正在研发的力触觉（haptics）技术通过虚拟数字信号及电机数字模拟信号双向转换提供给人与虚拟世界"摸得到"的感觉。还未得到充分重视的虚拟听觉（virtual audition）技术通过虚拟环绕声、虚拟 3D 声、定向音响投射产生虚拟声音等技术提升虚拟世界的场景与声音匹配。通过以上各类感知手段的综合，使我们沉浸于与真实世界一样的环境中。

当人们需要构造当前不存在的环境（合理虚拟现实）、人类不可能达到的环境（夸张虚拟现实）或构造纯粹虚构的环境（虚幻虚拟现实）以取代需要耗资巨大的真实环境时，就可以利用虚拟现实技术。例如飞行模拟器，它能给飞行员以无须离开地面就在驾驶飞机的感觉。这种机器（更确切地说，控制这种机器的计算机）可以被编程为具有实际的或想象的飞机特性。飞机所处的环境，大气和机场布局，也可以在程序中规定。当飞行员练习从一个机场飞到另一个机场时，模拟器控制适当的图景出现在窗口上，让飞行员感觉适当的颠簸和加速，仪表上显示出相应的读数，等等。飞行模拟器可以给用户带来非常广泛的体验，甚至可以包括在真实飞机上都不能体验到的：模拟飞机的性能特点可以违反物理定律，例如钻过山脉、超光速飞行或无燃料飞行。

2. 虚拟现实系统

虚拟现实系统（虚拟现实生成器），亦称虚拟现实平台，是计算机、图像处理与模式识别、语音和音响处理、人工智能、传感与测量、建模与仿真、微电子等技术综合集成的产物。除了生成虚拟环境（例如三维虚拟空间）外，它能够成功地把用户的感知系统置入计算机反馈系统之中。举一个浅显易懂的例子，在虚拟的乒乓球运动中，一个人挥动球拍，如果球拍是连接到计算机上的，那么计算机就可以根据球拍的动量和位置，计算乒乓球的落点，不用真正地打乒乓球，运动员只要观察计算机显示器上乒乓球的位置，然后做出恰当地挥拍击球的动作，就可以"打乒乓球"了。因此，这个活动一部分是在真实生活（real life，RL）中进行，一部分在虚拟现实（VR）中完成。虚拟现实技术实现了人们通过多种感知方式直接无障碍地感知与真实世界平行的信息世界。在这种 RL 与 VR 的平行交互过程中，数据交互工具是至关重要的一项技术，它的目的是使信息系统尽可能地满足人的需求，人机的交互更加人性化，用户可以更加直接地与数据交互。

一个完整的虚拟现实系统由虚拟环境，以高性能计算机为核心的虚拟环境处理器，以头盔显示器为核心的视觉系统，以语音识别、声音合成与声音定位为核心的听觉系统，以方位跟踪器、数据手套和数据衣为主体的身体方位姿态跟踪设备，以及味觉、嗅觉、触觉和力觉反馈系统等功能单元构成。

在虚拟现实系统中，最早的 VR 装备可以追溯到 1956 年的 Sensorama，如图 2-2 所示。它集成了三维显示器、气味发生器、立体声音箱及振动座椅，内置了 6 部短片供人欣赏，然而巨大的体积使它无法成为商用娱乐设施。1961 年，飞歌公司研发了一款头戴式显示器 Headsight，如图 2-3 所示。它集成了头部追踪和监视功能，但主要用于查看隐秘信息。1966 年问世的 GAF ViewMaster 是今天简易 VR 眼镜的原型，如图 2-4 所示。它通过内置镜片来达到三维视觉效果，但并未搭载任何电子虚拟成像器件或音频设备。1968 年问世的达摩克利斯之剑（Sword of Damocles）通常被认为是虚拟现实设备的真正开端，如图 2-5 所示。它由麻省理工学院研发，为后来 VR 甚至是 AR 设备的发展，提供了原型与参考。

图 2-2　Sensorama

图 2-3　VR 设备的雏形

图 2-4　GAF ViewMaster

图 2-5　达摩克利斯之剑

1984 年，第一款商用 VR 设备 RB2 诞生，配备了体感追踪手套等位置传感器，其设计理念已经同现代的主流产品相差无几。1985 年，NASA 研发了一款 LCD 光学头戴式显示器，能够在小型化轻量化的前提下提供沉浸式的体验，其设计与结构后来也被广泛推广与采用。1995 年，伊利诺伊大学研发了一款称作"CAVE"（cave automatic virtual environment）的 VR 系统，通过三壁式投影空间和立体液晶快门眼镜来实现沉浸式体验。由于体感差、装备价格昂贵等原因，虚拟现实技术随后遭到了冷遇。真正将商用虚拟现实技术带向复兴的产品是 Oculus 公司于 2009 年投放市场的 VR 设备 Oculus Rift。2013 年推出了一款面向开发者的早期设备，价格仅为 300 美元，代表商用 VR 设备真正步入消费电子市场。2014 年，Facebook 宣布以 20 亿美元收购了 Oculus。2016 年是 VR 设备及内容生态极具里程碑意义的一年。在 2016 年的国际消费类电子产品展览会（International Consumer Electronics Show，简称 CES）上，Oculus 正式发售了 Oculus Rift 头戴式 VR 设备（见图 2-6），同时登台的还有 HTC Vive 和三星的 Gear VR。Intel 和高通开始从芯片层面支持 VR。Unity、Blender、CryEngine、Source 等游戏引擎公司也宣布全面支持 VR。在游戏娱乐领域，EA、UBISOFT、网易、腾讯、网龙等大型游戏公司均发布了各自的代表作品。从这一年开始，越来越多的资本看好 VR 内容（影视、游戏等）市场，大量投资蜂拥而至。国内新兴游戏公司、VR 工作室也陆续推出了一些高质量的 VR 作品，如《永恒战士 VR》、*Aeon* 等。

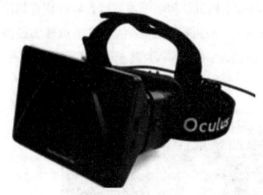

图 2-6　Oculus Rift

在虚拟现实系统中，我们很容易看到的大都是五花八门的感知类产品，除了传统的显示器、键盘、鼠标、游戏杆外，仪器手套（instrumented glove）、数据手套（data glove）、立体偏振眼镜，还有头盔式显示器（head mounted display，HMD）、液晶快门眼镜（liquid crystal shutter glasses）等，都是必不可少的感知类产品。必须强调一点，虚拟现实系统中各类感知类装备固然重要，但是如果没有引人入胜的"故事"，特别是如果没有由建模与仿真技术支撑构建的令人心旷神怡的虚拟环境和事物模型，无论多么好的感知类产品（纵使有上天入地之神通）也会无用武之地。举个极端的例子，我们用功能强大的视觉设备观察虚拟环境中仅有的一条线或一个点，即使大家再有耐心，再有想象力，观察一段时间之后，也会觉得索然无味。原因在于场景单调乏味，且缺少新奇刺激、引人入胜的故事。基于精彩故事（内容）构建吸引眼球的逼真事物和过程模型，才是虚拟现实的重中之重。

除了各种感知类产品外，不管是游戏、视频，还是行业应用，都需要综合使用各种软件工具对虚拟现实内容进行调研、分析、设计和开发完成。当然，虚拟现实系统也不能缺少控制和反馈模块，控制模块的主要功能是负责向各种感知元件发送管理信息，为实现体验者、虚拟空间以及现实世界三者间的信息交互提供帮助。反馈模块通常是负责将各个感知元件传输回来的信息进行处理，反馈模块自身所包含的类型较多，在完成虚拟现实技术信息交互方面发挥着重要的作用。简而言之，虚拟现实系统的核心是计算机，能够营造什么样的虚拟现实环境的问题最终必然归结为执行什么样的计算的问题。

虚拟现实的技术实现，进一步激发了许多作者和大众原有的对软件虚拟世界和网络空间的想象。1984 年科幻小说《神经漫游者》就是一部成功的代表作，真正使艺术家们提出的赛博空间进入了大众社会，更为 10 年后提出"元宇宙"之名的小说《雪崩》铺平了道路。近年来涌现的增强现实（AR）、混合现实（MR），以及扩展现实（XR）等，不断丰富和发展 VR 技术和装备家族。虚拟现实技术已经被公认为 21 世纪影响人们生活的重要技术之一，它能给人们带来更为逼真、更为自然的人机交互体验。特别是当前以虚拟现实为核心的"元宇宙"概念的热度高涨，促使国内外众多资本和厂商都聚焦在该领域持续发力，带动了硬件、软件、内容制作、服务等多产业的发展，除了迅猛发展的游戏、娱乐领域之外，也必将促进虚拟现实技术在军事、医疗、工业等领域的广泛、深入应用。

2.3.2　VR 技术的显著特点

VR 的产生和发展并不是一帆风顺的，虽然不像人工智能那样三起三落，但也经历了寒冬期。如今才刚刚苏醒不久，却又被铺天盖地的元宇宙浪潮淹没。事实上，VR 技术、装备的发展为元宇宙的落地提供了必要的技术与装备支撑，因此有必要了解和品味一下 VR 的特点。归纳起来，今天的 VR 技术具有以下的显著特点（但不限于）。

1. 沉浸性（immersion）

沉浸性是虚拟现实最主要的特征，就是让用户成为并感受到自己是计算机系统所创建环境中的一部分，虚拟现实技术的沉浸性取决于用户的感知系统，当使用者感知到虚拟世界的刺激时，包括触觉、味觉、嗅觉、运动感知等，便产生思维共鸣，造成心理沉浸，感觉如同进入了真实世界。

2. 交互性（interactivity）

交互性是指用户对模拟环境内物体的可操作程度和从环境得到的反馈的自然程度，使用者进入虚拟空间，相应的技术让使用者跟环境产生相互作用，当使用者进行某种操作时，周围的环境也会做出某种反应。如使用者接触到虚拟空间中的物体，那么使用者应该能够感受到。若使用者对物体有所动作，物体的位置和状态也会改变。

3. 想象性（imagination）

想象性也称构想性，使用者在虚拟空间中，可以与周围物体进行互动，可以拓宽认知范围，创造客观世界中不存在的场景或不可能发生的环境。构想可以理解为使用者进入虚拟空间，根据自己的感觉与认知能力吸收知识，发散拓宽思维，创立新的概念和环境。

4. 多感知性（multi-sensory）

多感知性表示计算机技术应该具有很多感知方式，比如听觉、触觉、嗅觉等。理想的虚拟现实系统应该具有一切人所具有的感知功能。由于相关技术，特别是传感技术的限制，目前大多数虚拟现实技术所具有的感知功能仅限于视觉、听觉、触觉、运动等几种。目前也有公司和团队在研究 VR 气味，但这个维度目前还存在门槛。

5. 自主性（autonomy）

自主性是指虚拟环境中物体依据物理定律动作的程度。构建虚拟环境时应尽量遵循物理定律，如当受到力的推动时，物体会向受力的方向移动，或翻倒，或从桌面落到地面等。当然，也可构建目前物理上还不可实现的虚拟环境，如太空游戏中的超光速飞行、时空穿越等。

2.3.3 VR 的典型应用

近两年，全球非接触式经济发展的模式促进了虚拟现实技术与 5G、云计算等技术一起为各行业赋能。无论是终端消费领域，还是机械制造、航空航天、医疗教育等领域都在积极关注和尝试引入 VR 技术。

1. 在终端消费领域，以个体体验为核心的典型应用

（1）消费体验：随着虚拟现实技术的普及，远程协作式消费体验成为一种促进消费者足不出户享受"门店"式体验的绝佳方式。无论是房产交易平台推出的线上虚拟看房，各大电商平台推出的虚拟试衣间，还是走进家庭的智能健身镜 / 试衣镜，都是虚拟现实技术提高个体消费者在数字世界体验的成功应用。

（2）远程医疗：伴随医疗网络的互联互通和互联网看诊的兴起，远程专家病情分析、

无接触式的探视、手术过程直播等应用模式能够促进优质医疗资源的更优分配。例如，早在 2017 年 6 月，北京协和医院就使用 VR 直播技术进行了全球首例全膝关节人工置换手术直播；微软以 AR 眼镜（HoloLens2）能够支持远程专家实施共享病情、体征等数据以评估医疗方案。

（3）线上教育：虚拟现实技术在提高异地学生沉浸式共享课堂，促进教育资源平衡利用方面也发挥了重要作用。例如，威爱教育通过 5G+VR 实现多机位课堂直播，让远在凉山州贫困地区的学生能远程实时连接到成都泡桐树小学的课堂，观看老师讲课和实验操作，并能自由切换视觉，从而获得比现场学生更清晰的观察效果。曼恒科技八爪鱼（OCTOPUS）VR 智能中控系统能一键启动不同终端设备内的 VR 体验内容，教师可一键开启 VR 设备上的 VR 教学课件，对学生设备上显示的 VR 教学内容也可进行控制或监控，随时掌握学生的课堂行为，更好地掌控授课过程。

（4）文娱游戏：影视游戏是虚拟技术最快得到应用的一个领域，也是当前各大厂商推广和应用虚拟技术的重要发力点。例如，游戏平台 Steam 上的 VR 游戏有 4000 多款，腾讯、字节跳动等国内公司也积极开发虚拟世界游戏。目前，三维游戏中已经广泛应用虚拟现实技术系统，网络游戏的发展也在较大程度上促进了虚拟现实技术 / 系统的发展。

（5）VR 直播：是虚拟现实与直播的结合，能够让观众身临其境来到现场，实时全方位体验。2020 年，中央广播电视台利用电信 5G 网络平台进行雷神山医院施工现场的全景 VR 直播；闪电新闻"江河湖海看中国"出品《盛世共潮生》，沿着奔涌向前的海浪，以"VR 全景＋行进式报道"的形式聚焦各地经略海洋的探索实践，呈现中国 10 年成就；2021 年，央视春晚的"牛起来"将远在香港的演员虚拟成像到直播现场，完成云制作。

（6）虚拟办公 / 会议：以多人多地佩戴 VR 设备进入同一虚拟会议室的方式进行办公 / 会议，用投屏、画笔等方式开展沟通，以扩大办公空间，节约差旅开支，提高沟通效率。2022 年，扎克伯格要求员工在 Meta 的 Horizon Workrooms 应用中通过虚拟化身的方式在各种虚拟办公空间中召开会议，InsiteVR 会议允许专业人员在虚拟空间聚集在一起，共同审查 CAD 模型。

（7）虚拟手机应用：是手机厂商与虚拟现实技术融合的一个新方向。小米发布的单目光波导 AR 智能眼镜探索版，能够通过 Micro LED 光波导显像技术实现信息显示、通话、导航、拍照、翻译等功能。

2. 在企业为主体的 To B 领域，针对设计、生产、维修保障、培训的虚拟现实应用

（1）设计研发体验：将 VR 技术应用到设计研发环节，促进各专业研发人员在统一的数字模型和虚拟环境中协作交流、优化设计方案。典型的如英伟达推出的 Omniverse 平台提供虚拟协作开放式平台使个人和团队更快地构建自定义三维工作流并模拟大型虚拟世界，方便各大企业开发物理属性准确、AI 赋能且与现实世界完全同步的虚拟仿真孪生系统，供他们在产品投产之前实时设计、仿真和优化产品、设备和流程。奥迪、大众、通用等汽车制造企业通过虚拟现实技术进行车辆的各种行驶状态体验、汽车三维模型虚拟交互环境，以促进产品设计优化。洛克希德马丁使用 VR 技术配置光学式动作捕捉系统提供人体工程信息。2022 年，加拿大造船公司 Seaspan 将三维沉浸式虚拟现实系统引入船舶设计，使设计师可在 VR 系统中浏览他们的设计。

（2）生产者体验：将 VR 技术应用到生产制造环节，促进各工厂的生产、测试效率提升。典型的如海尔和移动、华为一起建设智能 +5G 互联工厂，实现异地远程作业指导，提升生产效率。大众、波音、福特、江铃汽车、宝马等公司在装配环节引入 AR/VR 眼镜，分别用于辅助测试人员查看流体仿真结果以发现车身缺陷、加快飞机装配布局方案生成效率、促进零件装配方案应用方案虚拟试验、查看装配指导并实现智能纠错、构建虚拟工厂进行产线规划优化等。联想发布的分体式 AR 眼镜 ThinkReality A3 的工业版配备了摩托罗拉手机，用户可以通过 AR 眼镜选择远程协作以及引导应用以执行任务，使得工厂车间或生产线工作的人们可以在现场进行大量操作。联想还于 2022 年与手势追踪解决方案供应商 Crunchfish 签署了一份为期两年的商业许可协议，从而允许用户实现非接触式裸手交互。

（3）维修者体验：将 VR 技术应用到维修环节，辅助维修者提升检修效率和产品质量保证。典型的如国家电网使用混合现实技术实时显示引导标记，后方运维人员综合使用现场设备运行数据和巡视数据进行检修结果综合分析。宝马利用 VR/AR 技术检查部件安装位置是否正确。

（4）受训者体验：在制造业现场操作培训方面，利用 VR 技术就可进行一些产品加工、装配、远程操作使用等训练。在航空航天训练方面，利用虚拟现实技术重现了现实中的航天飞机与飞行环境，使飞行员在虚拟环境中进行飞行训练和试验操作，极大地降低了试验费用和试验的危险系数。临床医学虚拟教学培训方面，利用虚拟医疗教学培训系统，如虚拟骨科手术、腹腔镜教学培训、虚拟穿刺技术、虚拟中医针灸仿真教学等，让受训者通过力触觉准确感知不同操作下的受体力学特性。

3. 在军事领域，针对战场环境、作战式样、装备维护保障、军事演练的虚拟现实应用

美国军方认为虚拟现实训练和模拟推演是 21 世纪的主要训练方式。VR 甚至是美国国防部列出的 21 世纪关键技术之一。在军事领域，由于战场环境一般都是当前不存

在的环境（合理虚拟现实）或人类不可能达到的环境（夸张虚拟现实），因此，利用
VR 技术创建的数字平行世界，可以在平时促进装备维修保障能力提升，对军事概念开
发、装备体系论证、平时训练也能起到较好的作用。将这些数字模型带入真实战场环境，
能够提升对战场环境的综合感知能力，辅助开展战场作战指挥。

（1）战场环境模拟：运用虚拟现实技术实现战场环境仿真，其目的就是构成多维的、
可感知的、可度量的、逼真的虚拟战场环境，借此提高参训人员对战场环境的认知效率。
主要用于仿真对抗、导调监控、装备操作、参谋作业训练等。虚拟战场环境可以为计算
机作战推演、半实兵演习、实兵演习提供与实际演习区域相似的仿真环境，也可以为
特定的训练科目拟构出典型的训练环境（在现实中并不存在）。例如，海湾战争中的美
国士兵对周边的环境并不觉得陌生，是由于虚拟现实已把他们带入那漫无边际的风尘黄
沙，让他们"身临其境"感受到大漠的荒凉。1998 年，构建的 STOW（synthetic theater
of war）高级概念演示系统，利用真实地形数据构建了虚拟战场环境，并且不同军兵种
的武器平台都可以参与其中，进行多兵种的协同对抗与演练。

（2）战争过程模拟：利用虚拟现实技术模拟战争过程已成为最先进的多快好省地研
究战争、培训指挥员的方法。战争实验室在检验预定方案用于实战方面也能起到巨大作
用。虚拟现实还可以帮助指挥员在实际战斗中做出决策和采取战术。1991 年，海湾战
争开始前，美军便把海湾地区各种自然环境和伊拉克军队的各种数据输入计算机内，进
行各种作战方案模拟后才定下初步作战方案。后来实际作战的发展和模拟实验的结果相
当一致。

（3）装备维修保障：虚拟维修是虚拟现实技术近年来的一个重要研究方向，目的是
通过采用计算机仿真和虚拟现实技术在计算机上真实展现装备的维修过程，增强装备寿
命周期各阶段关于维修的各种决策能力，包括维修型设计、维修性演示验证、维修过程
核查、维修训练实施等，如图 2-7 所示。经验丰富的技术支持人员在军事与国防领域的
人数并不多，他们的知识必须以某种方式进行转移与传授。虚拟现实技术的使用是应对
这一挑战的理想解决方案。以海军为例，每艘舰船都可能具有特定的工程约束，这使得
从一艘船到另一艘船的维修方案都不同。为了立即投入运行，技术人员可以在 VR 系统
中查看 CAD 模型、电子手册，根据程序进行维修操作。许多国防装备都是密集的复杂
机电系统，例如飞机、航天器、军舰、坦克等，而且并非所有装备都在工程师构想时所
考虑的条件下使用。例如，某些车辆最终可能会在某些气候或环境条件下使用。在任何
情况下，如果最终用户注意到哪些零件磨损严重，则可将信息传回设计团队。由此，下
一个设计的模型（或仅是固定零件）会更好。从技术发展的角度看，可以将数字孪生技
术融入 VR 中，既可支持装备的设计完善，又可以进行装备健康预测，有效提高装备的
可靠性、可维修性等。

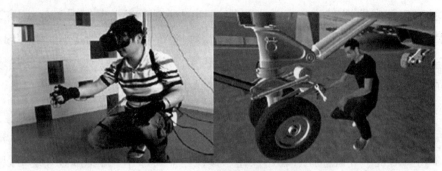

图 2-7 飞机零部件的拆装和检修

（4）装备训练仿真：虚拟现实技术可以打破实践操作中对时间和空间的限制，克服实际操作中武器装备数量少、性能不稳定、高风险性等短板，使参与者通过人在回路或操作传感装置等方式做出或选择相应的战术动作，达到在虚拟环境中沉浸式地实现对真实装备实战训练的目的，这样不仅便于论证武器装备的操作性、人机工效、可靠性等性能指标，及时发现装备设计的不足之处，而且在增强士兵战斗力、提升实战化条件下的心理素质、紧急情况下做出快速反应等方面起到了关键作用。1983 年，美国军方构建了 SIMNET（simulation networking），将模拟器进行互联，用以完成战术级协同训练。在肯塔基州诺克斯堡乘车作战战斗实验室，坦克驾驶员可操纵 M1A2 坦克模拟器过雪地、穿森林，甚至可以开上运送坦克的列车。使用坦克驾驶员模拟器，可使受训者在 1 小时内获得比 6 个月实车驾驶还要多的经验。图 2-8 为在单兵模拟训练中引入虚拟现实技术模拟伞降。微软已经将其 AR 设备应用到单装士兵的感知决策能力提升上，2021 年上半年获得美国军方 219 亿美元设备订单，将为美国军方提供至少 12 万套军用增强现实 AR 设备，通过机器学习技术提升其杀伤力和机动性。Mass Virtual 在美国空军中推广 VR 技术用于虚拟战斗机生成，以模拟真实空战，提高空军面向实战化训练能力。

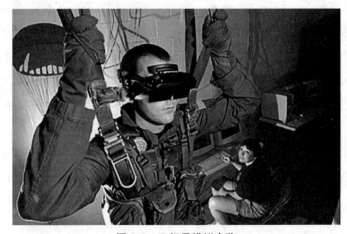

图 2-8 飞行员模拟伞降

2.3.4　VR 亟待解决的问题

尽管 VR 技术应用前景较为广泛，但作为一项高速发展的技术，其自身的问题也随之渐渐浮现，例如产品回报稳定性问题、用户视觉体验问题等。对于 VR 企业而言，如何突破目前 VR 发展的瓶颈，让 VR 技术成为主流仍是他们亟待解决的问题。

（1）VR 设备的性能和体验还需进一步增强。部分用户使用 VR 设备会带来眩晕、呕吐等不适之感，这也造成其体验不佳的问题；VR 设备长期穿戴带来的疲劳感也会影响用户的使用热情；单调简单的交互体验可能成为无法维持用户活跃度的重要因素；VR 体验的高价位同样是制约其扩张的原因之一。这些因素必将影响 VR 技术未来的发展与普及。

（2）软件可用性差。受硬件局限性的影响，虚拟现实软件开发花费巨大但效果有限，相关的算法和理论也尚不成熟。在新型传感机理、几何与物理建模方法、高速图形图像处理、人工智能等领域，都有很多问题亟待解决。三维建模技术也需要进一步完善。

（3）高速网络依赖性强。在网络基础设施方面，需要更高速稳定的无线网络才能实现多人互动和云端处理协同。当前 5G 技术提供的高峰值速率、毫秒级传输延迟和千亿级别的链接能力是促使 VR 终端设备大量接入、快速云化、提高用户体验的重要手段。中国移动、中国电信、中国联通分别推出"5G+ 产品 + 终端""云 VR 视频 + 云 VR 游戏 + 云 AR+ 云游戏四大行业应用""5G+VR 开发平台"等探索，通过云上渲染、云上制作的方式，利用高速网络和边缘计算技术将处理好的音视频推送到终端，解决终端产品小体积轻重量约束下的渲染能力不足、互动体验不强等问题，同时降低终端的电池续航、体积、存储等能力的要求以提高设备的移动化和轻型化水平。但随着未来感知模式更多地加入，更多数据内容和交互方式的要求需要覆盖更广、性能更稳定的网络支撑，才能促进虚拟现实技术的商用化推广。

（4）人员储备不足。在内容开发推广模式方面，需要配套培养产业全链条的专业人员，从内容设计、内容制作、设备生产、内容推广全方位提高 VR 技术的应用广度，让更多人能够适应和信任这种非接触式的体验方式。

（5）关键技术需要突破。在关键技术研发方面，需要提高多视角图像采集与拼接、云端协作的视频编码与解码、VR 云端平台与终端设备制造、VR 内容制作软件平台、大数据与人工智能处理算法、边缘计算和终端硬件设计生产等难题，才能在根本上促进虚拟现实技术的应用推广。

2.3.5　增强现实／混合现实：VR 的重要分支

1. 增强现实

增强现实（AR）技术是虚拟现实技术的一个重要分支，也是近年来的一个研究热点。增强现实之所以如此吸引人，是因为它既允许人类走出真实世界，同时又留在真实世界中。增强现实是一种实时地计算摄影机影像的位置及角度，并加上相应图像的技术，是一种将真实世界信息和虚拟世界信息"无缝"集成的新技术，是把原本在现实世界的一定时间空间范围内很难体验到的实体信息（视觉信息、声音、味道、触觉等）通过计算机等科学技术，模拟仿真后再叠加，将虚拟的信息应用到真实世界，被人类感官所感知，从而达到超越现实的体验。真实的环境和虚拟的物体实时地叠加到了同一画面或空间中同时存在。增强现实技术不仅能够有效地体现出真实世界的内容，也能够促使虚拟的信息内容显示出来，这些细腻内容相互补充和叠加。

一个完整的增强现实系统是由一组紧密联结、实时工作的硬件部件与相关的软件系统协同实现的，常见的有三种组成形式：①在基于计算机显示器（monitor-based）的 AR 实现方案中，摄像机摄取的真实世界图像输入到计算机中，与计算机图形系统产生的虚拟景象合成，并输出到屏幕显示器。用户从屏幕上看到最终的增强场景图片。它虽然简单，但不能带给用户多少沉浸感。②头戴式显示器（head mounted display，HMD）被广泛应用于虚拟现实系统中，用以增强用户的视觉沉浸感。增强现实技术的研究者们也采用了类似的显示技术，这就是在 AR 中广泛应用的穿透式 HMD。根据具体实现原理优化分为两大类，分别是基于光学原理的穿透式 HMD（optical see-through HMD）和基于视频合成技术的穿透式 HMD（video see-through HMD）。光学透视式增强现实系统具有简单、分辨率高、没有视觉偏差等优点，但它同时也存在着定位精度要求高、延迟匹配难、视野相对较窄和价格高等不足。

AR 不仅在与 VR 相类似的应用领域，诸如尖端武器、飞行器的研制与开发、数据模型的可视化、虚拟训练、娱乐与艺术等领域都具有广泛的应用，而且由于其具有能够对真实环境进行增强显示输出的特性，在医疗研究与解剖训练、精密仪器制造和维修、军用飞机导航、工程设计和远程机器人控制等领域，具有比 VR 技术更加明显的优势。

从虚拟现实（创建身临其境的、计算机生成的环境）和真实世界之间的光谱来看，增强现实更加接近真实世界。增强现实将真正改变我们观察世界的方式。通过增强现实显示器（最终看起来像一副普通的眼镜），信息化图像将出现在你的视野之内，并且播放的声音将与你所看到的景象保持同步。

增强现实和虚拟现实是不同的概念，经常容易混淆。在 VR 中，用户通过感知设备，参与到一个全新的虚拟世界中。AR 将虚拟元素集成到现实世界中，允许用户继续与当前环境进行交互。增强现实和虚拟现实是满足不同需求的技术，它们不是两个竞争对手，而是相辅相成，有助于显示技术的整体发展。

作为新型的人机接口和仿真工具，AR 受到的关注日益广泛，并且已经发挥了重要作用，显示出巨大的潜力。AR 是充分发挥创造力的科学技术，为人类的智能扩展提供了强有力的手段，对生产方式和社会生活产生了巨大的、深远的影响。随着技术的不断发展，其内容也必将不断增加。而随着输入和输出设备价格的不断下降、视频显示质量的提高以及功能强大但易于使用的软件的实用化，AR 的应用必将日益增长。

2. 混合现实

混合现实技术是虚拟现实技术的进一步发展，该技术通过在现实场景中呈现虚拟场景信息，在现实世界、虚拟世界和用户之间搭起一个交互反馈的信息回路，以增强用户体验的真实感。混合现实技术是一项融合了 VR 和 AR 的新兴技术。它不仅提供新的观看方法，还提供新的输入方法，而且所有方法相互结合，从而推动创新。混合现实指的是合并现实世界和虚拟世界而产生的新的可视化环境。在新的可视化环境里，物理和数字对象共存并实时互动。

VR 试图将人类与计算机营造的世界直接联结，使得人类可以在虚拟世界中遨游，获得与现实世界相同的知觉感受。而 MR 技术则试图将人、虚拟世界及现实世界三者同时联结起来，使得虚拟世界与现实世界发生直接联系，从而在更大程度上影响世界。由于 MR 也建立在人类自然知觉感知的基础之上，因此本质上为所见即所得的人机交互界面。该界面将人类从复杂深奥的计算机用户界面中解放出来，越过繁琐的菜单和参数选择，回到人类的原始感官通道，使人可以直观地理解世界。因此，MR 建立了用户与现实世界中的虚拟世界之间的直接通道，计算机营造的虚拟世界与现实世界在这里自然交汇。

MR 由现实与虚拟两部分构成，其中虚拟部分关心用户与虚拟世界的联结，因此涉及两方面的内容：虚拟世界的构建与呈现，以及人与虚拟世界的交互。由于呈现的虚拟世界是与人类感官直接联结的，因此，完美的虚拟世界的营造是通过建立与人类感官匹配的自然通道实现的，通过真实感渲染呈现虚拟世界，营造音响效果，提供触觉、力觉等各种知觉感知和反馈。因此，用户与虚拟世界的交互必须建立相同的知觉通道，通过对用户的自然行为分析，形成感知、理解、响应呈现的环路。这是虚拟现实技术的核心内容。MR 则省却了对复杂多变的现实世界的实时模拟，因为对现实世界的模拟本身是非常困难的，取而代之的是建立虚拟世界与现实世界的联结并模拟二者的相互影响。然而，要使虚拟世界与现实世界融为一体，在技术上存在诸多挑战，不仅要感知用户的主体行为，还需要感知一切现实世界中有关联的人、环境甚至事件语义，才能提供恰当的交互和反馈。因此，MR 涉及广泛的学科，从计算机视觉、计算机图形学、模式识别到光学、电子、材料等多个学科领域。然而，正是由于混合现实与现实世界的紧密联系，才使其具备强大且广泛的实用价值。

MR 技术由于涵盖了虚拟世界与现实世界，既需要 VR 技术的支持，也需要 AR 技术的支持。VR 技术的第一个核心问题是对虚拟世界的建模，一般包括模拟现实世界的模型或者人工设计的模型，对现实世界模型的模拟，即场景重建技术；第二个问题是将观察者知觉与虚拟世界的空间注册，满足视觉沉浸感的呈现技术；第三个问题是提供与人类感知通道一致的交互技术，即感知和反馈技术。AR 技术在虚拟现实技术的基础上，还需要将现实世界与虚拟世界进行三维注册，并且感知真实世界发生的状况、动态，搜集真实世界的数据，进行数据分析和语义分析，并对其进行响应。因此，我们将 MR 的虚实融合分为三个层面：①虚实空间产生视觉上的交互影响，例如遮挡、光照、运动等；②虚实世界产生社会学意义上的交互融合，如行人互相避让的行为；③虚实世界产生智能上的交互融合。

MR 是在线实时的反馈系统，因此人类智能与机器智能的交互是自然融合的，能够确保这种交流的流畅性。由于信息及其语义的呈现必须符合人类的感知特点，因此信息的可视化成为非常重要的技术组成。MR 环境将人类与机器的优势结合起来，利用人类的理解力和洞察力，又具有机器对数据的处理和分析能力，由于结合了人类智慧与机器智能，必将成为智能时代的新工具。

3. VR/AR/MR 的关系

VR、AR、MR 技术都属于数字感知技术，利用数字化手段获取、再生或合成各种来自外部世界的感官输入，从而达到一种身临其境的沉浸感。如果我们把现实世界和虚拟世界分别画在坐标轴的两端，VR 指的是完全沉浸于虚拟世界（VR 是纯虚拟数字画面）；AR 则介于虚拟世界和现实世界之间，是虚拟世界和现实世界的结合（AR 是虚拟数字画面加上裸眼现实）；MR 则介于 AR 和 VR 之间（MR 是数字化现实加上虚拟数字画面），填补了 AR 和 VR 之间的空缺，可以简单理解为两者的组合，可以任意切换 AR 和 VR 两种状态。从概念上来说，MR 与 AR 更为接近，都是一半现实一半虚拟影像，但传统 AR 技术运用棱镜光学原理折射现实影响，视角不如 VR 视角大，清晰度也会受到影响。

VR 体验包括进入计算机生成的模拟环境，在这个环境中，设备发挥着重要作用。VR 设备完全将你挡在现实世界之外，使你沉浸在完全虚拟的世界中。VR 设备中的各种传感器和技术将你的动作转换到虚拟世界中。这些信息随后被用来确定你在虚拟世界中的动作（有时体现在相应的虚拟角色身上）。AR 将数字对象分层呈现到你面前的现实世界中。AR 提供的数字内容可以补充你眼前的内容，你可以通过特殊的 AR 眼镜或通过手机、平板电脑或其他设备上的相机看到这些内容。MR 技术结合了 VR 与 AR 的优势，能够更好地将 AR 技术体现出来。MR 通过一个摄像头让你看到裸眼都看不到的世界，AR 只管叠加虚拟环境而不管现实环境。

2.3.6　VR 的发展趋势

VR 从萌芽到今天的日渐成熟已经走过了相当长的一段风雨历程。目前，VR 内容主要被游戏占据，但这种现象是暂时的，实际上它的内容涉及众多领域，在旅游、城市规划、工业设计、医疗、教育、装备制造、军事训练等领域都崭露头角。随着数字技术的进一步融合，软件设计师和开发人员不断学习提高，创建更具吸引力和实用性的应用程序和工具，VR、AR 和 MR 正在从社会的边缘（这一领域大多属于早期先行者和技术极客的范畴）转移到商业和生活的中心。像移动通信、物联网、人工智能和许多其他数字技术一样，扩展现实技术将迎来巨大的社会变革。在某种意义上说，它将改变人们的思维方式，甚至会改变人们对世界、自己、空间和时间的看法。它是一项发展中的、具有深远的潜在应用方向的新技术。随着它与 5G、人工智能、边缘计算等技术的融合，更多数字与现实世界交互的方式将被应用到不同领域，虚拟现实技术将以不同的形态发挥其实现人与数字世界交互的重要作用。

1. 虚拟现实技术推陈出新

分布式虚拟现实是今后虚拟现实技术发展的重要方向。分布式虚拟环境系统能够满足复杂虚拟环境的计算需求，还能满足分布式仿真等对共享虚拟环境的自然需求。随着众多分布式虚拟现实开发工具及其系统的出现，虚拟现实的应用也渗透到各行各业，包括医疗、工程、训练与教学，以及协同设计。将分散的虚拟现实系统或仿真器通过网络连接起来，采用协调一致的结构、标准、协议和数据库，形成一个在时间和空间上相互耦合的虚拟合成环境，参与者可自由地进行交互。特别是在航空航天中应用价值极为显著，因为国际空间站的参与国分布在全球的不同区域，分布式 VR 训练环境不需要在各国重建仿真系统，这样不仅减少了研制费用和设备费用，还减少了人员出差的费用以及异地生活的不适。

实时三维图形生成和现实技术也是未来的重要发展方向。三维图形的生成技术已比较成熟，而关键是怎样"实时生成"，在不降低图形的质量和复杂程度的基础上，如何提高刷新频率将是今后重要的研究内容。此外，VR 还依赖于立体显示和传感器技术的发展，现有的虚拟设备还不能满足系统的需求，有必要开发新的三维图形生产和显示技术。

2. 虚拟现实装备日新月异

对于虚拟现实而言，更重要的事情就是如何做到更加逼真。换言之，我们可以期待虚拟现实未来的发展可以呈现更加身临其境的体验。对于虚拟现实装备来说，新型、便宜、健壮性的 VR 装备将成为未来研发的重要方向。

3. 虚拟现实内容制造五花八门

VR 赋能传统场景革新，企业端（To B）对 VR 解决方案和产品的需求增加，游戏娱乐、影视媒体、工业制造、商业零售、医疗健康、教育培训等场景成为热点，迫切需要定制化的内容开发。消费市场（To C）内容开发聚焦视频/直播、游戏/社交等领域，内容匮乏是阻碍设备销售和应用普及的主要障碍。没有内容或者没有引人入胜的故事情节，再好的 VR 系统也不会吸引多少用户去体验。展望未来，我们可以看到全景虚拟现实内容在更大范围内普及，丰富多彩、五花八门、令人流连忘返的"故事"内容必将如雨后春笋破土而出。

4. 虚拟现实人才队伍蓬勃发展

任何行业的增长都与该行业人才的能力相匹配。尽管虚拟现实行业已经做好准备实现更大的指数级增长，但是只有人才的数量和能力符合条件才能实现增长的目标。虚拟现实技术研究、装备制造、内容制作的公司和企业培养和锻炼了大批的 VR 人才。伴随着众多领域应用的深入和拓展，对 VR 人才的需求将进一步扩大。换句话说，虚拟现实人才队伍必将蓬勃发展。

5. 虚拟现实应用遍地开花

未来，虚拟现实应用领域不断扩展，遍布各行各业。笔者无法遍历所有领域，以下仅给出部分领域的发展构想，供大家参考。

（1）医疗领域：未来最富有意义的挑战是医学虚拟系统的研制和开发，其中不同类型的虚拟人体的研制是科学工作者一项艰巨的任务。远程医疗服务是一个很有潜力的发展领域，同时心理学方面的研究与应用也是很有前景的应用领域。

（2）制造领域：未来制造业工程师的工作环境必然是工业互联网和 CPS。工程师们利用 CPS 中的各种系统，协同开发各类复杂产品，对产品的行为和性能进行建模与仿真；对数字生产线、车间和工厂、生产计划与过程等进行建模与仿真；在虚拟/增强现实环境中进行产品装配、维护和操作使用、报废回收等模拟。与此同时，用户可在逼真的虚拟环境中体验新产品，并对产品提出感受和改进建议。

（3）军事领域：未来信息化战争呈现陆、海、空、天、电磁等多维发展的趋势，能否在复杂多变的多维空间中保持指挥信息的流畅，已成为影响现代战争制胜的关键。着眼未来战场环境的多元化，利用战场发回的各种数据生成虚拟战场、虚拟军事地图和再现已发生的战争，通过人机协同共同分析和进行战事指挥，提高基于网络信息体系的联合作战能力、全域作战能力。与此同时，装备体系中的武器分布在不同地域，未来的作战演练必然从集中模拟训练向分散模拟训练演进。随着军事通信技术和计算机技术的快速发展，外军针对作战模拟训练提出了"分布式模拟"新概念，即分散模拟训练，主要是作战模拟训练中心通过现代化通信技术，控制设置在不同地域的作战单位及各级指挥官处的模拟系统终端来实现不同地域、相同环境的模拟作战训练。随着 VR 在装备使用、维护与保障过程中的普及，分散模拟训练将发挥更大的作用。

2.4　小结

人类演化过程中衍生出的能力都是为了更好地生存，是一个自然发展的进程。而人类演化的本性中又存在着天然的探索或者好奇精神，这是虚构能力得到灵活运用后衍生出的必然产物，刺激着人们想要拥有更多的物质和精神享受。人类的好奇心驱动着我们不断地探索这个世界和宇宙，我们也时常会对目前的世界进行遐想。凭借得天独厚的想象力和创造力，人类不仅实现了九天揽月、五洋捉鳖的梦想，而且奇迹般地创造了虚拟世界。真的难以想象，那么错综复杂、光怪陆离的虚拟世界，竟然仅由数字 0 和 1 的字串组合而成。

虚拟世界是由现实世界所产生的东西，是人类思想的一种具象，是由现实中的人所构建、所支配的。虽然看似两个完全对立的世界，但却有着千丝万缕的联系。在这个与现实世界紧密关联的虚拟世界里，人类既可以构建想象中的系统，研究这些新系统的多种实现方案；当然也可以通过建模与仿真，研究已有系统的行为和性能，并进一步将决策结果反馈给现实世界，实现虚实双向互动、共同进化。今天，虚拟世界已然和现实世界融为一体，它们虽然由完全不同的思维构建，有诸多的不同，但又是相辅相成、相互支撑的。现实生活中的我们已经离不开虚拟世界，同样虚拟世界也离不开人类的支持。

数字化虚拟技术的不断发展以及其应用范围的不断扩大，对社会产生的人文影响将会远远大于其技术影响，因此对数字化虚拟的认识无论从理论意义上来说，还是从现实意义上来说，都必须上升到哲学的高度。就是把虚拟世界置于与现实世界的关系当中、置于人的活动中来理解和把握。虚拟世界如虚拟与现实的关系一样，是以现实世界为基础，并对现实世界的创造性超越，虚拟世界是人的思想的一种物化，虚拟世界其实是来源于人类的思想，而从终极因果关系来看，虚拟世界的本源归根结底是现实世界。

与凭借着想象进入精神世界不同，人类要通过虚拟现实技术和装备来拥抱虚拟世界。虚拟现实技术作为仿真技术的一个分支，综合了多种现代科学技术，包括计算机图形学、互联网技术、人机接口技术、多媒体技术等，是一门具有挑战性的交叉科学技术。虚拟现实技术不仅创造出虚拟场景，向人们描绘了生产、生活的片段，而且已经在科研、商业、工业、医疗、娱乐、教育、军事等领域得到了广泛的应用，取得了显著的社会、经济效益。从某种意义上说，虚拟现实技术改变了人们的思维方式，甚至改变人们对世界、自身、空间和时间的看法。在虚实融合的世界里，人类既可以探索微观、介观、宏观世界中的奥秘，也可以研究想象的世界。虚拟现实、增强现实、混合现实等技术的发展催生了元宇宙技术。元宇宙发展的势头十分迅猛，它必将更加深入地融入人类的生产、生活中，使人类的物质生活和精神生活更加绚丽多彩，充满诗情画意。

第3章

元宇宙：虚实融合发展的阶段产物

我们生活中的许多方面已经被数字时代改变：我们从未有过如此多的信息获取渠道，也从未有过如此多可免费获取的信息。当然，这些都要归功于 20 世纪 90 年代发展起来的互联网和内容丰富的网站。今天的互联网的基础是几十年内由各大财团和非正式工作组建立起来的，后者由政府发起的研究型实验室、大学、独立的技术人员和机构组成。这些大多不以盈利为目的的集体通常专注于建立开放标准，目的是在不同的服务器之间共享信息，从而更容易针对未来的技术、项目和构想开展协作。例如，任何一个可以联网的人都能在几分钟内免费使用纯 HTML 创建一个网站，这个网站可以（至少有可能）被每一个连接到互联网的设备、浏览器和用户访问。

对于当下异常火爆的元宇宙来说，情况恰恰相反，它是由私人企业开创和建立的，它的目标很明确，那就是提供商业服务、收集数据、出售广告位和销售虚拟产品。显著标志是：2021 年 3 月，元宇宙概念第一股罗布乐思（Roblox）在纽交所挂牌上市，市值高达 476 亿美元，引爆了科技和资本圈。随后，脸书（Facebook）更名为 Meta，微软、英伟达、腾讯等商业巨头纷纷布局元宇宙，2021 年也被称为元宇宙元年。这些企业纷纷投资元宇宙，表明元宇宙有可能成为消费互联网之后的又一个"风口"。今天，人们预测元宇宙会是一个"企业互联网"，已经从科幻小说和专利转变成消费者和企业技术的发展前沿。

抛开元宇宙的盈利性不谈，笔者仅阐述对元宇宙的粗浅认识。从技术角度看，元宇宙是虚拟现实发展的阶段产物。大家耳熟能详的元宇宙是一个虚拟空间，也就是赛博空间的一个子集，充满各式各样的故事或内容，通过交互设备大家可以沉浸其中。通过分析和探索元宇宙的概念起源与内涵，了解其特性、典型应用和亟待解决的问题等，有助于深入理解元宇宙概念的涌现和快速发展引起的技术发展趋势和社会发展需求，对推动经济社会进一步加快数字化升级，为科技创新催生发展的新动能提供新的视角。在分析元宇宙对社会发展产生积极影响的同时，充分认识元宇宙给国家的政治、经济等社会公共安全方面带来的全新风险与挑战。

3.1　元宇宙的概念

随着计算机与网络技术的兴起和发展，人们对能够"复制"和能与真实世界"平行互动"的数字世界的追求一直保持着热情。从 1969 年因特网诞生起，经过几十年的发酵，首先在 20 世纪 80 年代的科幻作品中诞生了赛博空间的概念。赛博空间是指计算机以及计算机网络里的虚拟现实。1983 年，科幻作家布鲁斯·博斯克创造了"赛博朋克（cyberpunk）"一词，并把这个名字设定为自己短篇小说的名字，形容迷失的年青一代：他们是抗拒父母的权威、与主流社会格格不入、利用计算机技术钻漏洞和制造麻烦的技术宅男。1984 年，威廉·吉布森发表了《神经漫游者》，这部科幻文学"大满贯"（囊括雨果奖、星云奖和菲利普·迪克奖）的经典之作采纳了赛博朋克这个词，并自此开启了一种科幻文学的新类别。在赛博朋克的世界里，实际上就是一个平行于真实世界的社会化赛博空间，人成为不值一提的渺小生物。由于高科技的发展，人与机械的分界线开始消失，人工智能的发展诞生了有思想的仿生人，而且人工智能、黑客以及控制财富的大型公司之间产生了冲突，边缘人物则通过高科技来逃避集体意识实现个体的自由，带有反乌托邦的意识。和星际旅行、太空争霸等天马行空的科幻世界比起来，赛博朋克给人的感觉更真实，因为它加入了社会矛盾和对人性的思考，反乌托邦和悲观主义色彩都是赛博朋克文化的标签。从世界观来看，赛博朋克是科技与社会碰撞形成的产物，而且是离现实不远的未来世界，这时候的实体国家通常已经消亡，由垄断公司掌握财富，城市化加剧、社会体系崩塌带来衰败与暴力。尼尔·斯蒂芬森的小说《雪崩》（*Snow Crash*）则展现了一个更为极端的世界情景：美国等国已经分解为更小的单位，而包括半合法黑手党在内的国际公司则处于骚乱之中。

元宇宙（metaverse）一词，公认出自尼尔·斯蒂芬森 1992 年的科幻小说《雪崩》[①]。虽然该书影响深远，但是在这本书中斯蒂芬森并没有给出元宇宙的明确定义。小说描绘了一个庞大的虚拟现实世界，它几乎和人类生存的方方面面都有联系，与其互动并对其产生影响。所有现实生活中的人都可以有一个网络分身（Avatar）。在这里，人们利用数字化身来控制，并相互竞争以提高自己的地位。正如电影《头号玩家》的场景，在未来某一天，人们可以随时随地地切换身份，自由穿梭于物理世界和虚拟世界，在由虚拟空间和时间节点所构成的"元宇宙"中学习、工作、交友、购物、旅游等。《雪崩》中

---

① 2018 年，四川科学技术出版社出版的中文版《雪崩》，译者郭泽将"metaverse"译为"超元域"。

的虚拟现实空间"metaverse"，并非斯蒂芬森首创，它只是遵循了赛博朋克小说的架构设定。在赛博朋克类型的作品中，都会存在一个现实与虚拟相融合的虚拟空间，剧情则会在虚拟与现实的来回穿插中展开。《雪崩》筹划了多年，却没有拍成电影，所以在描述《雪崩》中的元宇宙时，大家都会借用电影《头号玩家》中"绿洲"的场景来打比方，见图 3-1。电影《头号玩家》改编自恩斯特·克莱恩的小说《玩家 1 号》，与《雪崩》一样，都是非常有名的赛博朋克小说。不管是《雪崩》中的"metaverse"，还是《头号玩家》中的"绿洲"，这些用于承载故事主要剧情的虚拟空间都有一个共同的名字，那就是赛博空间。在很多人眼中，赛博空间只是科幻作品的产物。事实上，随着信息与通信技术的高速发展，赛博空间早已存在于现实之中。它随着广泛应用而发展壮大，并且得到了学术、商业、军事等诸多领域的广泛认同。由于军事领域的参与，使得网络电磁空间像陆、海、空、天等常规领域一样，成为新的军事行动的战场。现在，世界各大军事强国都已向赛博空间进军。所以，赛博空间自从互联网诞生开始就已经存在，而今天的元宇宙，只是让普罗大众对赛博空间有了更加感性的认知。

图 3-1　《头号玩家》中的场景（源自互联网）

令人遗憾的是，"metaverse"一词在小说《雪崩》中沉睡了将近 30 年。由于 Roblox 将它写入招股书中，才再次被世人所知悉，并因 Facebook 等科技巨头的拥戴而引爆全球。其实，Roblox 不用"metaverse"这个词，用其他小说中赛博空间的名字，比如《头号玩家》中的"绿洲"也是一样，或者直接就用赛博空间。或许是因为"绿洲"早已被搬上了银幕，赛博空间也早已成为了一个通用术语，并不能给 Roblox 带来新意。遍数其他同类作品，也没有找到一个像"metaverse"那样预示美好以及更广阔想象空间的词。难怪 Facebook 不惜将公司名改为 Meta Platform。Facebook 自 2014 年收购 Oculus 之后，就持续在 VR/AR 上投入巨资开展研发。想要让 VR/AR 装备在将来能代替手机成为人类工作、学习和交互的主流载体。除了解决硬件本身存在的问题外，更主要的是要有大量的内容。近年来，Facebook 在这方面做了大量的工作，已倾力打造出了自己的虚拟现实空间，这个虚拟现实空间如今则用元宇宙统称。有了全球各个组织、企业的认同和推动，现阶段的元宇宙已经可以和赛博空间画等号。由此可见，元宇宙早就存在于现实之中，并且我们每个人都早已参与其中。

迄今为止，元宇宙的定义尚未统一，可以说是仁者见仁、智者见智。大多数行业领导者以符合他们自己的世界观或能彰显自己公司能力的方式来定义元宇宙。微软首席执行官萨提亚·纳德拉将元宇宙描述为一种可以将"整个世界变成一个应用程序"的平台，并可以通过云软件和机器学习进行功能扩展。马克·扎克伯格在表达 Facebook 的元宇宙愿景时则侧重于沉浸式 VR，以及将相距遥远的不同个体连接起来时的社交体验。《华盛顿邮报》将 Epic Games 对元宇宙的愿景描述为"一个广阔的、数字化的公共空间，用户可以在这里自由地与品牌互动，允许自我表达和释放快乐……"。腾讯公司认为元宇宙是一个独立于现实世界的虚拟数字世界，用户进入这个世界之后就能用新身份开启全新的"全真"生活。《元宇宙改变一切》的作者马修·鲍尔给出的定义是："大规模、可互操作的网络，能够实时渲染三维虚拟世界，借助大量连续性数据，如身份、历史、权利、对象、通信和支付等，可以让无限数量的用户体验实时同步和持续有效的在场感。"在许多加密货币和区块链领域的人看来，元宇宙是一个当今互联网的去中心化版本，由用户而不是平台控制其底层系统，以及他们自己的数据和虚拟商品。

在此，笔者不再过多纠缠于如何精准地给元宇宙下定义，而是将精力更多地关注在元宇宙的本质上。以下仅通过两个定义，表明作者对元宇宙的认识，力争起到抛砖引玉的作用。

（1）管筱璞、李云舒在中央纪委国家监委网站上发表了文章《元宇宙如何改写人类社会生活》（2021 年 12 月 23 日），其中给出关于元宇宙的诠释："通常来说，元宇宙是基于互联网而生、与现实世界相互打通、平行存在的虚拟世界，是一个可以映射现实世界、又独立于现实世界的虚拟空间。它不是一家独大的封闭宇宙，而是由无数虚拟世界、数字内容组成的不断碰撞、膨胀的数字宇宙。"

（2）2022 年 9 月 13 日，全国科学技术名词审定委员会（以下简称"全国科技名词委"）在北京举行了元宇宙及核心术语研讨会，对"元宇宙"等 3 个核心概念的名称、释义达成共识。中文名"元宇宙"的英文对照名为"metaverse"，其释义为："人类运用数字技术构建的，由现实世界映射或超越现实世界，可与现实世界交互的虚拟世界。"

这两个定义都强调了元宇宙就是一个虚拟世界，与笔者的想法不谋而合。VR 构建的是虚拟世界，元宇宙也是如此，它们是一脉相承的，只不过元宇宙展示的内容更加五花八门、丰富多彩，出发点、目的地也是一致的。元宇宙作为现实世界在数字世界的延伸与拓展，是一种让我们与所处环境更好相容的技术手段。在笔者关注的元宇宙定义中并未涉及去中心化、区块链等术语。虽然有一些专家和互联网企业一再强调元宇宙是完全去中心化的，并将在区块链技术中实现，但这些都不是元宇宙自身的本质特征。元宇宙是什么和如何运行元宇宙，保证元宇宙数据、交易的安全性，并不是一回事。产生混乱的原因，是将元宇宙（虚拟世界，元宇宙系统运行建造的数字空间）和辅助元宇宙运行的部分系统混为一谈。

元宇宙是赛博空间现阶段的产物（或代名词），其目的在于构建一个与现实世界持久、稳定连接的数字世界，让现实世界中人、物、场等要素与数字世界互联、互通。元宇宙本质上是对现实世界的虚拟化、数字化过程，需要对内容生产、用户体验以及实体世界内容等进行大量改造。元宇宙的发展是循序渐进的，是在共享的基础设施、标准及协议的支撑下，由众多工具、平台不断融合、进化而最终成形。

元宇宙并不仅仅是现实世界的简单数字化，它还是现实世界的拓展并可能反作用于现实世界。元宇宙与现实世界是相互构造的，正如电影《头号玩家》所展示的，未来某一天，人们可以随时随地切换身份，自由地穿梭于物理世界和数字世界，在虚拟时空节点中工作、学习、娱乐、交易所形成的数字产品，一部分结果还会传回现实世界。随着元宇宙的出现，我们像看三维电影一样，进入一个基于现实的大型三维在线世界，这个世界呈现出立体化、沉浸式的特点，有着比现实社会更加丰富的娱乐、休闲、办公、游戏场景。

元宇宙正在使用更多的技术将人映射到赛博空间中，从而让人们产生更多的沉浸感，并最终让人们在赛博空间中做更多的事情。事实上，从 2000 年开始伴随着互联网的发展，人类就开始从物理空间向网络空间的"迁移"。只不过，元宇宙是将迁移到网络空间的人们具象化。元宇宙将人类这一社会主体拉入虚拟空间，并且用尽浑身解数让人们沉浸其中，使得人类的生产与生活在虚拟空间中进行，也使社会进一步向赛博空间靠拢。当然，我们还必须清醒地认识到，元宇宙还处于初级发展阶段。想让人类进入这么一个逼真的新型沉浸式数字全息社交环境，还有难以想象的难度。即使是在当前应用最多的虚拟现实游戏 VRchat 领域，设备必须做到和正常的眼镜一样轻（50g 左右），才能够让用户更加真实地感受到身临其境的沉浸感，可是现在的设备重量还在 500g 左右徘徊。

元宇宙的产生和发展受到以下三类理论的影响。①三个世界理论：卡尔·波普尔（Karl Popper）在 1972 年出版的《客观知识》一书中，系统地提出了他的"三个世界"划分理论，将物理世界、心理世界、人工世界作为并列存在的主体，指出三个世界是统一的、连贯的。三个世界的划分给理论学家清晰地指出了独立于物理世界之外还存在人工世界的重要性。②游戏改变人生理论：荷兰著名文化史学者约翰·胡伊青加（Johan Huizinga）在《人：游戏者》中探讨了游戏与人类文化演进的紧密关系，详尽地探讨了希腊、印度、中国、北欧国家等文明中游戏概念的演化历程，全面展示了游戏对人类文化的重大影响，阐述了游戏对于现代文明的重要价值。简·麦戈尼格尔（Jane McGonigal）在《游戏改变世界》中指出了游戏化是互联时代的重要趋势。Roblox 等沙盒类游戏打造的虚拟世界编辑器和 FaceBook 的 *Horizon* 提供的 VR 世界在线社交功能等都为普通大众提供了理解和认知元宇宙概念的产品。③传播介质改变世界：传播理论的一代宗师哈罗德·英尼斯（Harris Innis）强调"一种新媒介的长处，将导致一种新文明的产生。"媒介是人类文明得以传承和传播的重要介质，人类社会的文明发展史伴随着传播媒介的不断演进而发展。大众传播媒介，从图文媒介、视听媒介、网络媒介发展到"元宇宙"阶段，产生了鲜明的跨时代特征。互联网时代背景下，大众参与的方式变得更加简单，在人工世界中编辑、创造新的社交、经济、工业等场景已成为构筑概念社会形态的一种可行方式。以上理论观点本质上都强调了数字世界对人类社会的重要作用，数字世界是重要的人工世界，信息技术的进步会从各个方面影响人类社会的发展进程。互联网技术作为当今社会变革的重要核心动力和传播媒介，经过 60 多年的发展，已经从 1969 年由美国国防部发起的计算机网络开发计划（ARPANET），经历了以太网、TCP/IP 协议、万维网、无线局域网、移动互联网等技术变革，演变成为影响社交、交通、工业等多个方面的关键基础设施和产品形态，下一代互联网技术和产品的发展将成为科技巨头争夺的重点领域。

元宇宙作为数字经济时代发展的新方向标，其概念的提出和发展本身就顺应了数字经济时代信息生产和应用所带来的创新性、规模性和革命性变化的要求。从信息生产的创新性、规模性和革命性变化来看，高速网络（高带宽）、人工智能、AR/VR/XR、云计算、CPS 等新技术发展成熟，新技术的推广厂商非常渴望新产品的出现以带动技术发展和商业推广。从信息应用的创新性、规模性和革命性变化来看，信息时代的新概念一般都起源于互联网行业发展，先应用于 To C（更多注重用户体验），逐步扩展到 To B（更多注重满足客户价值，用户对象是特定组织，更加理性）。特别是新型冠状病毒疫情增加了全社会在数字世界里的时间，用户普遍对交互方式和体验有了新的期待，数字世界成为与物理世界平行的独立空间，如何创造更好的 To C、To B 产品成为各大厂商争夺的重点。互联网产品的应用领域包括游戏、交易、社交、内容、工具、平台等，各大厂商在各自擅长的应用领域推出了一系列元宇宙产品。

3.2　元宇宙的基本特征

通过元宇宙起源的介绍和相关概念的辨析，不难发现当前元宇宙概念并不统一，娱乐、互联网、软件等行业的头部企业为了争夺元宇宙的话语权，纷纷提出了对自身有利的定义，但是不可否认，元宇宙具有以下基本特征：

（1）超越现实世界。元宇宙的定义中让所有人（包括它的拥护者、怀疑者，或者是不知道这个名词的人）认同的部分是：依托于现实世界并超越现实世界的虚拟世界。虚拟世界可分为三类：第一类是对现实世界的完美再现（即数字孪生）；第二类是象征现实世界的虚构版本，参考现实世界进行重构（不同于数字孪生）；第三类是完全虚构的世界（数字原生），人们可以在其中完成很多现实世界中不可能完成的事。

（2）强调人机交互。人机互动技术是指通过计算机输入、输出设备，以有效的方式实现人与计算机对话的技术。这里的人机互动强调人与物理世界、虚拟世界的"双循环"，通过人与机器的相互协作，涌现出更加复杂的行为特征。

（3）突出三维体验。虽然元宇宙有很多维度，但三维是元宇宙的一个关键部分。借助硬件和交互手段，在视觉、触觉、听觉、嗅觉、味觉、第六感（心理）等方面增强的虚拟体验扩展，让数字世界中的人拥有更具临场感的交互体验。该特征意味着在元宇宙中的信息组织方式要求更加直观可视、语义可理解、沟通更自然、交互更丰富、融合更高效。尽管元宇宙可以被理解为一种三维体验，但并不意味着元宇宙中的一切都将是三维的。

（4）依赖互操作性。元宇宙的愿景是：用户能够将他（她）的虚拟内容从一个虚拟世界带到另一个虚拟世界，即元宇宙应该允许用户无论在哪里或者选择做什么，他们的成就、历史，甚至财务状况都能在众多的虚拟世界和现实世界中得到认可。为了实现这一愿景，虚拟世界必须首先实现"互操作性"。互操作性最典型的例子是互联网，它使无数独立、异质、自制的网络能够安全、可靠、以可理解的方式在全球范围内交换信息。

（5）具有普适性。普适性是指元宇宙能够灵活地适用于不同行业，未来的绝大多部分行业都可以接入和应用元宇宙场景。从元宇宙的技术集合构成来看，其中多种技术如人工智能、大数据和云计算等都属于通用技术，因此元宇宙具有一种内在的技术通用性，可以实现对其他产业内部的广泛渗透，并推动相关产业技术进步。

（6）应用场景化。场景化是指元宇宙根据用户的不同需求提供差异化的场景体验。由于视觉、空间和体验等元素的融入，元宇宙进一步丰富了应用场景的形式和内涵，从某种意义上来说，场景化是驱动元宇宙发展的关键内生动力。

3.3　没有虚拟现实就没有元宇宙

虚拟现实与元宇宙的关系浅显易懂，从虚拟现实和元宇宙的定义出发，即可见其端倪，以下给出简要的分析。

关于虚拟现实，本书采用比较常见的定义：虚拟现实是指用计算机生成的一种特殊环境，人们可以通过使用各种特殊装置将自己"映射"到这个环境中，并操作、控制这个环境，实现特殊的目的，即人是该环境的主宰。虚拟现实是一种可以创建和体验虚拟世界的计算机仿真环境，是一种多源信息融合的、交互式的三维动态视景和实体行为的仿真，使用户沉浸在该环境中。简单地讲，虚拟现实就是计算机生成的虚拟世界。

关于元宇宙，本书采用全国科学技术名词审定委员会（2022 年 9 月 13 日）对中文名"元宇宙"和英文对照名"Metaverse"的释义：人类运用数字技术构建的，由现实世界映射或超越现实世界，可与现实世界交互的虚拟世界。

通过定义的字面分析，大家就可以直观理解虚拟现实与元宇宙的关系（但不限于此）：

（1）从主体上看，虚拟现实与元宇宙拥有共同的主体。不管是虚拟现实，还是元宇宙，二者的虚拟环境都是人类创造的，人类通过各种装置融入该环境中，并操控该环境。人类既是赛博空间的创造者，又是赛博空间的体验者。在赛博空间中，人类可以放飞自我（在道德、法律的约束下）。

（2）从本质上看，虚拟现实和元宇宙是相近的。虚拟现实和元宇宙都是为了构建虚拟环境，即创建不同场景的赛博空间。该环境由现实世界映射而成，甚至可以超越现实世界。二者都使用多种技术（技术上存在差异）将人映射到赛博空间中，从而让人们产生更多的沉浸感，并最终让人们在赛博空间中做更多的事情。

（3）从构建方法上看，虚拟现实与元宇宙使用相同技术（如建模与仿真）。二者都是指由数字技术构建的虚拟世界，通过两次抽象，将现实世界的对象或想象中的事物／环境转换成可以在计算机上运行的 0 和 1 组合，通过各类显示和感知装置，让大家充分体验到难以感知的赛博世界。

（4）从技术体系上看，元宇宙与虚拟现实一脉相承。虽然元宇宙的定义不统一，关于元宇宙技术体系的构成也说法不一，但虚拟现实技术的现阶段成果（AR／MR／XR 等）都被囊括在元宇宙的技术体系中，而且数字孪生、人工智能、脑机接口等新技术也被融入到元宇宙的技术体系中。严格地讲，元宇宙技术是新技术的集大成者，自身没有什么独有的技术，它继承和发展了虚拟现实技术体系。如果没有提出元宇宙的概念，相信这些新技术也会被加入到虚拟现实技术体中。

（5）从内容创造上看，虚拟现实和元宇宙异曲同工。不管是游戏、社交，还是工业应用，结合需求的内容制作十分重要。不管应用场景是否相同，没有引人入胜的故事，也就无法吸引用户来体验。正由于应用场景有所不同，而达到了异曲同工之妙。

（6）从应用场景上看，虚拟现实和元宇宙是类似的。除了娱乐、社交之外，构建虚拟环境的目的就是为了廉价地构建研究、开发等环境。在该环境中，人们可以研究已有系统或设想中的系统的性能和行为。虚拟环境特别有益于产品创新。

笔者认为，如果没有虚拟现实，就没有今天的元宇宙。元宇宙类似于虚拟现实，是虚实融合的阶段产物。随着元宇宙的爆发和迅猛发展，也许虚拟现实会慢慢地淡出人们的视野。我们当然不希望元宇宙的爆发像虚拟现实曾在 20 世纪 90 年代的短暂涌现那样，由于技术、产品性能、价格等原因，随即销声匿迹。直到最近几年，虚拟现实随着产品性能提升和价格大幅度下降，才又被唤醒，然而等待它的却是铺天盖地的元宇宙热潮。衷心希望元宇宙短期内不要被资本炒作的其他概念所淹没，使它能在生命周期内释放强大的能量，改变人类的生产、生活方式，为人类创造物质和精神财富。

3.4　元宇宙的典型应用

元宇宙作为赛博空间的一种现代发展形态，其应用还是遵循各类虚拟现实、增强现实、数字孪生等技术发展和应用探索的成熟度。相较于当前 AR、VR、XR、CPS 中人—机—物互动较为单一的模式，元宇宙世界中的多人互动、多机互动、人机协作、多场景联动、人工智能赋能等特点更为突出，所需构建的系统需要更加强大的建模和计算能力、更为通用的场景构建和变换功能、更为智能的感知和交互手段。元宇宙典型的应用场景包括：

（1）在协作办公领域，微软为了在 Teams 内部建立虚拟世界，降低会议疲劳程度，推出了 Mesh for Microsoft Teams 软件。收购了动视暴雪，布局元宇宙场景，主攻企业办公与个人游戏领域。

（2）在游戏娱乐领域，英伟达推出了 NVIDIA Ominiverse，从支持游戏开发，转变为创造虚拟空间（Omniverse Avatar 帮助元宇宙创作者建立虚拟人物形象），主攻新的图形显示、AI 训练等所需的计算资源和软件产品。

（3）在虚拟社交领域，Facebook 提出的 Facebook Reality Labs，主攻 VR/AR 设备推广，其元宇宙版图覆盖了办公、游戏、社交、教育、健身等多种场景，并在不断探索更丰富的应用领域。目前典型的成果和应用场景如替代手柄使用双手与虚拟世界互动时，必须建立整个手部的精细控制模型，除了使用早期的指环传感器采集运动信息建模外，来自 Facebook Reality Labs 的 He Zhang 等共同完成了基于摄像头的手指精细动作建模，可以为元宇宙提供更好的 VR 技术。

（4）在工业领域，工业元宇宙是工业互联网、工业 4.0 等概念的另一种表达形式，它代表了数字化、网络化、智能化技术在工业领域最新的集成应用方向。传统的设备健康诊断、数字孪生工厂、基于模型的设计协同等应用场景可以在更加立体的 AR、VR、XR，更加丰富的数据资产与智能分析等技术的加持下，将用户体验变得更有沉浸感和科技感，更便于实现大规模场景下的多人—多设备—多车间—多企业—多产业链的协同创新。

（5）在军事领域，军事元宇宙的概念被逐渐提出，其物理世界的数字化、虚拟世界和物理世界的互操作性，以及军事元宇宙中所设想的人工智能赋能，与国防建模仿真界多年来所推动的实况（live）、虚拟（virtual）、构造（constructive）（简称LVC）计划有很多相似之处。但在体系设计先行的军事思维发展带动下，军事元宇宙相比LVC还需扩展更多大数据与人工智能赋能的体系数字化设计、体系数字化运行、体系数字化评估等能力，形成能够适用于平时和战时的各类元宇宙产品。

3.5　元宇宙亟待解决的问题

元宇宙并非全新的技术，它是各类已有技术在新的网络环境、应用条件下的升级，原有的实现数字孪生、CPS、工业互联网、LVC等相关领域应用所面临的数字化建模与仿真、大数据与人工智能、云边端网络互联、互联网数据可信等问题依然存在。

1）建模与仿真技术

建模与仿真技术是创建元宇宙的核心技术，用于对人与组织、物理实体、环境、过程等对象创建不同粒度的模型并进行仿真，是提高用户在虚拟世界中获得与物理世界基本一致的体验感的基础。在未来的元宇宙中，拥有数字身份的虚拟人拥有和物理世界高度逼真的虚拟环境模型、认知决策模型、交互体验感知模型、社会运行模型等，同时还可以允许用户开放性地创造各种模型并快速融入到整个环境中，支持分布式的多人实时仿真体验，这些都对建模与仿真技术提出了新的挑战。

2）大数据与人工智能技术

大数据采集、存储、实时/离线交换、分析为物理世界与数字世界建立了信息高速通道，使得各种感知数据、系统运行数据、认知决策数据等能够快速在物理世界和虚拟世界中流转。人工智能专用芯片、文本、图像、音频、视频、传感信号等多模态数据的分析与融合智能算法，是数据赋能元宇宙的基石。

3）新型网络技术

通信标准、基础设施的演进，可以促进人与人的交流从文字、图片向声音、视频等方向升级，从而促进全息沉浸式体验感的升级。物联网、新型无线网络、工业互联网等都是元宇宙与现实空间融合的媒介。特别是工业生产往往需要毫秒级，而以往的平面信息，人的感官只要低于300ms就可以接受，但是如果是几十兆、几百兆的三维数据传递，要达到几十毫秒级，人才不会眩晕，这样就给工业元宇宙应用中的网络提出了一个很高的要求。

4）交互技术

以更加丰富的形式，增强人机感知能力，是元宇宙实现全息沉浸式体验的重要支撑手段。当前，XR（包括 VR、AR、MR）技术主导的 3D 全沉浸式交互界面演进是发展的主流，典型的如 2C 用户的游戏交互设备，面向 2B 用户的 VR 汽车驾驶、房地产等产品。此外，脑机交互、音频、内容创作工具等方面也是交互技术发展的前沿阵地。

5）互操作技术

元宇宙以"互操作"为前提，它是由多个虚拟世界组成的赛博空间。这些虚拟世界之间可以交换信息，信任彼此对这些信息的修改，也信任这些虚拟世界中个人用户对信息的修改。但是互操作需要所有参与者同意并使用特定的技术标准，共享它们的私有数据，以及开放专有系统。然而，现有的虚拟世界没有明确的方法来寻找和识别彼此，也没有共同的语言来沟通交流，更不用说连贯的、安全的和全面的联系了，即今天的虚拟世界及其构建者从未将自己的系统或体验设计成互操作形式。例如，几乎所有最流行的虚拟世界都使用各自不同的渲染引擎，用完全不同的文件格式保存各自游戏中的物体、纹理和玩家数据，而且只保存玩家有可能需要的信息，还不存在能够与其他虚拟世界共享数据的系统。因此，不同虚拟世界间的互操作将遭遇到挑战。

6）同步性技术

虚拟世界通常有许多共享参与者，我们希望元宇宙中的虚拟世界是共享的体验。要做到这一点，虚拟世界的每一个参与者都必须有一个能够在特定时间内传输大量数据的互联网连接，以及一个低延迟、持续性的虚拟世界服务器（包括进出）连接。同步在线体验是今天元宇宙面临的最大限制，也是最难解决的一个问题。虚拟世界对性能有着更高的要求，甚至视频通话更容易受到哪怕是最轻微的连接中断等故障的影响。实时传输的数据机要复杂得多，而且需要及时地从所有用户那里得到数据。同步性挑战对于理解元宇宙未来几十年的发展方向和增长趋势是至关重要的。网络能力将在很大程度上定义并限制哪些内容是可行的、什么时候可行，以及它们面向的是哪些用户。

7）并发性技术

并发性是元宇宙的一个基本问题，其原因是：服务器在单位时间内处理、渲染和同步的数据量必须呈指数级增长，才能实现并发性。例如，2020 年特拉维斯·斯科特在"堡垒之夜"平台上举办的那场著名的虚拟演唱会，尽管 Epic Games 理直气壮地说，有超过 1250 万人参加了这场现场演唱会，但这些参与者是在 25 万个不同副本中观看了这场演唱会。也就是说，它们看到了 25 万个版本的斯科特，而在这些副本中，这场演唱会的开始时间竟然都不相同。只有当元宇宙能够支持大量用户在同一时间、同一地点体验同一事件，并且不以牺牲用户功能、交互性、持续性、渲染质量等为代价时，元宇宙才能真正实现。

从发展现状看，目前元宇宙处于萌芽阶段，产业基础相对薄弱，距离成熟应用仍有较大差距。在萌芽阶段除了技术制约以外，应用场景落地仍有很多现实瓶颈需要突破。

（1）元宇宙基本框架的设计问题。社会经济系统的正常运转需要一系列规则和制度来支撑。元宇宙是现实经济社会的数字化场景模拟，将以更加形象、具体、生动的方式展现给用户，这其中会涉及制度设计、法律规范、文化习俗等一系列基本框架的选择和确立。

（2）数据安全和隐私保护问题。近年来，伴随全球数据安全形势日益严峻，加大数据安全治理粒度成为各国的共同选择。元宇宙场景需要满足个体对智能感知的更高需求，因而对个人工作和生活相关数据的收集规模将呈指数级增长，这一过程会涉及大量的个人隐私和信息。在当前数据监管趋严的背景下，元宇宙相关数据的收集和使用也会面临更多的限制。

（3）应用入口便捷化问题。当前，元宇宙的主要应用场景多为展示性的，人机交互、人人交互的应用场景较少，主要原因是元宇宙的应用入口仍不成熟、不便捷。综合用户的体验需求和企业的可视化功能展示要求，未来元宇宙主要应用入口将是虚拟形象或者虚拟人。换句话说，未来在元宇宙中，我们点击的不是 App，而是一个个虚拟形象。然而，目前虚拟形象应用的开发设计仍处于初级阶段，导致元宇宙应用的基本入口问题缺乏有效的解决方案。

（4）生产端有效应用问题。由于元宇宙具有显著的动态可视化特征，并且数字孪生、混合现实等技术在产业链上具有深度应用前景，因而业内对元宇宙未来应用预期更多的是在生产端，尤其是制造领域。然而，当前元宇宙主要应用于娱乐、游戏等领域，缺乏与生产领域深度融合的切入点和着力点，尚不能在生产端形成示范性、标杆性的落地应用。

（5）元宇宙的能源供给问题。当前全球经济绿色转型步伐不断加速，现在及未来一段时期内，能源供给短缺现象有可能加剧。作为一种大规模连接的虚拟现实应用场景，元宇宙的平稳运行离不开数据中心、算力中心、网络设备、通信基站等新型基础设施支撑，而这些基础设施的运转需要更庞大的能源供给。能源供需矛盾有可能在元宇宙建设过程中更加突出。

3.6　元宇宙的未来

元宇宙要缔造有史以来最有沉浸感的虚拟空间，最终让所有人在里面做所有事情。从其宏伟构想来看，元宇宙代表了人们对未来数字世界和物理世界之间打破空间、时间、文化等限制，实现各领域全行业、全国，甚至全世界互联互通互操作的美好愿景。但我们也应该认识到，目前的元宇宙倡导者集中在互联网行业和资本界，"在各种媒体的支持鼓动下，人们的目光被引向谷歌、脸书网、阿里巴巴等互联网行业，使大家认为互联网经济就是全球经济的未来"。2022 年，中国互联网公司市值累计蒸发近 10 万亿元，互联网行业股价被资本市场做空的现实也让我们认识到：**没有实体经济支撑的经济发展经不起资本的玩弄**。我们需要热烈拥抱蓬勃、健康发展的互联网企业，但也绝不能奢望靠几个互联网公司就能支撑中国梦的实现。制造业才是立国之本、兴国之器、强国之基。21 世纪的制造业面临着全球一体化、生产力要素的变化、生产方式的进化、角色的变化、价值创造的变化、跨界与产业融合、企业组织的无边界化、全球可持续发展等诸多挑战。数字经济时代的来临，科学技术的突飞猛进，生产力水平大幅度提升，迫使制造业不得不变革其原有的生产方式和组织形式。元宇宙作为可以改变人类生产、生活方式的一种手段，它在实体制造业中应用与发展必将引起人们更大的关注。

从市场规模的前景来看，现如今有多个国际知名咨询机构公开表示看好元宇宙的未来市场规模。如普华永道预计，2030 年元宇宙市场规模将达到 1.5 万亿美元，彭博行业则估计届时元宇宙市场规模可达到 2.5 万亿美元；美国《福布斯》双周刊网站 2022 年 11 月指出，2030 年全球元宇宙的市场规模有望高达 5 万亿美元，2023 年可能是确定其发展方向的关键年。摩根士丹利预计，未来元宇宙潜在市场空间将超过 8 万亿美元。不仅如此，元宇宙在其发展过程中，还将拉动壮大其他领域的市场规模。

从生态环境上看，元宇宙的宏大愿景通常是建立在一个单一的综合生态系统上，就像互联网一样（应该是工业互联网）。而在近期内，可能会出现更多独立的元宇宙平台，拥有独立的经济系统，能够在虚拟世界之间移动资产和对象。许多大企业（例如耐克、阿迪达斯、古驰和蒂芙尼等）已经开始涉足元宇宙领域，它们很可能在多个大型元宇宙中出现，就像它们在许多城市拥有分支机构或店铺一样。元宇宙帮助企业获得物理渠道、产品和运营的虚拟表达，以改进现实流程。埃森哲最近构建了一个数字孪生办公室，以在不同的工作空间布局、技术和流程上进行协作，显著减少了返工和错误。元宇宙技术不仅适用于人类，也可用于机器人。

从技术上看，元宇宙面临大量人员、思想和技术的涌入，所有这些都需要对计算、存储和网络进行大规模的基础设施建设。在跨技术协同的帮助下，云计算已被确定为满足元宇宙需求的可行解决方案。数字化、网络化、智能化将进一步提升互联网与虚拟现实之间的交互体验，实现用户的全生命周期运营和管理。信息技术与元宇宙技术的深度融合，推动技术创新应用和产品形态。数字内容将成为用户进行体验和消费的重要支撑，由于视觉仿真因素的全面融入，推动信息传递从二维平面升级到三维立体空间，未来内容输出形式更加生动灵活，有力增强用户的真实感、临场感和沉浸感，极大扩充和丰富元宇宙的内容体系。

从应用范围的前景来看，当前元宇宙的应用主要表现在游戏、娱乐等领域，其他领域应用相对较少。未来，伴随元宇宙技术和产业成熟度的持续提高，其应用范围将逐步扩大，并不断深入。未来，应用场景的开拓重点应放在实体经济，而非娱乐、社交领域。强调一点，元宇宙在未来的制造业中将发挥越来越重要的作用。

从产业创新的前景来看，元宇宙将打破我们所习惯的现实世界物理规则，以全新的方式激发产业技术创新。此外，元宇宙将与不同产业深度融合，以新模式、新业态带动相关产业跃迁、升级。

3.7 小结

继 2018 年被称为"区块链元年"之后，2021 年被称为"元宇宙元年"。元宇宙概念持续火热，产业巨头争相布局，公众舆论关注空前，讨论探究仍在继续，内涵定义尚有争议。对元宇宙这样的新事物，我们既要高度关注，又要科学理性地认识。面对"元宇宙热"，只有厘清事物的来龙去脉，认清新兴概念的本质内涵，才能把握世界科技革命时代大势，深入探讨其发展趋势，抢占全球产业竞争战略先机。

对普罗大众来说，"赛博空间"这个词似乎有些生涩，不如"元宇宙"朗朗上口，看上去似乎也不如元宇宙引人注目。大家不妨这样理解：赛博空间是数字空间的通用表述，是虚拟世界的总称。未来的赛博空间不仅包括来自物理世界事物的数字孪生（虚拟重构），而且包括人类精神世界的数字化产物，甚至包括具有人类智慧的虚拟人。当然，更不排除虚拟空间的数字原生。元宇宙则是赛博空间现阶段的代名词。今天，元宇宙中虽然也有能歌善舞、伶牙俐齿的虚拟人，但这些虚拟人并不具有思考和推理能力，即不具有人类的智慧。

元宇宙作为虚拟现实发展的阶段产物，代表了数字化、网络化、智能化时代下一代互联网环境下的三维沉浸式智能感知与交互体验的技术方向，其技术特点和应用领域仍然无法脱离相关领域的发展和应用，但作为一种更大范围、更高效率、更为友好的虚实互动应用远景，它的兴起和热度必将带动相关技术的发展和产业的应用实践。元宇宙技术的发展可以进一步帮助人类更好地认识和改造虚实融合的世界。根据业内预判，未来超过 90% 的日常活动，如科研、教育、娱乐、会议等，都可以在元宇宙中进行，因而元宇宙和互联网具有同等的重要性，将给经济社会带来巨大的发展机遇。

元宇宙什么时候才能到来？许多专家认为至少 5~10 年，如果达到理想中的成熟形态，甚至需要 20 年、30 年。这是非常中肯的估计，所以当下元宇宙概念过热，难免有投机炒作之嫌。元宇宙这个概念并不重要，重要的是技术的进步。其实我们更愿意相信，业界各方更希望借助元宇宙之风让行之有年的 VR/AR 技术突破实质进展，让久而未至的下一代消费级终端登台亮相，这仍需要大量努力。例如，要想让元宇宙成为现实，需要开发新的标准，创建新的基础设施，可能还需要对长期存在的 TCP/IP 协议进行彻底改革，包括采用新的设备和硬件，甚至可能打破技术巨头、独立开发者和终端用户之间的权利平衡。

今天，许多公司争先布局元宇宙，而且构建了数不胜数的虚拟社交、娱乐环境，致使许多玩家沉浸其中，乐不思蜀。在此，提醒大家注意，社会作为一个有机体，只有保持其合理的结构才能得到健康发展。虚拟社区并不能代替人类正常的交往，它只能是其中的一部分。心理学家米歇尔·威尔说："作为人，我们需要可接触的存在来建立完整的联系，我们需要看到彼此的脸和手势，闻到彼此的呼吸。"科技的发展本来是为了使人们减轻体力甚至部分脑力劳动，然而结果却往往给人们套上了新的枷锁，人再一次在社会中异化。

第4章

虚实世界融合的真谛

在人类发展的历史上，经济是一个古老而又新颖的永恒主题。无论是在农业经济社会，还是在工业经济社会，经济能否健康发展是社会能否实现可持续发展的关键因素。赛博空间（虚拟世界）的出现为经济研究提供了在虚拟现实中模拟的可能，加快了以信息生产、分配、使用为基础的数字经济的发展。赛博空间的建立为可持续发展提供了新的途径。赛博空间是广泛意义上的虚拟世界，当今火爆的元宇宙不过是赛博空间在娱乐、社交等领域的缩影。虽然赛博空间的商业价值已经非常巨大，但其军事意义则远超过其商业意义。正如一位美国学者曾指出："**21 世纪掌握制网权与 19 世纪掌握制海权、20 世纪掌握制空权一样具有决定意义。**"

不了解赛博空间，也就不可能真正理解虚实融合的世界。伴随着计算机、通信、自主感知等技术的产生与发展，人类的生存空间发生了巨大的变化，已经从"现实世界 + 精神世界发展到现实世界 + 精神世界 + 虚拟世界（数字世界）"。抛开精神世界不谈，我们生活的世界则简化成"现实世界 + 虚拟世界"。在实践中我们认识到，虚拟世界和现实世界并不是孤立的，而是相互依赖和相互渗透的。换言之，虚拟世界与现实世界是融合的，构成了一个统一、和谐的整体。研究虚实融合的世界，还原论已经不够了，需要采用系统科学的方法进行研究。然而虚实融合的世界是非常复杂的，加上认识的局限性限制，无法对其进行全面细致的研究（现阶段做不到），只能对其进行适当的简化，即建立简化的模型。通过对模型进行反复的试验，才能更加清楚地认识这个简化的世界，并逐步积累知识，形成对虚实融合的世界的阶段认知。对于出现的新问题，如果无法用已有的知识合理解释，就需要提出新的假设和理论构想。科学就是在猜想和试错过程中不断前进的。

4.1　赛博空间

　　人类生存空间的演进总是与科学知识的积累和科学技术的进步相关联的。在每一个历史时代人类依靠自身知识的积累和智慧的创造力，总会发明用以解决生存问题的科学技术。从有文字记载的历史开始，直到大约一个世纪以前，人类仅能在两个物理域上活动——陆地和海洋，它们具有明显不同的物理特性。在陆地上，除了步行之外，由于技术的进步，有了轮车、犁、马车乃至现代的主战坦克，人类才能充分开发和利用陆地。同样，技术帮助人类建造了各式各样的船只，如划船、帆船、轮船，乃至核潜艇等，人类才能更加充分地开发和利用海洋。一个世纪前发生了重大的事件，人类发明了飞机，从此人类可以在天空中自由自在地飞翔，并且取得了显著的经济、社会效益，尤其是具有重大的军事意义。1957 年，随着第一颗人造地球卫星的发射，人类开始了向第四个领域的开拓进取，尽管外太空的军事和商业利用还不像航空那样无处不在，但它与军事作战以及其他领域的活动有着深刻而重要的联系。在以上四个物理域外，今天人类又创造了第五个域——赛博空间。由于每个物理域都有完全不同的物理特性，只有通过技术的使用才能开发和利用这些特性。

　　赛博空间一词是控制论（cybernetics）和空间（space）两个词的组合，是由居住在加拿大的科幻小说家威廉·吉布森在 1982 年发表于 *omni* 杂志的短篇小说 *Burning Chrome*（《全息玫瑰碎片》）中首次创造出来的。机器与人的混合体"赛博格"（Cyborg）与它有着同样的渊源——控制论。1984 年，在小说 *Neuromancer*（《神经漫游者》）中，吉布森让赛博空间更加具体，主人公凯斯将自己的神经系统挂上全球计算机网络，他使用各种匪夷所思的人工智能与软件为自己服务。吉布森将赛博空间定义为由计算机生成的环境，是一个连接世界上所有人、计算机和各种信息源的全球计算机网络的**虚拟空间**。值得注意的是，吉布森将赛博空间的视觉抽象称为"矩阵"（Matrix）。赛博空间于 1991 年 9 月出现在《科学美国人》出版的《通信、计算机和网络》专刊上，标题为"如何在赛博空间工作、娱乐和成长"。这是"赛博空间"一词的正式亮相！今天，赛博空间已经不再是一个抽象的概念，随着互联网的普及，生活中到处都可以看到它的影子，比如网络游戏、社交网站等。在现实中，这个词则在 20 世纪 90 年代开始流行。它被技术战略家、安全专业人士、政府、军事和行业领导者以及企业家用来描述全球技术环境的领域，通常被定义为代表相互依存的信息技术基础设施的全球网络、电信网络和计算机系统。

　　20 世纪 90 年代以来，一些学者、公司、军事机构纷纷给出赛博空间的定义。然而，时至今日，赛博空间的定义也没能达成共识。其中较为一致的认识是，这一概念应包括电子、电信基础设施和信息系统等部分。美国军队首先使用赛博空间（cyberspace）

取代网络空间（Network Space）。2003 年美国的《赛博空间安全国家战略》（"National Strategy to Secure Cyberspace"）将赛博空间定义为："控制一个国家的中枢神经系统，由成千上万个相互连接的计算机、服务器、路由器、交换机、光缆组成，使我们的关键基础设施得以运转工作。"2006 年，美军参联会出台的《赛博空间作战国家军事战略》（"National Military Strategy for Cyberspace Operations"）认为，赛博空间是一个作战域，其特征是通过互联网上的信息系统和相关的基础设施，应用电子技术和电磁频谱产生、存储、修改、交换和利用数据。2008 年，美国空军在《美国空军赛博司令部战略构想》中，将赛博空间定义为"与陆、海、空、天并列的第五大作战空间，是一个通过组网的系统和相关物理基础设施，利用电子和电磁频谱来存储、修改或交换数据的空间，是电子战、指挥、控制、通信、监视与侦察的媒介"。《美国国防部军事词汇辞典》定义的赛博空间是信息环境内的全球领域，它由独立的信息技术基础设施网络组成，包括因特网、电信网、各种局域网和计算机系统以及嵌入式处理器和控制器。美国国防部对赛博空间的定义是：赛博空间是在全球信息环境中存在的一类领域（domain）的整体，由各自相对独立的信息基础设施组成的网络构成，包含因特网、通信网、计算机系统，以及嵌入网络中的处理器、控制器、设备等。美军对于赛博空间的认识是：以物理域为主的，这个空间不是虚拟的，而是一个非常真实的物理域；它构成了有信息网、武器装备平台、传感器系统、指挥控制网络和人参与的超级时空，由使用电磁能量的电子装置和网络系统组成，贯穿于陆、海、空、天领域而同时存在；是网络中心战实施的主要空间，通过对数据的存储、修改或交换，形成覆盖全球范围的联合作战体系。

百度百科对赛博空间的定义是："赛博空间（cyberspace）是哲学和计算机领域中的一个抽象概念，指在计算机以及计算机网络里的虚拟现实。"维基百科对赛博空间的定义是：赛博空间是全球的动态而且不断变化的领域（domain），其特征是电子频谱与电磁频谱相结合，用于生成、存储、改变、交换、共享信息，提取、使用、消除信息，并可以中断与物理资源的联系。赛博空间集成了大量的实体，包括：传感器、信号、连接、传输、处理器、控制器，不关注实际的地理位置，以通信与控制为目的，形成一个虚拟集成的世界。李耐和在《赛博空间与赛博对抗》中提到："其基本含义是指由计算机和现代通信技术所创造的、与真实的现实空间不同的网际空间或虚拟空间。网际空间或虚拟空间是由图像、声音、文字、符码等所构成的一个巨大的'人造世界'，它由遍布全世界的计算机和通信网络所创造与支撑。"

将上述不同定义综合起来，可以看出，赛博空间不仅仅是计算机和数字化信息。我们总结归纳的赛博空间定义为：赛博空间是信息环境中的全球域，其特征是利用电子和电磁频谱，并通过基于信息技术的相互依赖和相互连接的网络，来创建、存储、修改、交换和利用信息。在这个定义中，那些相互依存和相互关联的信息网络和系统同时驻留在物理空间和虚拟空间，突破了地理边界的限制。其用户范围从整个国家及其组成的要素和共同体，到独立的个人，以及不隶属于任何传统组织或国家实体的跨国团队。

进入和利用赛博空间需要使用各种人类创造的技术，即赛博空间是一个人造的环境。需要注意的是，赛博空间的物理特征来自并能够由存在和发生于自然界的力和现象来描绘。在某种程度上，赛博空间也是一个由特定意图设计创造的环境，其目的是促进人类对信息、交互和相互沟通的使用和开发。赛博空间之所以既不是天空也不是外太空，是因为在赛博空间内"运动"要利用电磁频谱。赛博空间改变了我们创建、存储、修改、交换和利用信息的方式，也引发了我们在其他域行动和使用国家力量方式的变化。

赛博空间是一个概念空间（conceptual space），一种空间理念或主观性空间，而不是一个物理空间或现实空间。赛博空间就像现实的社会一样，这里有图书馆、有商店、有各种各样的东西，人们可以在这里看书、购物，甚至旅游等。但与现实空间不同的是这里没有用传统建筑材料砌成的高楼大厦，也没有纸质的图书馆，而这里的一切都是由比特构成的，赛博空间变成了一个数字化王国。这一王国的突出表现为虚拟性生存和虚拟性社区（群体）。赛博空间依靠计算机源源不断地提供和存储大量的交互信息，可以不间断地构造变化的世界的全息影像，让人长久地沉浸在这些丰富的超现实世界中，同时还能与他人以各种方式交互。相比传统媒介，赛博空间构造的世界广阔、持久、开放、丰富，并且便于人际间的交流，不依赖于个人的心理状态和想象力构建，而是反过来主导着人的心理状态和想象力。赛博空间消解了物理世界的时空距离，超越了现实社会对个体身份和角色的规定，实现了个体的真实自我和潜意识需求。

赛博空间是一个行动空间（operational space），人类及其组织使用必要的技术开展行动并产生影响，无论这种行动或效果是否在赛博空间中，或是扩展到该力量所能涉及的其他几个域或要素。从这个意义上说，它就像其他四个物理域（陆地、海洋、天空、外层空间）。赛博空间让我们创造和使用数字化信息来促进全球经济的发展。在舆论宣传方面，无论对个人、组织还是整个社会，赛博空间都是一个关键的行动媒介。没有对赛博空间的访问，21 世纪战争几乎是不可能的，即使对手仅拥有一点现代技术也是如此。精确打击目标，需要使武器在飞向目标的过程中，具有重新定位目标数据的能力，这依赖于实时从全球定位系统更新数据，这一点只有利用赛博空间才有可能做到。赛博空间区别于其他环境、具有自身特点的真正核心就是使用电子技术创建和"进入"赛博空间，并使用了该空间所特有的电磁频谱的能量和属性。这一物理特性正是该域与其他域区分彼此的关键所在。人类不是利用这些特性和属性驶向海洋或是环绕地球，而是通过电子手段来创建、存储、修改、交换和利用信息。

赛博空间生成系统由三部分组成：物理网络、逻辑网络和网络中的实体。物理网络系统由计算机（包括硬件、软件）、基础设施（有线设施、无线设施、卫星等）和物理连接器（电线、光缆、路由器、交换机等）构成，是信息生成、存储、改变、提取、共享、使用、传输的设备和介质。逻辑网络是物理网络的逻辑表示，不依赖于特定实物。逻辑网络是信息生成、改变、提取、共享、使用、传输的规则和计算机程序，例如因特网域名管理和解析、网站打开和浏览程序。赛博空间逻辑网络的一个简单的例子是托管在多个物理位置服务器上的任何万维网（World Wide Web，WWW）的网站。存在这些服务器上的所有内容都可以通过一个单一的统一资源定位符（URL）来进行访问。赛博空间行为实体由使用网络的个人和其他实体构成。赛博空间行为实体直接与实际的个人或实体联系在一起，并且可能包括与个人和实体相关联的信息，例如个人的真实姓名、电话号码等，或者企业实体的网站域名和基本情况。一个人可以具有多个赛博空间行为实体身份，这些身份的真实程度可能不同。一个赛博空间行为实体可以有很多个用户。因此，在赛博空间内进行个体定位和责任归属是困难的。

构成赛博空间的基本单位是比特，表现形式为数字"0"和"1"。尼葛洛庞帝认为："比特没有颜色、尺寸和质量，能以光速传播。它好比人体内的 DNA 一样，是信息的最小单位。"赛博空间的本质是以数字化的形式展现出来的，人们在赛博空间里的活动也是以数字信息为基本活动单位的。因此，我们在赛博空间里面的生存方式可以被称为数字化生存或比特生存，即人类虚拟化生存。现在这种数字化生存的方式已经成为人们日常生活的常态，正在重构我们的日常生活空间，所以我们现在所生存的时代是数字化或者比特化的时代。

时空的虚拟化是人类虚拟化生存的重要存在方式之一，表现为虚拟化生存中的时空变迁。与物理时空不同，虚拟时空既没有物理时空的广延性和距离感，也没有物理时间的一维性和不可逆性，实现了对人类时空的重组，表现为流动的空间和无时间之时间。与物理空间不同，虚拟空间没有了距离、界限等各种物理限制。人类在虚拟空间中的存在方式处于一种流动性的状态之中。人们可以随意地从一个节点跳到另一个节点，从一个文本跳到另一个文本，从一个页面跳到另一个页面。同时，流动的空间诱发了无时间之时间。无时间之时间是虚拟时间的呈现方式，它并不是指时间消失了，而是指文字、声音、图像等信息以数字化的方式组织和传播的时候，时间好像消失了，呈现为可控性、可逆性、即时性等特点。正是这种"流动的空间和无时间之时间"造成了时空的压缩。在虚拟时空中，人们可以与全球范围内任何一个地方的任何一个人进行第一时间的互动与交流。

既然构成赛博空间的基本要素是数字和比特，而数字又是与原子对应的一种虚拟符号，那么赛博空间就是与物理空间相对的一种虚拟实在。"虚拟"是指事实上或名义上不存在，但是在意义上或效果上存在的东西。"实在"是指客观存在的事实或实体。如果把"虚拟"和"实在"两个词分开理解，我们就会发现它们是相互矛盾的。如果把它们并在一起就体现了虚拟实在的内涵，即在意义上是存在的，而事实上却不存在的事实或实体。从虚拟实在的内涵我们不难看出，传递意义是虚拟实在的一个重要功能，而意义又是人类所独有的。因此，虚拟实在一定与人的参与密切相关。

赛博空间的实在性体现在赛博空间与物质世界或物理空间有相互作用。①计算机的硬件与软件是相互作用的，如果两者之间不能相互配合，计算机就不能正常或有效运行。计算机硬件组成的是一个物理空间，而软件则成为赛博空间的一部分，因此物理空间与赛博空间是相互作用的。计算机病毒实际上也是通过控制电路多次重复作用于同一物理空间或物理地址，就可能使该物理空间发生损坏，即导致存储器的物理介质发生损坏。②人成为沟通物理空间与赛博空间二者的中介。人是精神与物质的统一体。当人在网络上工作时，一方面，人处于物理空间中；另一方面，人又处于赛博空间中。此时，人是二者相互作用和联系的中介。

知识可以通过赛博空间对现实世界产生影响，甚至改变物质的实在状态。以计算机与多媒体为中心发展起来的新型的人机交互式计算机系统，即虚拟现实系统创造了虚拟实在——一种新的实在形式。在这里，知识与技术得到了极好的结合，知识制约着虚拟实在，知识创造了实在。赛博空间中的实在更是知识参与的实在，是一种开放实在。在赛博空间中被利用的是知识，因此从某种意义来说赛博空间的诞生不仅影响人与人之间的文化交流，而且影响着人与自然的关系。赛博空间对人类知识传播的影响体现在知识的传播由口述、书面、广播、电视转变为赛博媒体，构成了赛博空间中知识传播和交流的基本工具。它们不但使知识的传播更加方便、快捷，而且实现了知识交流的无中心化，使少数人垄断知识的圣人模式受到了严重的冲击。赛博空间作为人类用知识创造的新型空间，它一定是处于科学技术的前沿领域。

赛博空间的主要特点包括：人们的意识可以摆脱物质身体的束缚而在赛博空间独立存在和活动；赛博空间可以突破物理世界的限制而穿越时空；赛博空间由信息组成；未来人机耦合的电子人（赛博格）、虚拟人可以在赛博空间中获得永生。

（1）赛博空间的每个网络系统是人造的，不断变化的；

（2）赛博空间的每个网络系统具有物理的、逻辑的、社会的属性；

（3）整个赛博空间是无界的，遍及陆地、海洋、天空和太空；

（4）在赛博空间流通、传递的内容是信息（包括文字、图片、音频、视频等）；

（5）赛博空间的信息传递极快，接近于光速；

（6）赛博空间的"域"与传统战争的"域"相互独立；

（7）赛博空间的各种要素都在同时运行，错综复杂、千变万化；

（8）相对于传统的战场，赛博空间成为全球的新战场；

（9）地球、人类、赛博空间已经融为一体。

　　根据约翰·L. 卡斯蒂（John L. Casti）在《虚实世界——计算机仿真如何改变科学的疆域》中的观点，赛博空间的模拟涉及三个世界（真实世界、数学世界和计算机世界）并经过观测、建构和再现一系列演化的结果。其形成过程不仅是多媒体模拟技术和分布交互式模拟技术，亦即不仅是对真实世界的事物 A 进行观测，并将观测量转换成数学世界中的数据，然后通过协议自由交互使用的结果，更是灵境模拟（虚拟现实）技术，即在真实世界中，利用数据流确定的参数，生成具有光影和声音等能够被感知的感觉特性，使人获得与事物 A 一致的感觉的结果。现实世界对象的时间性、空间性或能量性等可直接或间接地由可观察量构成的特点，经过计算机数字处理，可以把现实中的事、物和人生存、交往等各个领域符号化，最终虚拟化而构建成赛博空间。这里的关键在于，利用三维立体世界和多维用户界面，使它高度逼真地模仿了人在自然环境中的种种感知，从而形成虚拟环境。置身该环境的人，通过各种传感设备与其交互作用，从而达到彼此融合的程度，实现主体的投入性和交互性，产生身临其境的感觉。赛博空间的虚拟技术与其他计算机图像技术的不同之处：一是它们还能够传达多种感知信息（声音、触觉）使环境更具真实感；二是交互作用。因此，赛博空间虚拟性的奥妙之处在于它从身体感官和知觉等感性层面进行仿真，通过精致的三维图像精确地再现了数据所记录的现实世界，呈现给人们一个沉浸与出位并存的新世界。可见，赛博空间"它的一只脚在物理器件和光影流转的真实世界，另一只脚则在抽象的世界之中"。

　　赛博空间从有限的真实世界扩展到无限的虚拟世界，这并非违背了科学的本性，它依然按照其科学发展内在的本质继续沿着"求真"的道路前进。赛博空间不是简单的、一维的演进，而是探讨虚拟世界的真实与规律所面临的新课题。它实质上是将虚拟"拉"回到现实，是将可能世界现实化处理，是将不可能世界在设定的范围内约束为可能世界。例如，人类移居到没有阳光、空气和水分的星际空间生活在现实世界中是不可能的，但在虚拟世界中则是可能的，其约束条件是通过生物工程和基因重组技术改变人类的生物遗传特性和生理特性。

　　由于赛博空间的不断发展壮大，赛博空间的各个方面都越来越多地充斥着噪声，给用户或者应用程序提供了大量毫无意义的随机数据。以垃圾邮件或者那些主动推送的通常带有商业推销信息的电子邮件为例，此类邮件在所有邮件中所占比例由 2003 年的约 30% 上升到今天的超过 80%，并仍在继续上升。赛博空间噪声的另一种形式是网站上弹出的乱七八糟的广告。搜索引擎的搜索结果里也往往包含着噪声，无论是由于搜索引擎软件匹配错误导致的，还是一些网站蓄意欺骗搜索引擎以便能被包含到搜索结果中。自动的网络"爬虫"程序在互联网上反复搜索，找到可以填充的网站，然后就将他们的广告或政治性信息填充进去。在充斥着噪声的赛博空间里，去寻找一条信息就如同大海捞针一样困难，而且随着噪声的增加，还将越来越难。

对于赛博空间而言，安全是重中之重。赛博世界并不安全，赛博的每个层次（物理设施、运行软件、信息和人员）的安全性都易遭受破坏，无论是通过攻击、渗透，还是事故。随着技术的日趋融合，基于互联网的系统成为赛博空间中发展速度最快的部分之一。互联网上每天都会发生各种形式的赛博攻击，从病毒感染到涉及数百万用户的大规模自动化信用卡盗窃等。21 世纪初，互联网上占主导地位的威胁制造者逐渐从某些零散黑客和一些孤立的网络罪犯转变成有组织的犯罪集团。当前，主要的威胁来源将再次发生转变，可能会走向由国家或某些庞大组织支撑的大规模攻击，这些攻击试图造成严重的破坏。

4.2　赛博格

赛博格（cyborg），又称电子人、机械化人、改造人、生化人，即是机械化有机体，是把无机物所构成的机器作为有机体（包括人与其他动物在内）身体的一部分，但思考动作均由有机体控制。通常这样做的目的是借助人工科技来增加或强化生物体的能力。赛博格一词起源于 20 世纪 60 年代。1960 年，美国航天医学空军学校的两位学者曼弗雷德·克林斯（M. E. Clynes）和内森·克兰（N. S. Kline）在《赛博与空间》一文中首次提出"赛博格"这一概念。这两位科学家从"cybernetic"（控制论的）和"organism"（有机体）两个词中各取前三个字母构造了一个新词"cyborg"。他们提出为了解决人类在未来星际旅行中面临的呼吸、新陈代谢、失重以及辐射效应等问题，需要向人类身体移植辅助的神经控制装置以增强人类适应外部空间的生存能力，由此带来"赛博格"这个概念。赛博格后来被定义为人的身体性能经由机械拓展进而超越人体限制的新身体（人机系统）。跟机器人不一样，赛博格强调由人脑进行思考，并通过机械配件带来能力增强。美国女权主义理论家唐娜·哈拉维给"赛博格"下的定义是："一个控制有机体，一个机器与生物体的杂合体，一个社会现实的创造物，同时也是一个虚构的创造物。"赛博格模糊了人和机器的界限，也模糊了自然与非自然的界限。哈拉维认为，既然我们都已经接受了身体的技术化，接受了通过生命科学的参与来改变身体，我们就已经是生物技术的存在了。所以根据这样的定义，任何与机器相融合的人体似乎都可以被称作"赛博格"了。

一直以来，人们对于"赛博格"都还只是停留在想象的阶段，毕竟在智能技术还不够完备的年代，与机器结合更像是一种异想天开的想法。而随着科技的进步，"赛博格"开始以一种前所未有的速度进入人们的现实生活。英国科学家彼得·斯科特·摩根则在其中作出了创造性的贡献。2017 年，彼得被确诊患有渐冻症，医生告知他只剩下 6 个月的寿命。不愿认命的彼得决定借助科技的力量，成为世界上第一个"赛博格"。

2022 年 6 月 15 日，在患上渐冻症 5 年之后，彼得去世。作为世界上第一位"赛博格"，彼得的离世也将"赛博格"这个看起来相当科幻的概念再度带入人们的视野。从彼得 1.0 到彼得 2.0，彼得展现出了科技时代下人机混合的新的可能，也带着随之而来的科技伦理问题为未来的人机混合打开了一个风光与风险并存的大门。

赛博格技术的出现，再次让人机协作成为可能，人类能够使用机器装置替换他们太过脆弱的身体，并将超级计算机用作"智能放大器"，拥有和 AI 一样的脑力，还能让人类可以避免 AI 机器人脱离人类共同轨道，实现一些无论是人还是人工智能无法独立完成的事情。在最尖端的现场，用机械替换部分大脑机能的赛博格技术，也在飞速发展，在疑难病症的治疗中，取得了显著的效果。如今，这项技术已经用于治疗忧郁症、强迫症等疾病，正试图闯入调整人类内心世界的领域。在有关电子人的设计中，最重要的部分是连接有机身体和延伸假体的信息通道。这种设想提出一种新的信息观念，把信息视为某种无形的实体，可以在以碳元素为基础的有机部件和以硅元素为基础的电子部件之间相互流动，从而使碳和硅就像在同一个系统中运行。一旦信息摆脱载体的约束，将人类和计算机相提并论就会特别容易。

当下，赛博格离我们也并没有想象中那么遥远。毕竟，从赛博格的定义来看，任何嵌合人体与无机体的自循环系统都是赛博格。例如，外骨骼、人工耳蜗、心脏起搏器等。美国国防部十分关注这项技术的发展，并在研究上投入了巨额资金。对能使手脚力量增加十倍的强力外套，使听力、视觉大幅提高等，不怕死的赛博格士兵的研究，也正在进行中。把大脑和计算机直接连接，只凭心想就能操作所有机械、也就是武器的研究，也正向实用化迈进。

当然，相对遥远的赛博格，则是近年来非常热门的脑机接口。脑机接口作为一种不依赖于外周神经和肌肉正常传出路径的通信控制系统，可以采集并分析大脑生物电信号，并在计算机等电子设备与大脑之间构建交流与控制的直接路径。2017 年，马斯克成立脑机接口公司 Neuralink，更为脑机接口发展添了一把火。2019 年，马斯克和他的 Neuralink 团队发布了首款产品，即"脑后插管"新技术产品——通过一台神经手术机器人，像微创眼科手术一样安全无痛地在头上穿孔，向大脑内快速植入芯片，然后通过 USB-C 接口直接读取大脑信号，并可以通过 iPhone 控制。2020 年，马斯克又在发布会上展示了关于脑机接口的新成果，其中包括简化后如硬币大小的 Neuralink 植入物和进行设备植入的手术机器人。与初代设备相比，置入步骤并没有相差很大，但升级版的脑机接口尺寸更小，性能更好，和 Apple Watch 等智能手表一样能够待机一整天，在睡觉时无线充电。

从某种意义上说，当我们与机器的联系越来越紧密时，我们把道路的记忆交给了导航系统，把知识的记忆交给了芯片，甚至两性机器人的出现帮助我们解决生理的需求，于是在看似不断前进的、更为便捷高效的生活方式背后，身为人类的独特性也在机械的辅助下实现了不可逆转的"退化"。我们能够借助科技所做的事情越多，也就意味着在失去科技之后所能做的事情越少。

人类个体的机械化的目标并不难理解：超越自然的束缚，规避死亡的宿命，实现人类的"下一次进化"，但同时也意味着对自然存在的背离。矛盾的是，人类在恐惧植入机械将自己物化的同时，却在根本上忘记了物化与不朽本就是一枚硬币的两面，而生命本身的珍贵，或许正在于它的速朽。在拒绝死亡的同时，我们同时也拒绝了生命的价值；在拥抱数字化改造、实现肉体进化的同时，人类的独特性也随着生物属性的剥离而消失。

无法消除人们的担心与忧虑，正如 15 世纪中期，印刷机的问世让人们担忧书籍滥印会摧毁人们的信仰；20 年前，互联网的出现让人们忧虑信息革命会导致社会伦理的失序；如今，新的科学技术再一次引起人类的担忧……印刷术摧毁了信仰，也吹散了宗教对人的蒙蔽；互联网提升了人类的生活水平，也将人类囚禁于算法搭建的数字茧房。无论是利大于弊，还是弊大于利，新的科技早已润物细无声地渗入了我们的生活。我们相信，赛博格终将成为虚实融合世界中的要素，发挥其人机融合的功效和作用。

4.3　虚拟人

元宇宙世界还没有到来，作为元宇宙第一批原住民的虚拟人（virtual human）已经出现在人们的视野中，前有精灵可爱的洛天依在 2022 年"相约北京"奥林匹克文化节开幕式和 2021 年中央电视台春节联欢晚会的舞台上放声歌唱，后有柳夜熙在抖音短视频平台坐拥 800 万以上的粉丝，A-SOUL 在哔哩哔哩拿下 Keep、肯德基、欧莱雅等品牌的联动机会。虚拟偶像、虚拟主播的成功出圈也让虚拟人在商业上的价值得到认可。

"虚拟人"这一词是在医学领域上最先使用的，20 世纪 80 年代，人类医学发起了一系列针对人体的研究计划，包括基因组计划（human genome project，HGP）、可视人类计划（ visible human project，VHP）、虚拟人类计划（virtual human project，VHP）、人类大脑计划（human brain project，HBP）等，"虚拟人"一词就从此而来。最初的虚拟人定义如百度百科给出的：虚拟人，指通过数字技术模拟真实的人体器官而合成的三维模型。这种模型不仅具有人体外形及肝脏、心脏、肾脏等各个器官的外貌，而且具备各器官的新陈代谢功能，能较为真实地显示出人体的正常生理状态和出现的各种变化。按照目前一般的看法，只要能动起来，有表情等设定，跟真人能够交互，都应该纳入虚拟人的范畴。随着 2021 年元宇宙的爆发，虚拟人与元宇宙的结合才让虚拟人真正火起来，如虚拟歌手洛天依、抖音的柳夜熙。今天提到的虚拟人、数字人、数字虚拟人均是指由计算机图形学技术（computer graphics，CG）构建、以代码形式运行的拟人化形象。

简单来说就是通过 CG 等建模技术创造出与人类形象接近的数字化形象，并赋予其特定的人物身份设定，在视觉上拉近和人的心理距离，为人类带来更加真实的情感互动的形象。随着 CG、动作捕获、AI 等技术不断更新，虚拟人在各个领域的应用也越来越普及，并且也衍生出了不同类型的虚拟人。实际上，我们在网络上看到的虚拟网红，其各种人设和行为无一不是提前排练好的，按照剧本来演的。本质上我们在前台看到的这类虚拟人，都仅仅是其背后整个团队设计的一个具象化体现。当然，这样的虚拟人并不是我们要研究的虚拟人，百度百科给出的定义描述的虚拟人还停留在计算机生成的三维模型层面，是一种不包含思想、自我意识的数字三维实体，或者说是没有一点"灵魂""死的"数字人，尽管他（她）可以运动，能够模拟新陈代谢。虽然最近两年出现了部分虚拟人可以通过面部表情、肢体动作驱动，还有语言学背景的人进行语音合成、语音转换的相关算法研究支持，但是他（她）不具备认知能力，也不能像人类一样思考。此类虚拟人与笔者构想的虚拟人（avatar）有着天壤之别。

笔者认为，虚拟人不是一个常规意义的有血有肉的人，而是一个综合了多类技术而形成的，生活在虚拟的数字世界中的"人"。虚拟人本质上是对人的一种模拟。对"人"这个概念的解构，能帮助我们更好地认识虚拟人。灵魂和身体、灵与肉，这是组成人类生命的两个部分。灵魂属于"无形"的部分，例如我们的感知、意识、知识、情感等；身体则是指"有形"的部分，例如身体躯干、四肢等。虚拟人代表生命的"无形"的部分。同时，虚拟人是人类自身在虚拟空间中的化身。2009 年，詹姆斯·卡梅隆执导的科幻电影 AVATAR（《阿凡达》）横空出世，男主人公杰克借助一套复杂的类似太空舱的设备，将自己的"灵魂"在人类身体和在潘多拉星球的化身之间"穿梭"。男主人公大部分时间都是用化身在活动，并最终选择了化身。经过卡梅隆的升华，AVATAR 从计算机世界的"头像"升级到了第二层意思：化身，也更贴近其梵文本意。还没有哪个词汇比 AVATAR 更能说明"化身"这个概念了。

几年前，美国知名生物制药公司联合治疗公司创始人兼 CEO 玛蒂娜·罗斯布拉特出版了颇具争议的《虚拟人》一书。在书中，她描述了一个由人类及其思维克隆人（Mindclone）组成的世界。这些思维克隆人将与其原型一起生活，但独立行动、判断、思考、感受、记忆和学习，他们是技术上的非人类，不会死亡（"他们"可以借用原型留下的数字化遗产，在原型死亡后很久才创造出来）。换一种说法，人类将超越身体的物理界限，实现人类思维、意识永生不死！通过思维文件、思维软件、思维克隆人及思维克隆技术等核心概念，玛蒂娜·罗斯布拉特向我们展现了一幅人类未来思维永生的大图景。

思维克隆人将成为最早期的网络意识存在。它们可以使用人类的声音、语调，搭配具有人类面部特征的可视形态——无论这张脸是电脑显示屏上的高清人脸，还是 3D 打印出来的人类面庞，未来它们都能通过计算设备说话。思维克隆人的心理状态将会与自己的生物学原型保持一致。人们已经将越来越多差异化的信息上传到目前还在不断迭代的基本思维文件里（比如微博、抖音、朋友圈等），这其中包括梦境、食物偏好、回忆、想法，以及之前从未表露过的意见。简而言之，我们已经拥有了数字备份。尽管它们还没有意识，但已经是一种存在。这些数据至少能反映出一些人类的特性。与之相伴的是一种强大且可访问的软件系统的发展，即思维软件。我们可以使用思维软件收集这种心理状态，思维软件能够专业地分析生物学原型曾经发生过的社交网络状态、互动、视频，以及其他能够反映一个人状态的思维文件。思维软件将会激活思维文件，即你的思想、记忆、情感和观点的数字文件，并对由技术驱动的思维克隆人产生作用。当思维软件处理思维文件时，输出结果就是创造思维克隆人。思维克隆人是指身体为机器人，而意识或者说是思想是移植正常人类的大脑而构成的人造人。思维克隆人通过个人的思维、回忆、感觉、信仰、态度、喜好以及价值观创造而出。思维克隆人具有人类级别意识的存在，可以复制思维文件中的固有意识，是一个人身份的数字二重身和数字延伸。思维克隆人将成为有说服力的、表现得像人类一样的网络意识，因为它将能够像自己的人类意识原型一样去思考和感受。

虽然目前还没有"有生命的"或有意识的网络系统，用户死后替代用户在媒体上发布消息的工具还十分简单，它们做的不过是分析用户发布过的信息，并据此来创造新的发布内容。如果这些软件工具能够达到思维软件的复杂程度，那么结果就会截然不同。因此，许多数据公司已经在使用智能算法来辨识潜藏在消费者留下的海量数据中的模式，这是虚拟（网络）意识的基础版本，因为根据掌握的模式做出"行为预测"这一技术还很不完善。10 年内，记录你的行为的无数数字化样本所创造出的思维文件会非常详尽，无论这些样本你是否知晓、是否授权或是否参与其中。而且，这些数字样本正在变得更加准确。例如，Turnstyle Solution 这家总部位于多伦多的公司已经在多伦多市中心半径 1km 内的 200 余家本地商户部署了大量的传感器，希望通过追踪智能手机 Wi-Fi 信号来记录消费者行为。通过这一举措，Turnstyle Solution 能够了解到市中心大约 200 万居民的行为习惯，包括他们去哪家酒吧、去哪里买牛奶，以及他们喜欢哪家体育馆。随着信息的营销收益变得更具价值，会有越来越多的公司在公共空间追踪人们的行为。如果能够获取你的思维文件，一个专家团队或许能像你了解自己一样，几乎了解你的全部。他们将能够预测你可能会对一则新闻作何反应，预测你在一次选举中如何投票，理解你可能会跟朋友分享的圈内笑话，以及在一天中的任意时间点你可能会想谁。

如今，有许多公司已经在使用大量有关你的数字信息，来向你兜售商品，并且向你进行营销和投放广告。例如电商平台成功的商品推荐服务，它会根据你过去的购买行为进行推测，并推荐你未来可能会购买的商品。对军队而言，网络意识解决了"消灭敌人的同时减少伤亡"这一难题。通过将自主性灌注进机器人武器系统，这些武器将能够更有效地处理战场上可能出现的无数不确定性。若想把对所有特定情况的特殊响应都编程写入移动机器人系统是不现实的。同理，若想根据机器人系统对远程指挥基地传回的视频去远程操纵每一台机器人，也会大大降低系统的工作效率。在理想情况下，机器人可以获得各种传感器输入（音频、视频、红外线），以及一系列用于决策的算法，以便在面对未知地形和敌对力量的情况下，更好地完成指令。

对于人类而言，网络意识第一次让人能够以一种技术不朽的形式永远生活在现实世界。网络意识虽然仍处在初期发展阶段，但正迅速朝着更为精妙和复杂的方向发展。一旦我们掌握了将个人独特的心理状态进行数字化表示的方法，这些信息就将被解释成一个操作系统（即思维软件）的参数设定，复制品的可信度取决于它能够获取到的生物学原型的记忆量。

我们权且相信真的可以创造思维克隆人，未来的科学技术总会帮助人类找到这样或那样的途径。人类在努力创造具备意识的软件的同时，也在探索各种途径去选择一些特征，以便让软件能够像人类意识一样自然。不管思维软件在思维文件提取思维克隆人的过程看起来有多么魔幻，我们将会面临很多的技术难题。思维克隆人的创造过程也必将是一个不断试错的过程，也可能一错再错，直至最后的成功。尽管网络生命、数字生命进化的速度比人类要快得多，我们还是不知道虚拟人的问世需要多久，但我们坚信理想中的虚拟人一定能被人类创造出来，它将成为虚实融合世界中的重要成员，也必将为人类美好新世界的构建作出巨大贡献。

4.4　虚拟世界与现实世界的辩证关系

现实世界是存在于人脑之外的客观世界，事物及其相互联系就处于现实世界之中，它是可感知的世界。事物可以用"对象"与"性质"来描述。人类认知意义上的现实世界指的实际上是我们五官可感知的环境，并非绝对客观。世界的本质并不由人类的认知决定，所以绝对现实和绝对虚构皆不合理。现实世界主要是以人与物的关系为主，人与人的关系要以物作为媒介，因此构成了一个人—物—人的关系。

计算机系统（网络化）带来了人类现实存在的虚拟化，生存方式的虚拟化导引出了人类从未体验过的虚拟世界，而虚拟世界正潜在地改变着人类现实的实践活动，由此便引发了虚拟与现实之间的矛盾。

首先，虚拟与现实之间的矛盾具有统一性，其统一性主要表现为以下三个方面：一是来源上的统一性，虚拟是从现实中发展而来的，因此它们之间完全有可能实现矛盾的和谐统一。当虚拟尚未从现实中产生的时候，这是一种"肯定"状态；当虚拟从现实中产生出来并与现实形成对立关系时，这是一种"否定"状态；这种"否定"状态进一步发展就有可能达到"否定之否定"的状态，即虚拟与现实的和谐统一。二是结构上的统一性，虚拟是广义上现实的有关组成部分，因此它们之间有可能实现和谐统一。一般而言，部分与整体总是相对和谐的。如果某个部分完全不同于整体，那么它就不可能是这个整体的一部分；如果某个整体完全不容纳部分，那么它就不可能是包含了这个部分的整体。部分与整体之间的这种天然的和谐关系决定了虚拟与现实是有可能和谐统一的。三是相互作用中的统一性，虚拟与现实各个方面的相互作用也为虚拟与现实的和谐统一提供了可能性。虚拟与现实之间的相互构建、相互渗透、相互补充、相互影响和相互转化都从不同方面说明了虚拟与现实之间没有不可逾越的鸿沟，虚拟与现实的和谐统一是完全可以实现的。所以，从相互作用上讲，虚拟与现实的和谐统一实质上是"彼"与"此"的辩证统一关系。

其次，虚拟与现实矛盾的和谐统一是在虚实之间的交互作用中实现的，也可以说是在虚拟与现实之间的博弈中实现的。但是，虚拟与现实矛盾的和谐统一只能建立在正和博弈的基础之上。从博弈论的角度来看，虚拟与现实之间存在着三种可能的博弈模型。第一种是负和博弈，即虚拟世界与现实世界之间由于强烈的冲突而两败俱伤。第二种是零和博弈，即虚拟世界与现实世界双方在博弈的过程中一方获胜、一方落败。获胜方所得的正好是落败方所失去的。这其中既可能是虚拟世界占了现实世界的上风，也有可能是现实世界占了虚拟世界的上风。但是无论是虚拟压倒现实还是现实压倒虚拟，其实都是整个世界内部的一种自相残杀，它们对于整个社会来说都没有任何促进作用。第三种是正和博弈，即虚拟世界与现实世界在博弈过程中通过化敌为友、良性互动等方式实现双赢。在正和博弈之下，不仅虚拟世界和现实世界各自都得到了发展，而且它们各自的发展是互补对抗且相互促进的，这就是虚拟与现实的和谐统一。只有正和博弈才能带来虚拟与现实的和谐统一。虚拟与现实之间正和博弈的前提就是虚拟与现实之间关系的性质是良性的。

最后，实现人的主体性价值有助于形成虚拟与现实矛盾的和谐统一性。虚拟是人的重要方面，人的现实性和虚拟性是人的经验和超验二重性的特殊表现。既然人有现实的方面、现实的需要以及虚拟的方面、虚拟的需要，那么实现人的主体性价值就不仅仅考虑人的现实方面和现实需要，也应该考虑人的虚拟方面和虚拟需要。只有全面地理解人和人的需要，人的主体性价值才有可能真正成为现实。因此，人的虚实二重性是虚拟与现实矛盾和谐统一的人性根据。实现人的主体性价值就必须全面把握人的虚实二重性，这样才能满足人的全面发展这一需求。所以，实现人的主体性价值和虚拟与现实矛盾的和谐统一是相互促进的。

虚拟与现实的矛盾性是虚拟与现实矛盾和谐统一的前提所在，虚拟与现实的同一性是虚拟与现实矛盾的和谐统一的基础所在，虚拟与现实的对立性是虚拟与现实的和谐统一的必要性所在，虚拟与现实的统一性是虚拟与现实矛盾和谐的可能性所在。虚拟与现实的和谐不是一种与生俱来的先验状态，也不是一种一劳永逸的永久状态，虚拟与现实的和谐统一这一价值目标的实现需要人类的明智选择。如果我们选择了有利于虚拟与现实的和谐统一的虚实关系，选择了有利于虚拟与现实矛盾的和谐统一的发展观和发展模式，那么虚拟与现实的和谐统一就有可能实现。为了实现虚拟和现实的和谐统一，我们应该也必须选择全面的发展而非片面的发展，协调的发展而非失调的发展，可持续的发展而非暂时性的发展，有利于人的主体性价值实现的发展而非不利于其主体性价值实现的发展。

虚拟和现实两个世界的融合将极大地改变人类的生产和生活方式，将为人类创造更多的知识、财富。这些知识和财富将进一步促进科学技术以指数级方式增长，未来指日可待。

4.5　一体两翼：虚实融合世界的释义

1952 年年底，我国土地改革基本完成，恢复国民经济的任务顺利实现，党中央及时决定从 1953 年开始实行发展国民经济的第一个五年计划。计划的主题是国家工业化。同时，我国社会生活中也出现和积累了一些新的矛盾。这样就把对国民经济实行系统的社会主义改造任务提到了日程上来。正是在这样的背景下，党中央经过一年的酝酿，形成和提出了党在过渡时期的总路线，即"从中华人民共和国成立，到社会主义改造基本完成，这是一个过渡时期。党在这个过渡时期的总路线和总任务，是要在一个相当长的时期内，逐步实现国家的社会主义工业化，并逐步实现对农业、对手工业和对资本主义工商业的社会主义改造"。"一体两翼"出自《人民日报》1954 年发表的元旦献词。在元旦献词中，对党在过渡时期的总路线有过一段通俗易懂的解释："好比一只鸟，它要有一个主体，这就是发展社会主义工业；它又要有一对翅膀，这就是对农业、手工业的改造和对私营工商业的改造。一体两翼是不可单独进行分离的，而且缺一不可，互相依存，是我们发展工商业、解放生产力的重要路线。"从那以后，"一体两翼"在各行各业的战略规划、行动纲领等文件中频繁出现，在新闻报道、媒体宣传的文章中也屡见不鲜。

一个目标、一种模式、一个系统（小到一个平板、一部智能手机，大到地球、银河系、整个宇宙）等都可以概括为"一体两翼"，只要可以清晰地描绘出何谓"一体"、何谓"两翼"。当然，"体"和"翼"都是比喻，"一体"并不一定是真正的身体，"翼"也并不一定是真正的翅膀。关键在于"一体"和"两翼"如何形象地构成均衡的、对称的一只鸟。我们把"一体两翼"描述的对象看作是有生命的、智能的有机整体，并且一直在演化。

　　融合，顾名思义，就是把不同的事物合成一个整体。简单地讲，虚实世界的融合就是把虚拟世界（赛博空间）和现实世界（物理空间）合成一个整体。通过分析研究和反复对照，笔者认为"一体两翼"用来描述虚实融合的世界是非常贴切的（如图 4-1 所示）。在虚实融合的世界中，"一体"指的是连接物理世界，生成虚拟世界，并将二者有机整合的智能化的网络平台，该网络平台拥有智能主体（由人和智能机器组成，未来还可包括虚拟人），类似于人

图 4-1　"一体两翼"示意图

的"大脑"或群体的"超脑"，依据物理系统反馈的信号，进行智能化的自主决策，并给"两翼"发布新的执行指令。"两翼"指的是现实世界（由物理实体组成）和虚拟世界（由数字模型组成），"两翼"根据智能主体的指令协同工作，即像鸟儿一样在天空中自由地飞翔。

　　为了深入理解虚实融合的世界，可以从多个角度进行观察，笔者认为虚实融合世界具有的特征如下（但不限于此）。

1. 虚实融合的世界是连续与离散混合的系统

　　虚实融合的世界是集成物理能力和计算能力的系统，可以通过多种方式与人进行交互。虚实融合的世界包含计算机控制决策，所以是离散的。离散系统是以分段连续发生的、基于事件的方式改变其状态的系统（也包括离散时间系统，因为它们是离散事件系统的特例）。虚实融合的世界也是连续的，因为它们沿着描述运动或其他物理过程的微分方程演化。连续系统是在时间上连续运行的系统，其中输入、状态和输出变量均为实数值。混合系统的典型示例是智能制造中的 CPS，其中计算系统是离散的，而物理系统是连续的。

2. 虚实融合的世界是复杂自适应系统（complex adaptive system，CAS）

　　虚实融合的世界是复杂的、开放的、自适应系统。复杂性体现在连接了成千上万种智能装备，采用了数不清的人工智能算法（软件）、大量的建模与仿真系统，并且还有人在回路中（未来可包含赛博格、虚拟人），构成了庞大的多层次、虚实融合、群体智能的网络系统。开放性体现在系统运行中有大量的信息、能量和物质交换。自适应体现在系统由多个主体（agent）组成，自主响应环境变化。

　　系统主体可以自动调整自身的状态、参数以适应环境，或与其他个体进行合作或竞争，争取最大的生存机会或利益，这种自发的协作和竞争正是自然界生物"适者生存，

物竞天择"的根源。这同时也反映出 CAS 是一个基于主体不断演化的系统。在这个演化过程中，主体的性能参数在变，主体的功能、属性在变，整个系统的功能、结构也产生了相应的变化。为了实现自适应，反馈回路是高度动态交互过程的必要元素。

系统具有有效管理知识及其能力，从而在连续且不可预测的变化环境中表现良好和充分。系统能够从观察到的结果中学习，并将其与期望的结果进行比较。系统可以从详细案例的观察中学习到一般性的原理，并且可应用一般行为式样来指导在新环境中作出决策。系统具有自组织能力，它们可以在没有中央或外部管理的情况下，以新的结构来组织内部部件和功能。

3. 虚实融合的世界可以构成体系（system of system，SoS）

国际标准化组织（International Organization for Standardization，ISO）给出的 SoS 定义（ISO 2018）为：SoS 是一组相互交互的系统，用以提供其组成系统独自无法实现的独特的功能。由于 SoS 中包括的复杂系统通常都是独立于 SoS 进行开发和部署，并且持续演进以满足特定用户不断变化的需求，因此 SoS 的开发不同于典型的系统，并影响 SoS 的实施。在当今高度互联的世界中，我们周围存在的 SoS 涉及各行各业。尽管每个领域内的 SoS 都可能有其独特的变体，但已识别的 5 个关键特征可表明系统与 SoS 之间的明确区别，包括组成系统的运行独立性、组成系统的管理独立性、地域分布性、演化发展和涌现行为。

虚实融合的世界是由多层次的复杂系统组合而成的，集成后的体系具有其组成要素不具备的独特的功能，符合 ISO 给出的定义，并且它具备体系的 5 个关键特征，可以确定虚实融合的世界是体系（SoS）。

4. 虚实融合的世界是软件密集型系统（software-intensive systems，SIS）

我们不妨将创建虚拟世界的系统称为虚拟现实生成系统。虚拟现实生成系统包含各种类型的软件系统，包括嵌入式软件、计算机操作系统、计算机语言 / 工具、各类学科设计分析软件、建模与仿真软件、系统架构设计平台（工具）、各类数据库、大数据采集处理软件、各类人工智能算法，以及其他软件。虚实融合的世界中包含的软件多如牛毛，难以胜数。虚实融合的世界是由多个复杂系统组合而成的，这些系统由不同的开发商开发，在体系的开发过程中还会有新的系统产生，故而给整个体系的集成带来了极大的挑战。从一开始就对所有加入的系统进行统一设计是不可能的，也没有必要。为了实现整个软件系统的无缝集成，还需要额外开发一定数量的接口。显而易见，虚实融合的世界是软件密集型系统。

5. 虚实融合的世界是强韧的系统

虚实融合的世界是构筑在互联网、工业互联网（以下统称互联网）平台之上的复杂适应系统 / 体系，遍布全球。互联网虽然通过人、机、物的全面互联和全局优化，实现全系统效率的提升，但这种效率的提升是以脆弱性为代价的，任何一个环节出了问题，都会影响全局。脆弱性表示系统容易受到攻击或容易被破坏的趋势，描述系统的不完美性、缺陷性或容易受到破坏的性能；而脆弱点是系统中比较薄弱的、有缺陷的节点或链路，一旦失效将造成严重后果。另外，由于人的生命、昂贵的设备和重要的使命都面临风险，因此在采取自主技术时必须反复强调安全性和可靠性。重要的是要确保生产设施和产品本身不能对人和环境构成威胁。与此同时，生产设施和产品，尤其是它们包含的数据和信息，需要加以保护，防止滥用和未经授权的获取。

与传统的方法试图消除系统中的脆弱性不同，虚实融合的世界强韧性更多地侧重于在系统中建立冗余部分。系统的这种特性意味着系统不仅在正常条件下，而且在偏离初始要求和推演假设之外的异常条件下，都要表现良好。另一个相关的特性是容错，即使一个或多个内部系统组件失效或损坏，系统也能继续表现良好并继续充分发挥其效能。

6. 虚实融合的世界是均衡的系统

均衡亦称"匀称""平衡"，指事物之间对等、对称、照应、平衡的组合关系。具体形态有四种：①对称均衡，是将两个以上相同、相似的事物加以对偶性的排列。②重力均衡，是较轻物体同平衡点（支点）相距较远、较重物体同平衡点（支点）相距较近而达到的平衡。③运动均衡，即事物在运动中所实现的均衡，它往往经历由均衡到不均衡再到均衡的过程，从而给人以协调感、运动感。④照应均衡，即事物形式的各部分之间前后、左右、上下、高低、浓淡、轻重、隐显、虚实等相互呼应，协调一致所达到的均衡。均衡在视觉上给人以一种内在的、有秩序的动态美，具有动中有静、静中寓动，生动感人的艺术效果。

虚拟与现实矛盾的和谐统一是在博弈中实现的，而且只能建立在正和博弈的基础之上。正和博弈要求虚拟与现实化敌为友，实现均衡发展，故而才能确保虚实融合的世界的均衡发展。虽然虚拟世界可以超越现实世界，但是虚拟世界的存在是以客观的现实世界为前提和界限的。

同今天人类生存的空间相比，人类未来的生存空间将更加辽阔、深远，这不仅仅指物理空间尺度的扩张，而且也指人类通过虚拟现实生成系统构造的虚拟空间更加丰富多彩。

4.6　在猜想与试错中前行

　　科学，归根结底脱胎于哲学，也得益于数理逻辑，因此科学也称作"自然哲学"。在古希腊，对于哲学家，人们也称之为科学家，这是因为与其他文明地区的哲学家不同，古希腊的哲学家鲜有讨论人与神的关系或人与人的关系，而热衷于讨论人与自然的关系，也就是科学。遗憾的是，这里提及的"科学"并不是汉语中固有的一个术语，在古文献中或许偶尔能看到"科学"的字样，但意思却是"科举之学"，与我们今天所说的科学"大相径庭""风马牛不相及"。现代汉语中广泛使用的"科学"一词，则是来自日本人对英文"science"一词的翻译，也就是新文化运动中大家耳熟能详的"赛先生"。1897年，康有为在《日本书目志》中列出了《科学入门》和《科学之原理》两书，也许这就是"科学"这个词作为英文"science"一词的汉译首次出现在中文文献中。

　　"科学"的定义有许许多多，到底哪个定义得到全球的公认，没有人能说清楚。以下仅给出百度百科的定义，它已经足以帮助笔者表明意图了。百度百科给出的定义：科学是一个建立在可检验的解释和对客观事物的形式、组织等进行预测的有序的知识体系，是已经系统化和公式化的知识。其对象是客观现象，内容是形式化的科学理论，形式是语言，包括自然语言与数学语言。

　　科学是人类探索、研究、感悟宇宙万物变化规律的知识体，是对因果的探索，追求真理，科学是认真的、严谨的、实事求是的，同时科学又是创造的。科学的基本态度是疑问，科学的基本精神是批判。科学与非科学的根本区别在于假设能否被验证。例如，我们无法验证神鬼的存在，因此神学不是科学。科学方法使用可再现的方法来解释自然现象。科学研究者提出假说来解释自然现象，然后设计实验来检验这些假说，这种实验需要在可控条件下模拟自然现象。科学是主观认识和客观实际实现具体统一的实践活动，是通往预期目标的桥梁，是联结现实与理想的纽带。也可以说科学是使主观认识符合客观实际（客观事物的本来面貌，包括事物的本质属性、实际联系、变化规律）和创造符合主观认识的客观实际（使主观认识转化为客观实际事物、条件、环境）的实践活动。

　　科学的特征包括：①客观真理性。任何科学，包括自然科学，之所以称之为科学，就因为它们都具有客观真理性，这是科学的最根本特征。所谓科学的客观真理性，首先是就其来源而言，它是以存在的事实为研究对象，以客观事实为基本依据和出发点的；其次是就其内容而言，是对客观事物本身所具有的本质及其规律型的真实反映。②社会实践性。任何科学都具有社会实践性。所谓社会实践性是指，凡科学都是人类社会实践的产物，被社会实践所检验，并指导社会实践、服务于社会实践。③理论系统性。科学，尤其是近代科学都是以科学概念、科学理论等逻辑地组织起来的知识体系，这是发展形成的近现代科学的一个重要特征。④动态发展性。科学作为认识的结果，是时间的函数，是发展着的知识体系。科学在一定条件下和一定范围内具有稳定的内容，但这种稳定是相对而言的、有条件的。科学是相对稳定性和动态发展性的辩证统一。

从逻辑上看，第一，科学理论必须是自洽的，即本身能做到逻辑上的一致性，至少要能自圆其说，不能前后自相矛盾。第二，科学理论必须是简明的，不能包含不必要的假设和条件，以便为将来的失败留下后路，也就是说，要符合"奥卡姆剃刀"的原则。第三，科学理论必须能够被证伪，不能在任何条件下都永远正确，不能有任何修正。第四，科学理论必须是有清楚界定的应用范畴，只在一定的条件下，在一定的领域中能够适用，而不是无所不能，无所不包。

从检验上看，第一，科学理论必须是可以用实验或观察加以检验的预测，而不能只是空想。第二，在实际上已经被证实的预测，也就是说，一个科学理论不能只被证伪，却从未被证实过，否则这样的理论是无效的。第三，检验的结果必须是可以被别人独立重现出来的。第四，对于辨别数据的真实与否要有一定的标准，什么是正常现象，什么是异常现象，什么是系统误差，什么是偶然误差，都要划分得清清楚楚，而不是根据自己的需要对结果随意解释。必须能够与其他有效的平行理论相互兼容，而不能无视其他理论的存在，自成一统，甚至唯我独尊，要把一切科学理论全部推倒重来。

研究并形成理论的真正动机恰恰是渴望更好地理解世界。科学理论就是各种各样的解释：关于自然里有什么东西以及它们怎样运作的主张。即使在纯粹的应用领域，理论的解释也是首要的，其预言能力仅仅是附属的。预言，即使最完美、普适的预言，也不能代替解释。我们所有关于事物看起来将怎样的预测，都是从关于事物是怎样的解释中演绎出来的。在科学史上的大部分时间里，人们错误地相信，理论是从人类的感觉证据"推演"出来的（经验主义）。实际上，没有人会期待可以通过地球上的实验来了解火星上的物理学。很显然，仅凭逻辑推理是做不到的，因为对描述实验的陈述进行再多的演绎推理，也得不出超出这些实验之外的结论。

理解是人类心智和大脑的高级功能之一，而且是最独特的。许多其他物理系统，例如动物的大脑、计算机及其他机器，可以吸收、学习事实并按照事实来行动，但到目前为止，无一能够"理解"解释或首先想要一个解释，只有人脑例外。每发现一个新解释，每掌握一个现有解释，都依赖于创造性思维这个人类独有的本领。

科学理论并不是"推演"而来的，猜想才是人类所有理论的真正源泉。我们并非从自然中读到它们，更不是自然把它们写进我们的头脑里。它们就是一些猜想——大胆的推测。人脑对现有观点进行重组、合并、修改和添加，希望在原有基础上做出改进，从而创造出新的理论。经验对于科学研究的确是必不可少的，但它的作用却同经验主义者所说的大相径庭。它不是推演出理论的源泉，其主要作用是用于挑选已经提出的猜想，这就是从"经验中学习"的意义所在。理论能够做出预测，但如果理论是错的，其预测就会与某些可能的观测结果相互矛盾。因此，虽然科学理论不是从经验中得来的，却可以用经验来检验——通过观察或实验进行检验。科学解释是针对客观现实的，通常并不包含任何人的亲身体验。例如，没有人体验过 10 亿年或 1 光年，宇宙大爆炸也没有人在场。再次重申一遍，我们所有关于事物的看起来将怎样的预测，都是从关于事物是怎样的解释中演绎出来的。甚至在数学这一演绎学科的典范中，猜想也是绝对不可缺少的。

在物理学上，预言和描述常常表达为数学公式。公式的真正好处是，它可以应用到历史数据以外的无穷无尽的情况中，例如预言未来的观测结果。实际上，仅仅把事实总结为公式，并不能算是理解，这比把它们罗列在纸上或者记忆在脑子里强不了一星半点，只有通过解释才能理解事实。幸运的是，最好的理论同时也包含了深刻的理解和准确的预言。例如，广义相对论通过全新的弯曲时空的四维几何语言解释了引力，它精确地解释了这种几何是如何与物质相互作用的。解释是它的全部内容，关于行星运动的预测仅仅是我们从这一解释中导出的若干结果。

经验主义者认为，未来与过去是相似的。可是，未来与过去并不相似，未曾看见的事物同已经看到的事物也很不同。自然科学经常会预言，并且实现一些与以前我们所经历的事物都特别不同的现象。例如，几千年来人们梦想着飞上天空，想尽一切办法来模仿鸟类的飞行，但他们却遭遇到了一次又一次的失败。直到有一天，人们发现了有关飞行的正确的解释性理论，然后才真正实现了在天空中飞翔的梦想。1903 年 12 月 17 日，莱特兄弟首次试飞了完全受控、依靠自身动力、机身比空气重、持续滞空不落地的飞机，也就是世界上第一架飞机"飞行者一号"。又如，在 1945 年以前，人类从来没有看到过核裂变（原子弹）爆炸，在宇宙的历史上大概也从未发生过这种爆炸，也就是说没有任何经验可以借鉴。然而，人们通过设想建立了关于核裂变理论，并首次精确地预测了这样的爆炸，以及产生该爆炸的条件。在第二次世界大战中，美国在日本的广岛和长崎投放了两颗原子弹，加速了日本投降。实践检验了核裂变理论的正确性。

在科学上，现象（phenomenon）、事实（fact）或观察所得（observation）是同一回事——显然有些现象不能用肉眼观察到。解释现象往往需要非事实的抽象理论，因为事实的规律不能不言自明、自我解释。天下雨，天上一定有云，这是现象的规律，但雨的出现可不能解释云的存在。小麦在泥土中生长，这也是规律，但泥土不能解释小麦。事实的规律只能使我们知其然，并不能使我们知其所以然。科学专注于解释"为什么"的使命由此而来。

在复杂的、令人眼花缭乱的自然现象中，大多数模式和规律性并不是明显的。当研究人员冒险进入一个未知的领域时，他们最初总是吃力地四处摸索。例如，太阳虽然显而易见，但是它的能量来源却不那么明显。在使用有效的测量方法证实太阳的核聚变以前，物理学家不得不提出假说，正如核工程师在物质上实现核裂变的设计以前，必须设想核裂变反应。

按照实证科学的逻辑，凡有解释力的理论，一定要有被推翻的可能（refutable by facts），但却没有被事实推翻。一个理论，对一千次也未必对，但错一次就算是错了（如同在众多白天鹅中发现了一只黑天鹅）。科学研究其实就是在不断地"试错"。我们知道，同一件物品，在很高的山上，其质量是会减少的，地球引力理论揭示了这个现象。但在牛顿之前，人们会怎么想呢？我们知道在很高的山上，气温会下降，于是我们说，由于某些缘故，寒冷会使物体的质量减少——这是理论。要鉴别这个理论的对错，我们可以把同样的物品拿到海平面上，或把它放在冰冷的室内，衡量其质量。如果质量没有减少，那么温度与质量之说就被推翻了。之后我们又说山上有风，风的存在也可能会使质量减少，我们又可以操作一番。再之后，我们还可以用山的陡峭程度与质量的关系实验一番。凡此种种，科学研究主要是在干这类"求错"的工作。

值得庆幸的是，科学家和工程师在一个猜想被证明是错误的时候，也获得了知识。通过深入理解某件事情失败的原因，他们不仅排除了已经试验过的事例，也排除了同一类的种种可能，对种种困难以及什么是运作的先决条件有了更好的感受，会选择更好的方法、视角，或者重新设置问题的提法。对于那些在某个领域中尝试过如此多事例，并从如此多的视角检验过该领域的人来说，甚至一个十分复杂的问题也变得一目了然，而且他们明察秋毫，能够一眼看出有缺点的建议，并拒绝为它们浪费时间、精力。爱迪生曾回顾他自己是如何工作的："我会构造一个理论，并沿着它的思路工作，直到我发现它站不住脚，于是它会被放弃，而另一个理论就会逐渐形成。这对我来说是解决问题的唯一可能的途径。"

科学家面对的是未知的、无穷尽的（无论是空间上，还是时间上）世界。由于人类的认知能力是极其有限的，因此，探索的结果具有很大的不确定性，我们必须对科学研究有足够的宽容。不应该简单地"以成败论英雄"，而应该对所有进行过艰苦、认真探索的人给予足够的尊重。波普尔说过："理性取向就是随时准备承认我可能是错的，你可能是对的，凭借这种共同努力的态度，让我们更接近真理。"

理论的真正源头是猜想，知识的真正源头是随批评而修改的猜想。

4.7　小结

今天，人类对自然界的开发和大国竞争已经从陆地、海洋和天空，扩展到了太空，并且遍及了整个赛博空间。赛博空间是人造的域，人们创造赛博空间以获取信息并在人机之间共享信息。从赛博空间的发展过程来看，赛博空间具有客观实在性，这与人工自然或人化自然的发展具有相似性。天然自然进化到一定阶段出现生命和人的意识，随之产生了人工自然或人化自然，产生了知识和科学。在此基础之上，产生了计算机和计算机网络，产生了科学知识和逻辑规则的软件，由此形成了赛博空间。赛博空间作为一种文化交往空间，要求进入这一空间的人必须首先被转化为二进制符号才能确立文化身份。这就说明赛博空间中的人不同于现实世界中的人，而是一种虚拟性的、符号性的、超文本的存在。赛博空间为内容、意义的散播提供了温床：口头表述通过即时通信系统变成了文字，文字又以纸媒介无可比拟的速度传播开来。随着科学技术的不断发展，人类已迈入信息化战争时代，信息成为战斗力的主导性要素，作战双方围绕着信息收集、传输及处理展开激烈对抗，赛博空间是数据信息传输的通道，也是现代作战单元相互联系的桥梁。

计算机与人的精神融为一体，它改变了人的生活方式、社会行为与精神观念，因此计算机不仅成为人类日常物质生活与精神生活的一部分，而且将持续改变人类的生存方式和社会走向。人机一体的赛博格文化将极大地影响人类生活。赛博格的出现模糊了人与机器的界限，人们通过各种人工科技来强化生物体的能力，比如用人工耳蜗替代人耳进行听声辨位，用外骨骼增强人体的负载能力。虽然赛博格看起来像机器人一样，但究其实质，依旧是人类，因为管控他们行为动作的依旧是人类的大脑。赛博格技术对人体功能进行了改变，使人类变得更像"超人"，但是这种改变肯定不局限于人体，而将波及道德伦理，甚至整个人类社会。

尽管虚拟人（思维克隆人）的提出给我们带来了强大的震撼，但在大多数严肃的科学家看来，通过上传意识获得"永生"的想法尚属遥远的科幻，人类离《攻壳机动队》和《黑客帝国》里描述的未来还相差很远很远。今天，我们无法预测到底需要多长时间人类才能创造出虚拟人，技术途径或许并不像玛蒂娜·罗斯布拉特所设想的那样，但是，我们相信虚拟人终将成为虚实融合世界的一员。

理解虚实融合世界的内涵，特别是把握其本质，对于研究和建造虚实融合世界的实现系统是大有裨益的，对研究与应用智能制造模式/系统更是至关重要的。虚实融合的世界是复杂自适应系统/体系，也是健壮的系统，更是一个均衡的世界。它不仅是对称的，还是平衡的，就像拥有一对翅膀的鸟儿，体现了拥有智能的复杂系统之美。这种对称、和谐之美是虚实世界正和博弈的结果。一旦虚实融合世界的均衡被打破，而且超过了其自我恢复的能力，则虚实融合的世界必将因系统瞬间发散（混沌）而走向崩溃。

　　人类认识和改造客观世界的目的、过程与结果可以归纳为追求真理，探索世界，获取知识。"追求真理"是目的，"探索世界"是过程，"获取知识"是结果。世上有真理，但没有不可以被更佳的理论替代的真理。科学进步，不是因为正确的理论替代了错误的理论，而是有广泛解释力的理论替代了较狭窄的理论。虚实融合世界模型的进化作为一个实例，可用来对科学的演化进行合理的诠释。当然，在未来某一天，随着认知能力的提升，虚实融合世界的"一体两翼"模型也可能被新的模型所替代。人类就是在不断地构想、假设，不断地对物理现象、社会现象等给出现阶段被公认为合理的解释，继而用新的理论构想、新的解释来推翻或修正先前的理论构想和解释。在这样一个循环往复的过程中，人类不断获得新知识，提高认识世界和改造世界的能力。

第 5 章

连通虚拟世界与现实世界的桥梁

世界上有各种各样的知识体系，有些建立在信仰基础上，比如宗教；有些则是建立在实证基础之上，比如自然科学。数学和它们都不同，它是建立在纯粹理性（逻辑）基础之上的，因此它是不同信仰、不同语言、不同知识背景的人都能够接受的一种语言。数学语言与元语言（例如汉语、英语）一样，是由一系列特定的符号按一定的法则构成的，用来表述空间形式和数量关系，描述各门科学和实践活动领域的事实和方法的语言，例如，表示数的字母、求和符号"Σ"、集合运算符"$\cap$"，以及特定的图形符号等。数学的这个特点，决定了它在人类各种知识体系中都扮演着基础性角色。

数学是人类文明的重要基础，它的产生和发展伴随着人类文明的进程，并在其中一直起着重要的推动作用，占有举足轻重的地位。在人类历史发展和社会生活中，数学发挥着不可替代的作用，同时也是学习和研究现代科学技术必不可少的基本工具。数学的可用性使我们能够建造宇宙飞船和超音速飞机，探索量子世界，观察并想象遥远的星系。可以说，数学改变了我们看待宇宙的方式。数学更有可能是我们与地外智慧生命沟通的首选方式。

虚实世界之间的沟通连接也不例外，也是通过数学这个桥梁实现的。众所周知，虚拟世界与现实世界毕竟是两个不同的世界，无论在描述方式、构建方法以及表现形式上都存在差异，两者之间是无法直接交流的，为此需要发明一个转换连接器。世上无难事，只怕有心人，人类凭借自身得天独厚的智慧，用数学在两个世界之间巧夺天工般搭建起一座桥梁，实现了虚实两个世界的顺畅连接。智慧的人类用概念、逻辑和形式化来对现实世界进行抽象，用数学语言构建对象的数学方程，通过求解数学方程找到解决问题的答案。此外，人类发明的二进制数制、计算机编程语言也是功不可没的。更加神奇的是，描述千变万化虚拟世界的竟然是"0"和"1"两个符号的有序组合。当然，从现实世界走向虚拟世界并不是直接从编写 0 和 1 的字串开始的，因为人类不擅长，也没有这个必要，计算机更胜任此工作。

数学本身能够通过其与生俱来的结构体现出全部或部分现实。数学本身（通过创建联系、建立连接和实施变换）包含了现实世界中的事物以及其行为。实质上，无须计算机，无须舞动的比特。当然，计算机模拟可以帮助我们理解可感知的有形世界和抽象的数学方程之间的关系。依据数学算法编写的、可执行的计算机程序，不过是一连串数学操作，它们从计算机某一刻的状态信息出发，按照特定的数学规则，将这些比特推演至下一个时刻的排列。只要改变一下数学法则，舞动的比特就会跳出另外一幅现实的景象。

5.1　虚实世界通信的媒介：数学

> 数学是一种比其他任何工具更为有力的知识工具。
>
> ——勒内·笛卡尔
>
> 公正而论，数学不仅拥有真理，而且拥有至高无上的美。
>
> ——罗伯特·罗素（英国哲学家与数学家）

5.1.1　什么是数学?

数学，我们每个人都肯定会接触到，并且它与我们的日常学习和生活息息相关。那么，到底什么是数学呢？数学（mathematics 或 maths）的英语来源于希腊语，有学习、学问、科学之意。古希腊学者视其为哲学之起点、学问之基础。《中国大百科全书·数学卷》开宗明义写道："数学是研究现实世界中数量关系和空间形式的，简单地说，是研究数和形的科学。"很多数学家认为，现代数学的发展，已经超出"数"和"形"的范围，应当包括结构、范畴、模型等更广义的对象。在此，大家不妨将"数"和"形"看成是广义的。

当然，数学定义并不是某个人所决定的，它是由所下定义的这一类事物的本质特征所决定的，给它下定义的数学家或哲学家，只不过是从某个（些）角度加以阐述。如果看待事物的角度不同，把握事物的本质特征角度也不同。因此，可能会出现同一事物有多种定义的现象。亚里士多德把数学定义为"数量科学"，这个定义被认同直到 18 世纪。从 19 世纪开始，数学研究越来越严格，开始涉及与数量和度量无明确关系的群论和投影几何等抽象主题，数学家和哲学家开始提出各种各样新的定义。这些定义中的一些强调了数学的演绎性质，一些强调了数学的抽象性，一些强调了数学中的某些话题。直到今天，即使在专业人士中，对数学的定义也没有达成共识。

数学作为一个历史概念，它的内涵随着时代的变化而变化，它不可能有一个一劳永逸的定义。现在普遍接受的数学定义是：对结构、模式以及模式的结构和谐性的研究，其目的是要揭示人们从自然界和数学本身的抽象世界中所观察到的结构和对称性。这一定义实际上使用"模式"代替了"量"，而所谓的"模式"有着极广泛的内涵，它包括了数的模式、形的模式、运动与变化的模式、推理与通信的模式、行为的模式。这些模式可以是现实的，也可以是想象的；可以是定量的，也可以是定性的。

为了研究和应用数学，我们需要掌握数学研究的对象、研究方法等。在数学领域，我们所研究的对象本身就取决于我们使用的方法。在数学里，我们使用的方法是逻辑，仅仅使用纯粹的逻辑推理，而非使用实验、实证等。数学就是运用逻辑规则，对所有符合逻辑规则的事物进行研究。当然，数学不仅研究数字，还研究其他东西，比如形状、图像和模式，以及肉眼看不见的——富有逻辑的想法，甚至更多的是那些我们目前还不知道的东西。一言以蔽之，数学研究的是关于事物的想法，而不是事物本身。因此，我们只需要改变自己头脑中的想法，就可以改变我们研究的对象。通常，这意味着改变我们对某种事物的看法，改变我们的视角，或是改变我们描述的方式。数学致力于寻找事物的相似之处，对于很多不同的情况，你只需要一种"方法"就可以应付了。关键在于你要先忽略一些细节，通过寻找除了微小细节之外其他大体一致的事物来达成简化的目的，使事物变得更容易理解。在这之后，你可以考虑重新加入额外的变量，这就是抽象化的过程。

抽象是数学研究中重要的第一步，也是一个会使你感到有些不适的步骤。抽象之所以让人觉得难以理解，是因为它带你离开了具体事物的世界，而进入只存在于头脑中的"概念"世界。例如，从具体事物到数字的抽象对许多人来说并不困难，他们甚至都没有意识到自己进行了这样的抽象转换。让不少人觉得难以逾越的第一道横杆很可能就是从数字到变量 x 和 y 的转换。另一个很多人在学习数学的过程中会遇到的瓶颈是微积分——一种全新的、奇怪的，甚至可以说是狡猾地运算和推理"无穷小"事物的方法。虽然看上去，抽象好像会带领你逐步远离现实，但实际上，它会带领你逐步贴近事物的本质或核心。这种与实际生活的疏远正是数学发挥其优势的地方，同时也是它的局限性。每一层次的抽象都使得数学更加远离实际生活，也使得解释它与实际生活的关联变得更加困难，因为这有一种多米诺骨牌效应——抽象的数学也许不能直接应用于实际生活，但它可以间接地应用在另一种事物上，而那种事物可以直接应用于实际生活。抽象的美妙之处在于，当你对某个抽象的概念已经十分熟悉之后，它似乎就变成了一个具体的事物，而不再是一个想象出来的概念。

　　数学的关键就在于针对不同情境进行不同程度的抽象。当我们到处简化和理想化我们的问题情境时，我们必须很小心地避免过度简化，我们不能把要研究的对象简化到让它失去了其所有有用的特性。反过来说，如果我们把某种过于复杂的数学概念或方法应用到一个并不需要它的情境中，我们就会觉得这种数学概念或方法毫无意义。

　　抽象是理解为什么数学与普遍意义的科学有所不同的关键。数学的抽象带领我们进入一个想象的世界，在这里任何事情都可能发生，只要它的存在不是自相矛盾的。当然，你能想象出来一样事物，并不意味着它就能存在于现实生活中，尤其是如果你的想象力很丰富的话。对于数学而言，一旦你想象出一个数学概念，它就真正在这个世界中存在了。你的想象力越丰富，就越有机会探索更多的数学领域。

　　数学的抽象化过程的弊端之一是，我们需要用到一大堆稀奇古怪的符号。以符号为主要语言的数学一开始看上去的确很难理解，但长远来看，符号起到了重要的简化作用。一旦我们明白了这些符号的意思，它们使用起来就会变得很方便，从而我们可以将更多的脑力集中用于攻克更为复杂的数学问题。

　　通过数学抽象而形成的概念、理论、公式、定理，以及数学问题和方法都具有普遍性。因为它们反映的已不是某个个别事物和现象的特征，而是一类事物或现象的特征，如"平面三角形的三个内角和是 180°"，它对任何三角形都是成立的。又如，公理化方法是指从少数不加定义的原始概念和少数不加证明的公理出发，运用逻辑规律定义其他概念和证明一系列的定理的一种方法。我们知道，欧几里得（Euclid）运用公理化方法建立了欧式几何体系。当然，这种情况并不是绝无仅有的。事实上，许多数学家，从群、环、域、格等基本运算公式出发，同样运用公理化方法建立了抽象代数（abstract algebra）。抽象代数又称近世代数，它产生于 19 世纪，是研究各种抽象的公理化代数系统的数学学科。

　　数学研究与应用的过程可以分解为：首先，需要对现实进行提炼；其次，在抽象的世界进行逻辑推理；最后，把这些抽象的东西应用到现实中去。整个过程中最核心的部分就是游刃有余地在抽象和现实之间穿梭。例如，看懂地图不难，难的是将地图与实际路况一一对应，让地图发挥效用。地图是对现实的抽象，它选择了现实的某些方面进行描述，为的是让你更容易找到你要找的地方。在实际应用中，困难存在于抽象与现实之间的转化，也就是在地图和我们要找的地方之间建立联系。

　　今天的数学，已经不仅限于纯粹数学，它的应用越来越广泛，正在不断地渗透到社会生活的每一个角落，成为能够立即转化为生产力的一门技术。伴随着计算机技术的发展，数学与计算机技术的结合在更多方面直接为社会创造价值，推动着社会生产力的发展。

5.1.2 微缩数学发展史

数学与文学、物理学、艺术、经济学或音乐一样，是人类不断发展和努力的成果。它既有过去的历史，又有未来的发展，更有今天的广泛应用。我们今天学习和使用的数学，与 1000 年前、500 年前甚至 100 年前的数学有很大的不同。数学的历史首先应是发现的历史，而非发明的历史。好奇心与直觉让人类发现数学的基本原理，创造力又让人类用各种方法记录并标注这些发现。数学的法则与物理学的定律一样，都是普遍且亘古不变的。当数学家首次证明"平面上任一个三角形的内角之和等于 180°（平角）"时，他们并非"发明"了这一定理，他们只是"发现"了一个之前始终存在（并将永远存在）的事实而已。

没有人能确切地知道数学是什么时候及怎样开始的。我们所知道的是，在每一个有文字记载的文明发展中，都发现了一定水平的关于数学知识的证据。大约在公元前5000 年，当古代近东地区开始发展文字书写时，数学开始凸显为一项特殊的活动。在数学发展的这一时期，我们得到的大部分证据来自美索不达米亚，即底格里斯河和幼发拉底河之间的地区，在今天的伊拉克境内。随着社会出现了各种中央集权政府的组织形式，就需要一些方法来统计生产活动的数量、拖欠税款数额等，这时数学就开始出现了。研究人员观察到，世界各地的许多文化对形状和数量都有深刻的认识，并且常常用来解决相当复杂和困难的事情，这些都需要对数学有一定的理解。

伴随着生产、生活的需要，模糊的数、形的概念，在原始人头脑中日渐形成了。人们先认识了与实体相联系的抽象的数，如提及一、二、五时，他们脑海中浮现出的是与之对照的事物：一个人、两只手、五根手指。再往后，与实体相脱离的真正的数才被确定下来。那一刻，最早的数学分支之一"算术"产生了。与此进程平行，人类在实践中也逐渐意识到了形的概念。于是几何学知识也日渐积累起来。但那时，人们对这些知识的认识大都还是感性的、零散的，还没有上升为系统的科学。这一转变完成于古希腊。一方面，代数学鼻祖丢番图的《算术》标志着数学算术向初等数学的转变，而进一步的转变一直到韦达才真正完成。与算术不同的是，代数用字母代替具体数字，字母间的运算代替数字间的运算，这是算术向代数转变所完成的本质的、关键的一步。而这也同时意味着数学在抽象性上又向前迈进了一步。另一方面，欧几里得的《几何原本》才真正地在数学发展史上树立起第一块伟大的丰碑。欧几里得将毕达哥拉斯、柏拉图（Plato）和亚里士多德（Aristotle）等伟大的数学家和哲学家的思想整合在一起，将几何和逻辑结合，作为其数学原理的基础。在非欧几何诞生前，它被戴上了耀目的"绝对真理"的光环。

早期的代数、几何，基本上是独立发展的，直到 17 世纪，法国数学家笛卡尔才在两者之间搭起友谊之桥——解析几何。解析几何用代数方法研究几何问题，一方面使代数、几何密切联系，相互促进了彼此的发展。另一方面也使人们耳目一新。与此同时，变量概念被引入了。正因为变量的引入，运动的观念进入了数学，而这终于导致了数学史上的一次真正的革命——微积分在牛顿、莱布尼茨手中诞生了。微积分一出现，就成为数学家手中无比锐利的工具。伴随它产生了一系列的研究函数的数学分支。常微分方程、偏微分方程是其中最重要的内容。由于实数理论不完善，微积分不能严格化，引发了"第二次数学危机"。直到 19 世纪中叶，维尔斯特拉斯、康托尔、戴德金等人建立了实数理论，终于使其奠定了坚实的基础，并且使其在数学中占有崇高的一席之地。分析、代数、几何三足鼎立，成为数学的三大基础，即旧三基。

19 世纪，经过自我反思的批判运动，数学的基础变得更加坚实牢固。18 世纪形成的分支趋于成熟，新颖学科又不断涌现，如实变函数、抽象代数。19、20 世纪之交，庞加莱创立了拓扑学，开辟了对连续现象进行定性与整体研究的途径。20 世纪，数学又获得了长足的进展，实变函数、抽象代数、高等几何很快发展成熟。另一门极富综合性的"泛函分析"一经问世，就获得迅速发展。很快，它就与高等几何、抽象代数一起，构成了现代数学的新三基。对客观世界中随机现象的分析，产生了概率论。实际问题要求具体的数值解答，产生了计算数学。选择最优途径的要求又产生了各种优化理论、方法。力学、物理学同数学的发展始终是相互影响和相互促进的，特别是相对论与量子力学推动了微分几何与泛函分析的成长。19 世纪后期，出现了集合论，推动了数理逻辑的形成与发展，也产生了把数学看作一个整体的各种思潮和数学基础学派。第二次世界大战军事上的需要，以及大工业与管理的复杂化产生了运筹学、系统论、控制论、数理统计等学科。到 20 世纪 60 年代，数学发展又经历了几次大的突破。模糊数学、突变理论、非标准分析先后问世，使数学内容更加精彩纷呈。尤其是模糊数学从问世到现在的几十年时间就已经渗透进几乎所有的数学分支，大大推动了数学的进一步发展。

20 世纪出现各种新的技术，产生了新的技术革命，特别是计算机的出现，使数学又面临一个新时代。这一时代的特点之一就是部分脑力劳动逐步机械化。1976 年，美国两位数学家借助电子计算机，彻底解决了数学史上一直悬而未决的世界难题：四色猜想问题。计算机对数学的作用已不限于数值计算，符号运算的重要性日趋明显（包括机器证明等数学研究）。计算机还广泛应用于科学实验。为了与计算机更好地配合，数学对于构造性、计算性、程序化与机械化的要求也显得颇为突出。近年来，迅猛发展的大数据、人工智能等更离不开计算机支持。总之，数学正随着新的技术革命而不断发展。

20 世纪（到目前为止的 21 世纪）无可厚非地被称为"数学的黄金时代"。数学数量的增加和抽象水平的提高不可避免地导致了专业化的发展。在数学物理中，弦理论揭示了新的和深奥的数学问题。数学和计算生物学正式开始提供见解。概率方法占据了数学建模的主导位置——工程师使用的越来越强大的数学技术。当今数学面临的许多最有趣和最有用的问题是数学和科学之间的交叉问题。许多商务和贸易领域的技术进步越来越依赖于更复杂的数学思想。飞机设计、基因研究、导弹防御系统、疫情控制、移动电话网络、营销和政治调查、"变形"等特殊的视觉效果等，所有这些都需要数学专家来实现。这么多的工作在许多不同的领域开展着，给人的印象是支离破碎的，但今天的数学，比以往任何时候更多样化和更统一。它比以往任何时候都更抽象，对现代生活的所有领域都有更广泛的适用性。毋庸置疑，一个个抽象的数学定理终将拥有崭新的实际应用场景。如今，大量问题尚未被解决，数学的探索之旅也永无止境。明天的世界将需要更多的数学。

5.1.3　历时数千年的伟大蜕变：抽象的数字

> 上天让我们去计算、去称重、去测量、去观察。这是自然的哲学。
>
> ——伏尔泰（法国哲学家）

今天，数字已经无处不在、不可或缺，以至于我们常常忘记了数字的产生是一个多么伟大的想法，而我们的祖先花了数个甚至数十个世纪才为我们打造出这么宝贵的遗产。数字可以说是数学中可以研究的最基本的东西，但数字并不是一开始就有的。

最早的数学抽象发生在几千年前，当时人类发现了数，完成了从3根手指、3头牛、3个兄弟、3颗星星等可观察的3的实例向本身就可以被单独考虑的心智对象"3"的充满想象的飞跃，这里的"3"不再表示3根手指之类的特殊实例。

美国数学家T·丹齐克认为，动物和人都具有某种"原始数觉"，人的计数能力就是由这种"原始数觉"发展起来的，但是这种"原始数觉"是在视觉和触觉的范围内，所以这种"原始数觉"最初仅仅表现为对"多"和"少"的区别，一大堆野果是"多"，一两个野果是"少"。原始人能分清一眼就能区别开的一、二、三等很小的数目（但是这些数在原始人的思维里只是一种笼统的概念，并非抽象的数字）。再大一点，他们就只能用"多"来表示了。在现存的一些仍处于原始社会下的未开化民族中，仍有许多人只知道"一"和"二"，或者勉强能数到"三"。"三"以上的数就只能说很多很多。这就是世界上许多语言里，"三"除了数目外还表示"多"的原因。比如对于皮拉罕部落的成员们（他们是生活在亚马孙河支流迈西河流域的狩猎采集者）来说，他们的语言中只有1和2这两个数字，除此之外，他们会使用同一个词表示"若干"或者"很多"。同样在亚马孙河流域，蒙杜鲁库人表示数字的语言只有1到5，正好是一只手的手指数量。又如，20 世纪 70 年代初，在菲律宾棉兰老岛（Mindanao Island）发现了尚处在旧石器时代晚期的塔桑代人，他们居住在森林岩洞中，使用极粗陋的石刀、竹刀和棍棒，以采集为主，使用钻木取火，没有房舍和衣服，不会制陶，生活极为原始。问他们有多少人，首领便说出了二十四个名字，并不会说"二十四"这个概括性的数目。虽然有了"数"的概念，也有了计数的需要，但原始人类还不能用抽象的数来表达数目的多少。他们在计数的时候总是不能脱离具体的事物。

不知经过了多少偶然和必然因素的影响，人类逐渐发现可以利用自己的手指和身体的其他部位来帮助计数。除了借助身体，原始人类还用绳子、小石子、竹棍等帮助计数。虽然原始人在身体等工具的帮助下，可以数至十，甚至几十，但是他们计数时想到的都是具体的实物形象。在原始思维中，"数"总是保持一个完整的意象，它的内涵是非常具体的。那时"人或物与数还是分不开的。没有什么东西能让数的存在得到单独的表现。而且数在性质上是被感知的或者说被感觉到的，而不是被抽象地想象的"。

如果某个社会的人数和物品的数量超过某个临界值，就必定需要储存和处理大量的数值数据。最早解决这个问题的是美索不达米亚南部的苏美尔人。当地艳阳高照，平原肥沃，到处是发达的农业、繁荣的城市。随着居民人数的增长，要协调各项事务所需的信息也不断膨胀。公元前 3500 年至公元前 3000 年之间，苏美尔人发明了一套系统，专门处理大量的数字数据。从此，苏美尔人的社会秩序不再受限于人脑的处理能力，而开始走向城市、王国和帝国。

在不同帝国统治美索不达米亚的各个时期中，最令人印象深刻的一个时期是公元前 1790 年到公元前 1600 年。那时的统治者是汉谟拉比，他于这个时期之初在幼发拉底河中游的巴比伦城邦掌权。他统治了整个美索不达米亚，把巴比伦变成当时最伟大的城市。这就是第一巴比伦帝国（古巴比伦王国）。古巴比伦王国是一个有文字记载的伟大文明。他们的著作都是用楔形文字写成的。所写的文字是用楔形笔压在湿黏土上形成的图案。这些被刻上字的泥板经过烧制而得以长久保存。现今全世界各地的私人或公共收藏总计有超过 50 万块这样的泥板，它们所属的时代大约在公元前 3350 年到公元前 1 世纪。这些泥板大都属于汉谟拉比时代，尽管古巴比伦王国的统治时期还不足两个世纪，但使用楔形文字的历史却长达 30 世纪。大约公元前 3000 年的时候，人类又在楔形文字的基础上取得了进步——数字被从计量的物体中解放出来。此前，记录在黏土板的计数符号都取决于被记录的对象，但是现在这种情况结束了。数字已经获得了自己的符号。这一步在人类的思想史上绝对是至关重要的。正是这一刻，数字开始独立存在，并从现实中被抽象出来，人们能够从更高层次观察数字。从此，数字具有了抽象性，而这正是数学的属性——数学是格外抽象的一门学科。被数学研究的对象从此不再具有任何物理属性。它们不是物质，它们不是由原子构成的，它们只是一些想法。然而，这些想法对于认识这个世界来说，却是相当有效。

　　古往今来，人类发明了很多种书写数字的方法，其中最简单的一种就是用画线的方式记录想要的数字。这种方法我们至今仍在使用，比如计算游戏得分的时候。在统计选票时，中国人用来计数而书写的"正"字，也是画线的一种变化形式。已知最早的对于画线计数的使用，可能要追溯到苏美尔人发明楔形文字的书写之前。20世纪50年代，人们在如今的刚果民主共和国境内的爱德华湖附近发现的"伊尚戈骨"，可以追溯到大约2万年以前。这些"伊尚戈骨"长度在10~14cm，上面刻满了均匀分布的刻痕。目前这两块骨头收藏在位于比利时布鲁塞尔的自然博物馆中。这种"每增加一个单位就多刻一条线"的计数方法很快就显得捉襟见肘，因为它不能处理相对较大的数字。随着文明的进步，不同的文化在这种方法上有所改进，发明了更多的数字符号，并以不同的方式将它们组合起来，以表示越来越大的数字。在过去的6000多年里，不同的群体在不同的时间使用了100多种不同的计数系统。

　　美索不达米亚人的黏土筹码已经能够表达不同的度量单位。比如，有一种特殊的筹码用来表示10只羊。因此，当书写被发明的时候，这一原则也被保留了下来。如图5-1所示，人们同样还发现了用来表示10、60、600、3600和36000的符号。随着楔形文字被发明出来，最初的数字符号也逐渐转变。

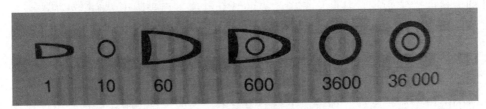

图5-1　美索不达米亚数字

　　由于靠近美索不达米亚地区，不久以后，埃及在美索不达米亚地区的楔形文字基础上，从公元前3世纪初开始，发展出属于自己的计数系统。如图5-2所示，这个系统看上去是纯十进制的：每一个符号代表的数字都是前一个符号的十倍。

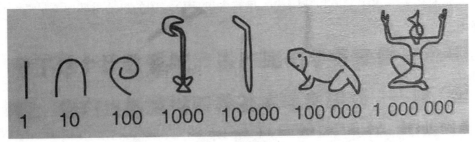

图5-2　古埃及数字

这些只需要规定书写符号所代表的数值的加法系统，在全世界范围内取得了巨大的成功，并且产生无数种变形，从古希腊和古罗马人一直延续到中世纪的大部分时期。尤其是古希腊人和古罗马人对这些系统的使用——他们会用自己的语言中的字母分别表示数字符号。

如图 5-3 所示，古印度人发明了十进制的计数方法。这种计数法被阿拉伯人使用后，在中世纪的末期传入欧洲。在欧洲，这些符号被称为"阿拉伯数字"，并很快在全世界范围内普及开来。

图 5-3　阿拉伯数字

在日常生活中，我们习惯于使用以 10 为基数，包括 0 到 9 这 10 个数字的计数系统。二进制是计算机技术中广泛采用的一种数制。二进制计数系统是以 2 为基数的计数系统，这套系统只需使用 0 和 1 两个数字。在二进制计数系统中，各个数位表示的是 2 的幂，进位时依次乘以的数字并不是 10。在二进制计数系统中，各个数位的选择非此即彼——要么是 1，要么是 0。这种简单的"开或关"思想在计算中至关重要，因为每个数字均可被表示为一系列类似开关的"开"与"关"操作。当前的计算机系统使用的基本上都是二进制系统，数据在计算机中主要以补码[①]的形式存储。

在德国图林根著名的郭塔王宫图书馆中有一份弥足珍贵的手稿，它的标题为"1 与 0，一切数字的神奇渊源。这是造物秘密的美妙典范，因为，一切无非来自上帝"。这是德国天才大师莱布尼茨的手迹，他用异常精炼的描述，展示了一个神奇美妙的数字系统——二进制。他告诉我们：1+1≠2，在计算机代码的世界里，1+1＝10。莱布尼茨在 1697 年还特意为"二进制"设计了一枚银币（如图 5-4 所示），并把它作为新年礼物献给他的保护人奥古斯特公爵。莱布尼茨这样做的目的是，以公爵的身份来引起人们对他创立的二进制的关注。

---

① 补码：在计算机系统中，数字一律用补码表示和存储。原因在于，使用补码可以将符号位和数值域统一处理；同时，加法和减法也可以统一处理。此外，补码与原码相互转换，其运算过程是相同的，不需要额外的硬件电路。

图 5-4　莱布尼茨二进制银币反面

有了数字，人类逐渐地明白，他们发明了一种工具，借助这种工具，他们就能够书写、分析和理解周围的世界。数字构成了一个能支持各种算法运算、具有复杂结构的系统，能够很好表现的不仅是事物的性质，还有它们的相互关系和程序。

数的产生，标志着人类的思维逐步由实践的直观思维走向形式或抽象思维。数字的发明是最早的抽象化过程。当人类在数数时摆脱了具体实物形象，出现了单独计数的数的名称时，人类才真正获得了抽象的数的概念。恩格斯曾指出："为了计数，不但要有可以计数的对象，而且要有一种在考察对象时撇开对象的其他一切特性而仅仅顾及到数目的能力。"只有具备了这种能力，原始人才真正向文明迈进。

数字的好处在于，我们可以研究"东西"，并且不必因为"东西"自身属性的不同而改变我们的思考路径。数字是如此的基本，我们很难想象没有它们的生活，也很难想象发明它们的过程。当我们数数的时候，我们甚至没有意识到自己已经在使用抽象思维了。

任何抽象概念，包括关于数的概念，由于它本身特有的抽象性，所以在其意义上是有局限性的。第一，在应用到任一具体对象时，它只反映了对象的一个方面，因此只能给出关于对象的很不全面的概念。第二，不能没有任何条件地到处应用抽象概念，不能把算术运用到任一具体问题，而不判断在这里运用算术是否有意义。

我们看到，人们在实践中掌握了计算，形成了数的概念，然后实践又要求有表示数的符号，并提出了更困难的任务。简而言之，社会实践是算术发展的动力。实践与概括了实践经验的抽象思维处在经常的相互作用之中。在实践的基础上产生的抽象概念成为实践的重要工具，并在应用中日趋完善。舍弃次要的东西有助于揭露事物的本质，并且在抽象过程中分离出来和保存下来的普遍性质和关系（在算术中即数量的关系）对于保证问题能有一般解决方法来说是起决定性作用的。

人类祖先在有了数的概念之后，逐渐意识到了 1+1=2，这看似小儿科，却是人类文明史上极其伟大的时刻。因为在人类祖先认识到两数相加等于另一个确定的数时，已经具备了超越其他种族的数学思维。1+1=2，这个简单的公式是数学最原始的种子，有了这颗种子，数学这棵树才开始生根发芽、茁壮成长，直至今天成为人类文明的基石之一。

在数字被发明出来不久之后也将面临学科分支的出现。在数学领域，很多分支，诸如算术学、逻辑学或者代数学，一点点萌芽，直至趋于成熟，成为一门独当一面的独立学科。如果没有数字符号就不能将算术推向前进。尤其是如果没有合适的数学符号和公式简直就不可能有现代数学。归根结底，数学这座思想大厦建立在数字的基础之上。

5.1.4　给想象力插上了翅膀：字母符号体系

> 好的记号可以把大脑从所有不必要的工作中解放出来，让大脑去关注更高级的问题。
> ——艾尔弗雷德·诺思·怀特海（英国数学家）

现如今，算术符号已成为通用的符号。理想情况下，它应该是一种通用的语言，能够澄清思想、揭示模式，并提出概括。它们比任何字母系统的字母或任何语言的缩写，都更容易被人们普遍理解和接受。但情况并非向来如此，古代的学者们其实并没有一种特殊的语言来撰写数学知识。例如，人们都熟悉的、代表基本四则运算加、减、乘、除的符号（＋、－、×、÷）是文艺复兴时期才被创造出来的。在长达 5000 年的岁月中，从古代美索不达米亚人到古希腊人、古代中国人、古代印度人，再到古阿拉伯人，人们书写数学公式的时候，使用的一直是日常生活中的语言，即自然语言。虽然，自然语言中的词汇是有丰富多样细微差别的符号，但是也很容易引起误解，因为它们富有含蓄的意义，而且往往含混不清。算术和代数用文字来书写和表示，一直贯穿到中世纪。

尽管算术符号在文艺复兴初期就以书面形式出现，但无论是人与人之间，还是国家与国家之间，符号几乎都不一致。随着 15 世纪活字印刷术的发明，印刷书籍开始显示出更多的一致性。15 世纪末期，一些数学家开始在他们的作品中使用符号表达式（如图 5-5 所示）。1489 年，德国数学家魏德曼在他的著作中首先使用了“＋”“－”这两个符号，但正式被大家公认是从 1514 年荷兰数学家荷伊克开始的。乔利在 1494 年撰写的《算术、集合、比及比例概要》，是欧洲引入未知数的主要来源。在 16 世纪初的德国，我们现在使用的一些符号开始出现。“＋”和“－”在商业算术中使用。1543 年，雷科德在《艺术基础》一书中将“＋”和“－”引入英国数学界。1557 年，雷科德在《砺智石》一书中使用一对等长的平行线（＝）表示相等。雷科德认为，这些符号可以让数学家脱离用语言文字书写计算过程的束缚。1591 年，法国数学家弗朗索瓦·韦达出版了他最著名的著作 *In artem analyticem isagoge*，即《分析方法入门》，通常被简称为《入门》。在《入门》一书中，他是用字母来表示运算的。通过韦达的巧妙构思，代数开始看起来更像今天的模样。他是第一个能写出诸如“$ax^2+bx=c$”这类方程的人。韦达所做的最重要的事情也许是把代数作为数学的一个重要组成部分来推广，提升了代数在数学中的地位。1631 年，英国人威廉·奥特雷德使用“×”表示乘号。1647 年，他又成为第一个使用古希腊字母 π 表示阿基米德圆周率的人。1659 年，瑞士人拉恩首创除号“÷”，

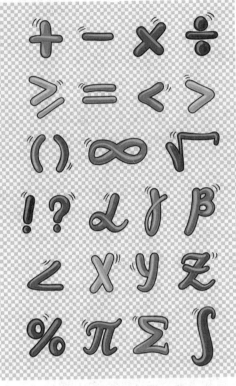

图5-5　数学符号示意图

后来瑞士数学家拉哈在他所著的《代数学》里，正式把"÷"作为除号。

在16世纪的最后10年，弗兰·奥伊斯·维特在符号灵活性和普遍性方面取得了重大突破。维特是第一个将字母作为代数不可分割的一部分来使用的人。最后，笛卡尔完成了把代数带入成熟状态的过程。笛卡尔最大的贡献是他给我们带来了现代字母符号体系。在该体系中，字母表开头的几个小写字母表示已知数，字母表末尾的几个小写字母表示未知数。他还提出了用指数表示变量的幂的想法，即x自乘n次，用"x^n"表示。

笛卡尔是第一个让字母体系广为人知，并且使之方便易用的人。他的字母体系相当稳健，在接下来的4个世纪中都无须本质上的改动。这个体系不仅让数学家受益，而且还激发了莱布尼茨之梦——创立人类思维的符号体系，从而所有关于真或假的争论都可以通过计算解决。当我们把笛卡尔数学论证与之前的代数学家的冗长论述相比较时，可以看到一种好的字母符号体系确实能够放飞想象力，把复杂而高级的思维过程简化成容易掌握的符号操作。

为了避免多余的歧义，数学家们设计了一套数学符号，用来简明地表示许多准确定义和清晰关联的概念。合适的符号系统有助于完成复杂而精确的推理过程。符号系统也有利于进行分析与综合。第一，数字符号的作用就在于它们给出了抽象数概念简单的具体化身。数学符号的作用一般也是这样的：它们给出了抽象数学概念的具体化身。第二，数字符号给出了非常简单地实现各种数字运算的可能性。数学符号和公式一般也有这样的意义：它们使得用计算，即用一种几乎是机械的动作，来代替一部分推理成为可能；并且，如果计算过程被书写下来，它就具有一定的可靠性。这里一切都看得见，一切都可以检验，一切都由精确的规则所确定。

清晰、明确的符号长期以来被认为是数学思想发展过程中的重要组成部分。

5.1.5　跨入高等数学的殿堂：变量的数学

> 　　物体运动的最终速度，并非指其到达最终位置之前的速度，也并非之后的速度，而是其在到达的那一瞬间的速度。
>
> 　　　　　　　　　　　　　　　　　　　　　　　　　　　　　——艾萨克·牛顿

　　常量（constant）与变量（variable）是数学中表征事物量的一对概念。常量亦称"常数"，是反映事物相对静止状态的量；常量可以是不随时间变化的某些量和信息，也可以是某一字符或字符串，常被用来标识、测量和比较。以常量作为研究对象的数学称为常量数学或初等数学，主要包括算术、初等代数、几何等学科。变量亦称"变数"，是反映事物运动状态的量。变量是以非数字的符号来表达，一般用拉丁字母。变量能够作为某特定种类的值中任何一个的保留器。变量分为自变量（independent variable）和因变量（dependent variable），亦称函数。在数学等式中能够影响其他变量的一个变量叫作自变量。

　　从常量数学到变量数学是数学发展的一个分水岭。变量数学出现的社会基础是 16、17 世纪经济的繁荣和航海、军事等方面的发展。科学技术的进步推动着数学不断向前演变，已经成熟的初等数学不能满足社会实践活动的需要。复杂的经济生活自然而然地出现了大批的变量因素。实践的需要和各门科学本身的发展是自然科学转向对运动的研究，对各种变化过程和各种变化着的量之间的依赖关系的研究。作为变化着的量的一般性质及它们之间依赖关系的反映，在数学中产生了变量和函数的概念，而数学对象的这种根本扩展就决定了向数学的新阶段——变量的数学的过渡。

　　变量和函数（function）这两个数学概念，无非就是具体变量（如时间、路程、速度的量——在加以考虑的过程中必须采用不同值的量——的抽象模型。数学变量 x 无非就是"某种量"，或说得更好一些，不管哪种量，只要能取各种不同数值的转动角、扫过的面积等）和它们之间的依赖关系（如路程对时间的依赖关系等）的抽象概括。正像实数的概念是任意量的值的抽象模型一样，"变量"是变化着的量，这就是一般变化着的量，可以把它理解为时间、路程或任何其他量。

　　函数也完全一样，它是一个变量对另一个变量的依赖关系的抽象模型。y 是 x 的函数这个断言，在数学中就表示为，对于每个取值为 x 的值，对应着一个确定的 y 值。例如，按照自由落体规律，通过的路程与降落时间由公式 $s = \dfrac{gt^2}{2}$ 联系起来。路程是时间的函数。

　　函数不仅是代数学中最重要的概念之一，也是今天所有数学分支都要用到的工具。函数这个概念有点抽象，常常需要借助一些形象的工具帮助大家理解、处理它们。对于这种情况，用一条横坐标表示变量值，纵坐标表示函数值的曲线来形象化地描述函数变化。事实上，人们最初研究函数时，恰恰是用它来描述数学上的一些曲线的变化规律的。提出函数这个概念的人是著名的数学家莱布尼茨，而他最初提出这个概念，就是因为在研究微积分时，常常要确定曲线上每一个点的性质，比如曲线在一个点附近是否连续，在那个点的斜率是多少，等等。今天，大家通常习惯把函数关系理解成笛卡尔坐标系中 y 随着 x 变化的走势。

函数的定义通常分为传统定义和近代定义，函数的两个定义本质是相同的，只是叙述概念的出发点不同，传统定义是从运动变化的观点出发，而近代定义是从集合、映射的观点出发。函数的近代定义是给定一个数集 A，假设其中的元素为 x，对 A 中的元素 x 施加某种对应法则 f，记作 $f(x)$，得到另一数集 B，假设 B 中的元素为 y，则 y 与 x 之间的等量关系可以用 $y=f(x)$ 表示，函数概念含有三个要素：定义域 A、值域 B 和对应法则 f。其中核心是对应法则 f，它是函数关系的本质特征。

在函数中，虽然变量（也被称为自变量，通常用 x 表示），似乎自己怎么变都行，但是它有一些特定的限制条件或者范围，这个范围被称为定义域。在定义域确定之后，函数的取值也就确定了。取值也有一定的范围，这个范围被称为值域。了解一个函数的值域范围，可以帮助我们验证结果的对错。例如，公式 $y=\sqrt{1-x^2}$ 确定了一个实函数，它所表达的是实数 x 和 y 之间的对应关系，但显然这不是对所有的 x，而只是对那些满足不等式 $-1 \leqslant x \leqslant 1$ 的 x 而言。至于公式 $y=\lg(1-x^2)$ 所确定的实数则以满足 $-1<x<1$ 的 x 值为限。

函数概念的提出在数学史上有划时代的意义。在此之前，人类最初只对一个个具体的数值直接进行计算，后来虽然有了方程式这个工具，但是方程并不是表示变量之间关系的工具，而是作为解题的工具。到了科学启蒙时代，两件事对函数的出现起到了至关重要的作用。一件事是解析几何的出现，这让数学家们可以把曲线和一些方程式联系起来，从而可以直观地看到一些变量的变化趋势；另一件事是天文学和物理学的发展，需要用公式和曲线表示时间和运动轨迹之间的关系。函数的出现提升了人类的认知，将我们从对单个数字、变量的关注，引向了趋势。没有函数，我们其实很难从个别数据样点中体会整体的变化。

（1）有了函数，我们就很容易看出两个变量之间是怎样相互影响的。

（2）有了函数，我们从对具体事物、具体数的关注，变成了对趋势的关注，而且可以非常准确地度量变化趋势所带来的差异。

（3）有了函数，我们就可以通过学习几个例题，掌握解决一系列问题的方法。

在变量数学的建立过程中第一个决定性步骤出现在 1637 年笛卡尔的作品《几何学》中，这本书奠定了解析几何的基础。例如，方程 $x^2+y^2=a^2$。在代数学中，把 x 和 y 理解为未知数，但是因为所给的方程不能把这两个未知数确定，所以从代数观点来看对它没有什么大的兴趣。然而，笛卡尔不把它们看作应该从方程解出的未知数，而是把它们看作变量；这时方程本身就表示这两个变量之间的依赖关系。这种方程，可以写成如下的一般形式：

$$F(x,y)=0$$

这样，解析几何的一般课题和方法就是，以带有两个变量的这个或那个方程来表示平面曲线并且根据方程的代数性质来研究相应曲线的几何性质；反过来讲，根据给出曲线的几何条件，找出它的方程，然后再根据方程的代数性质来研究这条曲线的几何性质。几何问题可以用这样的方法归纳为代数问题，以及最终归结为数量的关系和计算。

牛顿和莱布尼茨在 17 世纪后半叶建立了微积分学（如图 5-6 所示），这是变量数学发展的第二个决定性步骤。事实上，牛顿和莱布尼茨发现了两种稍微不同的方法。牛顿的方法强调自谓的"流量"及其流数，他称之为"流体的变化率"。莱布尼茨的方法使用了"无穷小"或无限小量的概念。如果一个量用一个变量 x 表示，莱布尼茨定义它的"微分" $\mathrm{d}x$ 是它在无穷小的时间内的变化量。流数和微分基本上就是我们现在所称的导数。这个发现最重要的是可以利用它开发出一种计算方法——"微积分"。莱布尼茨是最清楚地看到这一方法的人。

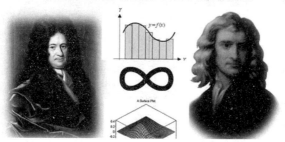

图 5-6　微积分创始人

数学中专门研究函数的领域叫作分析、数学分析，或者有时候叫作无穷小量的分析。无穷小量的概念是研究函数的重要工具。函数是一个量对于另一个量的依赖关系的抽象模型，所以可以说，分析是以变量之间的依赖关系作为自己的对象，但是，不是这些或那些具体量之间的依赖关系，而是脱离了它们的内容的一般变量之间的依赖关系。数学分析是在已经形成的力学的基础上，在几何问题和从代数引出的方法和问题的基础上建立起来的。除了变量和函数概念以外，以后形成的极限概念也是微积分以及进一步发展的整个分析的基础。在分析形成的期间中，极限概念代替了当时运用的无穷小量的概念。分析就是由于这些概念、方法与各种力学问题、几何问题以及某些其他问题（例如，求极大和极小的问题）相结合而产生的。

从分析产生之日起，它的发展就紧密地联系着力学和整个物理学的发展。分析的一些伟大成就总是和解决上述科学所提出的问题有关。尽管分析具有抽象的性质，却给予自然科学和技术以解决各式各样问题的有力方法。分析，更准确地说是微分方程论，不仅给出寻找变量的个别值的可能性，而且给出寻找未知函数，也即一些量对另一些量的依赖规律的可能性。例如，我们能够根据电流的一般规律，确定当把电压加到带有已知电阻、电容和自感的电路中时，电流强度与时间的关系。分析不仅给出这些或那些问题的解决方法，它还给出了精确科学中定量规律的数学表述的一般方法。

经由特殊问题中某些特征的抽象化而创建出来的数学分析，反映着物质世界十分现实和深刻的性质，而且正因为如此才能成为对这样广大范围的种种问题进行研究的工具。刚体的力学运动，流体和气体的运动，其个别粒子的运动和质量流动的规律，热与电的过程，化学反应的进程等。所有这些现象都由相应的各门学科广泛地使用数学分析的工具来加以研究。

通过分析及其变量、函数和极限等概念，运动、变化等思想，使辩证法思想渗入了全部数学。基本上是通过分析，数学才经受了精确科学和技术的影响，数学才在自然科学和技术的发展中成为精确表述它们的规律和解决它们的问题的方法。

5.1.6　数学的特点

数学的特点不仅在于概念的抽象性、逻辑的严密性、结论的明确性，而且在于它应用的广泛性和发展的连续性。

1. 概念的抽象性

一切科学、技术的发展都需要数学，这是因为数学的抽象，使外表完全不同的问题之间有了深刻的联系。抽象性在简单的计算中就已经表现出来。我们运用抽象的数字，却并不打算每次都把它们同具体的对象联系起来。例如，抽象的乘法表——总是数字的乘法表，而不是某一事物的数目乘以另一事物的数目。同样在几何中研究的，例如，是直线，而不是拉紧了的绳子。关于几何图形的概念是舍弃了现实对象的所有性质只留下其空间形式和大小的结果。

全部数学都具有抽象性的特征。不过，抽象并不是数学独有的属性，它是任何一门科学乃至全部人类思维都具有的特性。但是其他科学感兴趣的首先是自己的抽象公式同某个完全确定的现象领域的对应问题，研究已经形成的概念系统对给定现象的运用界限问题和所采用的抽象系统的相应更换问题，并把这些作为最重要的任务之一。相反地，数学完全舍弃了具体现象去研究一般性质，在抽象的共性中考虑这些抽象系统本身，而不管它们对个别具体现象的应用界定。可以说，数学抽象的绝对化才是数学所特有的。

数学在它的抽象性方面的特点还在于：第一，在数学的抽象中首先保留量的关系和空间形式而舍弃了其他一切。第二，数学的抽象是经过一系列阶段而产生的，它达到的抽象程度大大超过了自然科学中一般的抽象。第三，数学本身几乎完全周旋于抽象概念和它们的相互关系的圈子之中。如果自然科学家为了证明自己的论断常常求助于实验，那么数学家证明定理只需用推理和计算。

数学抽象方法与其说是丢弃了研究对象中所有非本质的特征，不如说是强有力地突出了其本质特征而使得其余都不再明显。从特定问题的所有数值中抽取出来的某个变量，可以用一个符号来涵盖它们，并得出表达公式。一旦我们把握了某种通式，就可以用任一数值代入符号 x 和 y，得到特定情况下的各种结果。通适性有利于表述科学理论，它的主要作用就是反事实条件推断，这种方法能告诉我们在假设情况下某种事物将会发生什么后果。

数学对象完全舍弃掉任何具体性和以此为基础的数学结论的思辨特征，引起了数学的另一个重要特点：在数学中研究的不仅是直接从现实世界抽象出来的量的关系和空间形式，而且还研究那些在数学内部以已经形成的数学概念和理论为基础定义出来的关系和形式。

2. 逻辑的严密性

对以实证为基础的科学来说，证据总是最重要的。首先你需要提出一个"假设"——一个你觉得可能正确的理论，无论这个理论是源自观察、直觉、怀疑、偶然见闻还是其他。其次，你需要通过寻找符合科学标准的证据来严格检验这个假设。最后，你得到的结果必须符合统计学标准。数学则与此不同。当然，数学研究的第一步与其他科学没什么不同——提出一个你认为正确的假设。但接下来就不一样了，我们不再使用实证性的方式来严格检验这个假设，而是使用逻辑来严格检验这个假设。此处的"严格"就其意义而言与一般科学意义上的"严格"完全不同。它与样本大小无关，因为数学研究并不涉及任何样本，而只关乎思考、推演的过程。主观感觉也不会影响这个过程，因为我们所做的只是应用逻辑规则而已。

数学的公理化方法实质上就是逻辑学方法在数学中的直接应用。在公理系统中，所有命题与命题之间的都是由严谨的逻辑性联系起来的。从不加定义的原始概念出发，通过逻辑定义的手段逐步地建立起其他的派生概念；由不加证明而直接采用作为前提的公理出发，借助于逻辑演绎手段而逐步得出进一步的结论，即定理；然后再将所有概念和定理组成一个具有内在逻辑联系的整体，即构成公理系统。

数学要求逻辑上无懈可击、结论要求精确，一般称之为具有严谨的逻辑性。数学结论是否正确，主要靠严格的逻辑推理来证明，而且一旦由推理证明了结论，那么这个结论就是正确的。数学结论本身的特点具有很大的逻辑严密性。

数学具有逻辑的严密性，任何数学结论都必须经过逻辑推理的严格证明才能得到承认，逻辑的严密性也并非数学所独有。任何一门科学，都要应用逻辑工具，都有严谨的一面，但数学对逻辑的要求不同于其他科学。因为数学的研究对象是具有高度抽象性的数量关系和空间形式，是一种形式化的思想材料。许多数学结果，很难找到具有直观意义的现实原型，往往是在理想情况下进行研究的。例如一元二次方程求根格式的得出，两条直线位置关系的确定，无穷小量的得出等。数学运算、数学推理、数学证明、数学理论的正确性等，不能像自然科学那样借助于可重复的实验来检验，只能借助于严密的逻辑方法来实现。

数学推理的进行具有这样的精密性，这种推理对于每个只要懂得它的人来说，都是无可争辩和确定无疑的。数学真理本身也是完全不容争辩的。但是数学的严格性不是绝对的，它在发展着；数学的原则不是一劳永逸地僵立不动了，而是变化着的，并且也可能成为甚至已经成为科学争论的对象。

3. 结论的明确性

数学是人类对事物的抽象结构与模式进行严格描述的一种通用手段，可以用于实现世界的任何问题，从这个意义来讲，数学属于形式科学，而不是自然科学。所有的数学对象本质上都是人为定义的，它们并不存在于自然界，而只是存在于人类的思维与概念之中。数学是关于抽象实体的，抽象实体是无形的，它（们）不像石头那样物理地反冲（当你用脚踢石头时，石头会产生反作用力）。数学的抽象性质预先规定了这样的事实，就是数学定理仅仅用从概念出发的推理来证明。证明一个定理对于数学家来说就是要从这个定理中引用的那些概念所固有的原始性质出发，用推理的方法导出这个定理。因此，数学命题的正确性，无法像物理、化学等以研究自然现象为目标的自然科学那样，能够借助于可以重复的实验、观察或测量来检验。在数学中扮演这一角色的是证明。按照传统的观点，证明和实验之间的关键区别是，证明无须涉及物质世界。我们可以在自己心智内部完成证明，或者可以在营造错误物理现象的虚拟环境中完成证明。只要遵循数学推理规则，我们应当得出与他人一样的答案。一旦通过逻辑推理证明了结论，那么这个结论也就是正确的。

数学有别于人类所构建的所有其他知识体系，它是唯一一个具有绝对正确结论的学科，因为数学是建立在公理和逻辑基础上的，只要自治就是正确的。其他任何知识体系，无论是物理学、化学和生物学，还是医学、历史学、社会学和经济学，都是对宇宙中的物质规律和人类社会规律进行的描述，如果其中的一些描述不符合真正的规律或者新发现的现象，那就被证明是"错的"。因此在这些科学中的结论，都是有条件正确的。基于上述特点，数学的定理一旦成立，就有普世的意义，而不像自然科学的规律是随着条件而改变的。在数学中，不能采用自然科学实证的方法，无论多少次证实都无法确立一条定理。

数学家们为这种绝对肯定性感到十分自豪，而科学家们则有点嫉妒，因为在科学中任何命题都不可能完全肯定。无论理论把现有的观测结果解释得多好，都有可能在某一时刻有人做出了新的、无法解释的观察结果，对当前的整个解释结构提出质疑。更糟糕的是，有人可能会提出更好的理论，不仅解释所有现有的观测结果，而且解释为什么前面的理论似乎解释得很好，但实际上是完全错误的。

数学家寻求绝对而抽象的真理，而科学家聊以自慰的是他们能够获得物质世界的本质的有用的知识。但是他们必须承认，这些知识的正确性是没有保证的。它们永远是暂时正确的，永远是可能出错的。

4. 应用的广泛性

数学的生命力源泉在于它的概念和结论尽管极为抽象，但却如我们所坚信的那样，它们是从现实中来的，并且在其他科学中、在技术中、在全部生活实践中都有广泛的应用，这一点，对于了解数学是最主要的。数学的高度抽象性决定了数学应用的广泛性。数学忽略了物质的具体形态和属性，纯粹从数量关系和空间形式的角度来研究现实世界，它和哲学类似，具有超越具体科学、普遍适用的特征，对所有的学科都有指导性的意义。

我们经常地、几乎每时每刻地在生产中、在日常生活中、在社会生活中运用着最普通的数学概念和结论，甚至并没有意识到这一点。例如，我们计算日子或开支时就运用了算术，而计算住宅的面积时就运用了几何学的结论。如果没有数学，全部现代技术都是不可能的。离开或多或少复杂的计算，也许任何一点技术的进步都不会有；在新的技术发展上，数学起着十分重要的作用。几乎所有的科学都多多少少实质地利用着数学。"精确科学"——力学、天文学、物理学，以及在很大程度上的化学——通常都是以一些公式来表述自己的定律，都在发展自己的理论时广泛地运用了数学工具。没有数学，这些科学的进步简直是不可能的。因此，力学、天文学、物理学总是在数学的发展上起着直接的、决定性作用。

数学的应用总是只有与具体现象的深刻理论相结合才有意义，在这些现象的研究中尤其如此。记住这一点很重要，这样才不致迷惑于毫无实际内容的公式游戏。但是无论如何，数学几乎在所有的科学中，从力学到经济学，都有这样那样的应用。

5.发展的连续性

数学不是任何一个历史时代、任何一个民族的产物，它是好几个时代的产物，许多世纪的人们的工作的产物。从数学发展的历程来看，数学有它的独到之处，数学的过去融化在现在与未来之中。数学的最初的概念和原理在远古时代就产生了，还在 2000 多年以前就形成了严谨的体系。不管数学经历了多少次改造，它的概念和结论都仍旧保持下来，从一个时代过渡到另一个时代。例如，算术规则或毕达哥拉斯定理（勾股定理）。100 多年前，德国数学家、数学史家汉克尔（1839—1873）就形象地指出过数学和其他自然科学的显著差异。他写道："在大多数的学科里，一代人的建筑往往被另一代人所摧毁，一个人的创造被另一个人所破坏；唯独数学，每一代人都在古老的大厦上添加一层楼。"众所周知，代数学、几何学、分析数学是数学的三大基础学科，数学各分支的发生和发展，基本上都是围绕着代数学、几何学、分析数学三大学科进行的。

数学科学与其他科学相比，一个重要的特点就是历史的累积性、发展的平衡稳定性。也就是说，重大的数学理论总是在继承和发展原有理论的基础上建立起来的，它们不会推翻原有的理论，而且总是包容原有的理论。比如天文学的"地心说"被"日心说"所代替，物理中关于"光"的粒子说被"波动说"代替，化学中的"燃素说"被"氧化说"代替等，而数学从来没有发生过这样的情况。在数学的发展过程中，新的理论把先前的成就包括到自身中来，把先前的成就加以精确化、补充和推广。例如，电子计算机的出现改变了数学理论研究的面貌，特别是它的强大的计算力使数学如虎添翼，然而古老的四则运算的基本原理并未被抛弃。否定《几何原本》第五公设的结果，诞生了非欧几何，而欧氏几何仍然大有用处。17 世纪中期到 18 世纪中期，西欧各国的学术界、思想界围绕微积分的基础问题开展了一场规模巨大的辩论，引发了第二次数学危机，然而结果导致了数学分析的严格化。

数学从最初经验性知识的积累，发展到如今，已建立起庞杂的学科体系。既包含一定程度上脱离经验、应用的纯粹数学，也包含侧重应用的应用数学。而且数学继续朝着广泛、深刻、抽象的方向发展，新概念、新思想、新方法还会不断地产生。无论数学如何发展，直到目前为止，无非两种方式：扩张法（一般化方法）和发现法。扩张就是指从已知的概念、定理出发，建立以原有的结果为特殊情况的更为广泛的概念、定理。这在数学史上是非常常见的，数学家非常热衷于从具体问题、特殊问题入手，找到其一般化的方法。例如，数的概念，从自然数开始，逐渐扩充到整数、有理数、无理数、负数、实数、复数和虚数等。发现法不同于扩张法，它不依赖于已知事项而发现新的数学事项。发现法并不否定数学的积累，例如笛卡尔与费尔马将代数和几何相结合，引入了坐标系，形成了解析几何。

　　数学持续发展的原因之一就是，一旦我们掌握了一种方法，我们总能找到更多可以用它来研究的对象，然后我们又能找到更多研究这些对象的方法，再后来我们又能用新方法找到更多可以研究的对象，如此循环往复。

5.1.7　数学的本质

　　数学的本质是什么？换个说法，这个问题也就是：数学是什么？对数学本质的认识，数学家们可谓"独具匠心"。正应了那句格言："一千个人的心中，有一千个哈姆雷特。"例如，《西方文化中的数学》的作者克莱茵说："在西方的文明中，数学一直是一种主要的文化力量。"克莱茵指出："数学决定了大部分哲学思想的内容和研究方法，摧毁和构建了诸多宗教教义，为政治学说和经济理论提供了依据，塑造了众多流派的绘画、音乐、建筑和文学风格，创立了逻辑学，而且为我们必须回答的人和宇宙的基本问题提供了最好的答案……"。数学家波莱尔曾说过这样一段引人深思的话："数学家的目的往往是寻求一般的解，（他们）喜欢用几个一般的公式来解决许多特殊的问题。"这基本道出了数学的本质，换句话说就是从一般到特殊，再由特殊到一般，并强调"喜欢"。由于数学的逻辑性很强，没有兴趣和好奇心驱动是很难做得到的。以下是笔者根据一些出版的书籍、互联网上的信息，总结归纳的著名数学家或哲学家阐述的数学的本质，供大家参考（随机挑选罗列，非厚此薄彼）。

　　（1）万物皆数说（毕达哥拉斯）："数统治着宇宙。"

　　（2）哲学说（亚里士多德）："新的思想家虽然说是为了其他事物而研究数学，但他们却把数学和哲学看作是相同的。"

　　（3）符号说（希尔伯格）："算术符号是文化的图形，而几何图形是图像化的公式；没有一个数学家能缺少这些图像化的公式。"

　　（4）科学说（高斯）："数学，科学的皇后；数论，数学的皇后。"

　　（5）工具说（笛卡尔）："它是一个知识工具，比任何其他由于人的作用而得来的知识工具更为有力，因为它是所有其他根据的源泉。"

　　（6）逻辑说（库尔）："数学为其证明所具有的逻辑性而骄傲，也有资格为之骄傲。"

　　（7）应用说（罗巴切夫斯基）："任何一门数学分支，不管它如何抽象，总有一天会在现实世界中找到应用。"

　　（8）发展说（汉克尔）："在大多数科学里，一代人修筑的建筑往往被另一代人所摧毁，一个人的创造被另一个人所破坏；唯独数学，每一代人都在古老的大厦上添加一层。"

　　（9）自由说（康托尔）："数学的本质在于它的自由。"

（10）直觉说（布劳威尔）："数学构造之所以称为构造，不仅与这种构造的性质本身无关，而且与数学构造是否独立于人的知识、与人的哲学观点都无关。它是一种超然的先验直觉。"

（11）集合说（克里奇）："今日数学以集合论为基础，每一个数学概念都用集合来描述，并且所有的数学关系都被表示为某种集合之间的连锁式成员资格关系。"

（12）结构说（法国布尔巴基学派）："数学是研究抽象结构的理论。"

（13）模式说（怀特海）："数学的本质就是研究相关模式的最显著的实例。"

（14）活动说（波普尔）："数学是人类的一切活动。"

（15）精神说（克莱茵）："数学是一种精神，特别是理性的精神，能够使人的思维得以运用到最完美的程度。"

（16）审美说（普罗克拉斯）："哪里有数，哪里就有美。"

（17）艺术说（波莱尔）："数学只是一门艺术。"

（18）定义说（怀特）："数学是定义的科学。"

（19）语言说（迪里满）："数学是语言的语言。"

（20）玄学说（汤姆生）："数学是真实的玄学体系。"

（21）文化说（魏尔德）："数学是一种不断进化的文化。"

（22）符号加逻辑说（罗素）："数学是方法论。"

（23）真谛说（加德纳）："数学的真谛就在于不断地寻求用越来越简单的方法证明定理和解决数学问题。"

……

通俗地理解，数学在本质上就是一种关于数字（人为定义的反映事物量化指标和事物之间数量关系的一种特殊符号，其中的字母即不确定或尚未确定的数字，其中的变量即描述指定事物某个运动过程的不断变化的数字）、图形的特殊符号的运算和实证科学，这些符号之间有着较严密的逻辑关系。这些数字和图形（即从自然界事物中高度抽象出的理想化图形，如平面的厚度趋于零，但在现实世界中并不存在这样的平面，只存在很薄的物体）在自然界中并不存在，是人为定义的，即无法通过观察自然界并做相应的实验去检验每类数学新知识的正确与否，只能通过已有的概念、定理、公式等旧知识，顶多再受到现实世界的一些现象或其他学科的启发（如伟大的物理学家牛顿受到物理学上有关物体运动的一些问题（瞬时速度、瞬时加速度等问题）的启发后，利用以往的数学知识，经过严密的逻辑推理和严格论证，创立了广为人知的数学重要分支——微积分），经过严密的逻辑推理和严格论证后，最终才发展起来。

深入思考后的理解，数学是结构（存在数量）和关系（存在变化）的描述，以及验证（结构和关系）的方法和过程。数学是对客观事物的一种抽象认识过程，而过程并不是物质、能量本身，只是在大脑的信息活动中，从感性认识生成的认知概念。可以说，数学是人类通过实践而获得信息，表现为一种经验知识的积累，从而找出事物之间及事物本身的内在活动规律。数学是无实体的、永恒的客观存在，是等待被人发现的自然规律。数学通过抽象的方法，剥离去除一切无意义的具体，只留下单纯的结构和关系，并探索其中的逻辑。数学试图去发现所有的结构和关系，这是一种描述行为。所以，数学可以说是一种描述物质的物质，就像是一种元数据和元语言——描述的就是物质结构和关系所固有的逻辑。

在数学中，我们需要做的就是不断地剔除和忽略，直到我们不再需要做其他，只需要应用纯粹、明确的逻辑规则进行思考。

关于数学的本质，进一步总结概括如下：

（1）数学是一个世界，一个由数字、符号和公式等组成的世界。学习它需要明白它是我们人类所创造出来的一个世界，一个只存在于我们大脑之中，却又可以解释我们所生存的现实世界中的种种看不到的规律和看得到的空间结构等的虚拟世界。在这个世界中我们能够创造出我们所能够创造出来的一切。

（2）数学是一种思想，一种通过已知明白未知的思想。学习它需要明白万事万物间存在着某种联系，透过这种联系还有已知的有关的信息就可以得到我们未曾得知的信息。数学，作为人类思维的表达形式，反映了人们积极进取的意志、缜密周详的推理以及对完美境界的追求。它的基本要素是：逻辑和直观、分析和构作、一般性和个别性。数学在形成人类理性思维和促进个人智力发展的过程中发挥着独特的、不可替代的作用。

（3）数学是一种语言，是人类为了研究宇宙中的规律所抽象出来的，用来进行逻辑思考的语言。数学是科学的语言，是人类语言系统的重要组成部分。数学这种语言是经过千百年的创造和发展到了精美的境界，可以严谨地描述复杂深奥的自然奥秘，促进自然科学的发展。数学知识是人类精通了异常精确的数学语言之后，用它写成的文学作品。当然，就像用自然语言写成的文学作品一样，数学也是人类的智慧和创造力的结晶。

（4）数学是一种工具，一种我们人类为了看到更为真实世界所创造的工具。学习它，我们需要明白我们能够看到的世界是有限的，还有更多的更为真实的世界我们无法直接看到它，但是透过它，我们就可以间接地看到那些未知的世界。数学是一切科学的基础，是培养逻辑思维的重要渠道，可以说人类的每一次重大进步都有数学这门科学在做强有力的支撑。在人类历史发展和社会生活中，数学发挥着不可替代的作用，同时也是学习和研究现代科学技术必不可少的基本工具。

（5）数学是一种文化，数学研究的对象是现实世界的空间形式和数量关系，是现实世界的一种量化模式。这种模式是由现实世界中的事物或现象，经过人的大脑抽象人为创造出的抽象模式，是"人类悟性的自由创造物"。它源于真实世界，但又并非是现实世界的真实物。数学同各种艺术形式一样，是一种人类创造性活动的结果，是人类抽象思维的产物，从这个意义上讲，数学是一种文化，而且是更高层次上的文化。

数学的力量和美丽并非体现在它所提供的答案和它所解决的问题上，而在于它对人类的启蒙，在于它带来的照亮世界的那一束光。正是这束光让人类看得更加清楚，而由此，人类便迈出了认识周围世界的第一步。

5.2　自然科学与工程技术问题的数学表述

> 任何一门数学分支，不管它如何抽象，总有一天会在现实世界中找到应用。
>
> ——罗巴切夫斯基（1792—1856，俄国数学家）

数字、文字和自然语言一样，都是信息的载体，它们之间有着天然的联系。语言、文字和数字的产生是为了同一个目的——记录和传播信息。在信息论提出之前，数学的发展主要是跟人类对自然的认识以及生产活动联系在一起的，包括天文学、几何和工程学、经济学、力学、物理学甚至生物学等。换句话说，人类认识自然和改造客观世界的活动，离不开自然科学和工程技术。

自然科学是研究大自然各种现象（如风、雷、雨、雪）及其产生机制和运动、变化规律的科学。它包括常见的数学、物理学、化学、生物学、天文学、地球科学、逻辑学七门基础科学，以及医学、农学、气象学、材料学等科学，它是人类改造自然的实践经验即生产斗争经验的总结。它的发展取决于生产的发展。其研究手段包括观察、实验、推理和想象，而实验是最终证明所建立的理论是否正确的唯一手段。作为经验科学，自然科学使用形式科学中的工具，如数学和逻辑学，将有关自然的信息转换为测量值，这些测量值可以解释为"自然法则"的明确陈述。

工程技术，指的是工程实用技术。工程技术亦称生产技术，是在工业生产中实际应用的技术。就是说人们将科学知识或利用技术发展的研究成果应用于工业生产过程，以达到改造自然的预定目的的手段和方法。例如，历史悠久的工程技术是建筑工程技术，它的理论依据是理论力学。随着国防的需要，出现了军事工程技术，它综合了不同行业的工程技术。近年来，随着科学理论的不断进展，工程技术的类别也越来越多，如基因工程技术、信息工程技术、卫星工程技术，等等。随着科学与技术的综合发展，工程技术已经突破了工业生产技术的范围，而展现出它的广阔前景。

　　"科学"的目的是发现，"工程"的目的是建造。在过去，没有工程的帮助，科学家仍然发现了许多大自然的真相；同样地，科学还没有发展出力学的时候，工程师已经建造了金字塔和万里长城。所以，从前的"科学"与"工程"是可以分开、独立进行的。但是在今天，"科学"与"工程"经常是相互依靠的。比如，天文学家要发现遥远的星系必须借助强大的望远镜，而建造这样的天文望远镜就是一项"工程"。例如，建造"天眼"是一项巨大的"工程"，需要有精密的"技术"才能实现。

　　在科学研究中，数学常常被人所津津乐道的一种优越性，在于它具有定量描述的能力。数字系统有别于以往的粗略而又含混的定性形容，能给出无数精炼、精确、概括而又通用的论断。量化方法促进了测量活动的开展，它比感性体验所得到的经验确认更为精确，更具公用性，也更不容易受到测量者个体差异的各种影响。

　　数学把自然科学的量的规律转化为公式的方法，是研究自然科学理论的工具，是解决自然科学的手段。数学总是以简洁、优美的文字符号揭示着事物的本质规律，从开普勒三大定律到牛顿的万有引力，再到爱因斯坦的相对论，无不是通过数学语言描述的。数学已经展现出了它们不可思议的强大力量。如今，没有任何一条严谨的物理学理论敢用除了数学语言之外的其他语言进行表述。

　　让我们从著名科学家伽利略开始，简单回顾一下自然科学发展中的若干历史片段，大家可以轻易捕捉到自然科学与数学的密切关系。

　　16 世纪末和 17 世纪初，当数学家们正在研究代数的时候，另一部分人则开始使用数学来尝试了解宇宙。当时，这部分人通常被称为"自然哲学家"。其中最著名的一位应该就是伽利略，他一生中大部分时间都居住在意大利佛罗伦萨。伽利略毫无疑问是人类历史上最高产和最具有创新精神的科学家。这位意大利科学家被普遍认为是现代物理学的创始人。他发明了天文望远镜；发现了土星环、太阳黑子、金星的周期，以及木星的四个主要卫星。他是哥白尼日心说的最有影响力的倡导者；他阐释了物体的相对运动，直到今天我们依然用"伽利略变换"来描述相对运动的规则；他还是第一个通过实验研究自由落体运动的人。1623 年，伽利略撰写了《试金者》一书，该书记录了当时的科学进展，尤其是数学和物理学之间日益紧密的关系。他在书中写道："哲学写在这部称为宇宙的大书上，这本书永远打开着，接受我们的凝视。但要是我们不掌握它的语言，不去解读它赖以记录的字符，那我们就不可能理解这部大书。它以数学语言写就，其字符是三角形、圆形和其他几何图形。没有这些，人们就在黑暗迷宫中徘徊。"事实上，他坚信人类只有用数学，才有机会了解和认识这个世界。

　　在德国，约翰尼斯·开普勒（Johannes Kepler，1572—1630）使用古老的希腊圆锥曲线来描述太阳系。开普勒发现行星围绕太阳在椭圆轨道上运转，并找到了数学定律来描述每个行星移动的速度。在法国，神父马林·梅森尝试让从不同地方来的学者聚集在一起，开展讨论并分工合作以便了解这个世界。在英国，托马斯·哈利奥特则发展了代数，并将数学应用于光学、航海技术和解决其他问题。笛卡尔把代数和几何学结合在一起，做出了突破性的变革。他开始尝试去理解彗星、光和其他现象。

17世纪的学者们普遍认识到的一点是，自然根据其内在规则运转，自然被精确的数学规则控制，自然的规律可以通过重复实验的方式大白于天下。在这一时期，最显著的成就毫无疑问是牛顿发现的万有引力定律。在《自然哲学的数学原理》（*Philosophiae naturalis principia mathematica*）一书中（1687），这位英国学者首次提出，地球上的自由落体运动和天空中天体的圆周运动，都可以通过同一个现象来解释——宇宙中的所有物体都相互吸引。牛顿不仅仅提出了这一引力定律，他还精确地算出了相互吸引的两个物体之间的引力大小。实际上，他用一个数学公式精确地表示出了这个引力。任意两个质点由通过连心线方向上的力相互吸引，该吸引力的大小与它们的质量乘积成正比，与它们距离的平方成反比。这个规律能够写成如下形式的公式：

$$F = G \times \frac{m_1 \times m_2}{d^2}$$

在这个公式中，字母F代表引力的强度，m_1和m_2分别代表两个相互吸引的物体的质量，d代表两个物体之间的距离，而字母G代表着一个固定的常数，数值为0.000 000 000 066 7。G值这么小，正好说明了对于小物体来说，万有引力是很不明显的，而当涉及行星或者恒星这样具有超大质量的物体的时候，它们的万有引力则能够被感觉到。

一旦建立了公式，物理问题就转化成了数学问题。于是我们就能够计算天体的运动轨迹，特别是它们未来的演化情况！在接下来的几十年时间里，牛顿公式记录了大量的成就。不过，牛顿理论最引人瞩目的成功，应该是计算出了哈雷彗星的回归周期。1757年，天文学家杰罗姆·拉朗德和数学家妮可-雷讷·勒波特开始着手进行一个基于亚历克西斯·克劳德·克莱罗由牛顿等式出发所创立的数学模型的计算。他们花费了几个月的时间，最终预测出下一次哈雷彗星靠近太阳的时间大约在1759年的4月，误差在1个月左右。哈雷彗星于1759年3月13日来到太阳附近，正好在克莱罗、拉朗德和勒波特预测的区间之内。通过哈雷彗星的成功预测，万有引力的理论和物理的数学化用"光彩夺目"的事实，向世人证实了它们令人难以置信的强大力量。说起数学在天文学领域中取得的主要成就，更免不了提及19世纪海王星的发现。太阳系的第八大行星和冥王星是太阳系内仅有的两颗没有经过观测，而是通过纯粹的数学方式推算出来的行星。这一壮举的实现，多亏了法国天文学家、数学家奥本·勒维耶。他花了整整两年的时间进行演算，最终得出了一个结果。1846年9月23日和24日晚，德国天文学家约翰·格弗里恩·伽勒将望远镜对准了勒维耶计算出的那个方向仔细地寻找，然后，他发现了海王星。人们可以很容易地想象，在海王星被发现之后的一段日子里，整个天文学界会处于怎样的兴奋、狂喜状态。

除天文学外，数学在其他学科上的运用也取得了显著的效果。为了研究热是如何通过物体传导的，傅立叶（Joseph Fourier，1768—1830）发现了现在被称为"傅立叶级数"的成果（1811），即任一函数都可以展开成三角函数的无穷级数。这些被证明在应用数学中非常有用，如研究光学、声学以及其他周期波现象都是非常有用的。它们也被证明是有趣的数学研究对象，解开它们的特性需要严谨的微积分学方法。电学和磁学引起了许多有趣的问题，而这些问题都引发了数学的重要发展。理解机械、流体力学、行星运动、结构的稳定性、潮汐、弹性材料的反应——所有这些都引起了许多数学家的关注。另一个同样令人信服的例子是电磁波的发现。英国物理学家詹姆斯·克拉克·麦克斯韦（1831—1879）概括了由实验建立起来的电磁现象规律，把这些规律表述为方程的形式，他用纯数学的方法从这些方程推导出可能存在电磁波，并且这种电磁波应该以光速传播着。根据这一点，他提出了电磁理论，这理论后来被全面地发展和论证了。除此之外，麦克斯韦的结论还推动了人们去寻找纯电起源的电磁波，例如，由振动放电所发射的电磁波，这样的电磁波果然被赫兹发现。而不久之后，波波夫就找到了电磁振荡的激发、发送和接收的方法，并把这些办法带到许多应用领域，从而为全部无线电技术奠定了基础。

许许多多数学理论都能够化身为某种物理现象。从广义相对论到量子力学，物理学家发现很多数学发现都似乎是为了某个物理领域量身打造的。例如，阿尔伯特·爱因斯坦在 20 世纪初就将数学应用于他提出的狭义相对论与广义相对论之中。1919 年 5 月 29 日的日食，见证了爱因斯坦广义相对论的胜利。1925 年，奥地利物理学家埃尔温·薛定谔提出了薛定谔波动方程。这一微分方程用波来刻画粒子，粒子的状态只能借助概率来确定。在科学界，这是一次开创性的突破。此前，科学界一直被确定性理论支配。2012 年希格斯波色子的发现，证实了早先预设中的粒子物理学标准模型；2015 年 9 月 14 日，引力波的存在首次被检测到。

爱因斯坦认为，人的头脑在发现事物中的存在形式之前已预先设想了它们，因此在构思复杂形式时，数学能帮助科学家发现自然界中的精细结构，并帮助工程师设计它们。爱因斯坦有句名言是这样说的："宇宙最不可理解之处，就是它居然是可以被理解的。"换句话说，宇宙通过数学能被理解。诺贝尔物理学奖获得者维格纳曾经感叹："数学在自然科学中不可思议的有效性"；数学家兼物理学家、2020 年诺贝尔物理学奖获得者罗杰·彭罗斯写道："基本的物理要求与优美的数学性质这两方面的显著联系，正是高深的数学概念与我们这个宇宙内部机制之间的那种深奥的、微妙的乃至神秘的关系的突出例证。"

一套数学方程通过条理清晰的内在逻辑、自身的美妙以及广泛应用的潜力，似乎完全能够反映真正的现实。

上述事例充分说明，数学方法是在自然科学研究中经常采用的一种思想方法，其内涵是：它是科学抽象的一种思维方法，其根本特点在于撇开研究对象的一切其他特性，只抽取出各种量、量的变化及各量之间的关系，也就是在符合客观的前提下，使科学概念或原理符号化、公式化，利用数学语言（即数学工具）对符号进行逻辑推导、运算、演算和量的分析，以形成对研究对象的数学解释和预测，从量的方面揭示研究对象的规律性。

正如参考文献 [64] 所说，可以把数学看作一门语言，设计它的目的在于创造、把握和分析精深的概念、概念之间的相互关系以及概念的内在结构。它确保一种概念在其概念结构内部有着精确的含义，而且不管如何艰难，也总能明白无误地查找到这种概念与其他概念的关系。数学的严谨性能够厘清头脑的思路，集中和增强概念的创造力。如此精确的语言，对工程和自然科学的发展堪称无价之宝，因为两者均需要由清晰的推理所制约的想象力来探究现实世界的复杂结构。

不仅局限于自然科学，任何一门成熟的科学都需要用数学语言来描述，在数学模型的框架下来表达它们的思想和方法。当代数学不仅继续和传统的临近学科保持紧密的联系，而且和一些过去不太紧密的领域的关联也得到了发展，形成了数学化学、生物数学、数学地质学、数学心理学等众多交叉学科。数学在模拟智能和机器学习中也起到了很重要的作用，包括环境感知、计算机视觉、模式识别以及知识推理等。

诚然数学是十分重要的，但是在自然科学和工程技术中，物理学的、设计的原理具有至高无上的支配地位。麻省理工学院林肯实验室的工程师们用最简洁的语言将此概括为：数学应该放在关节点上，而非制高点上。

5.3　数学算法与计算机模拟

给我五个系数，我将画出一头大象；给我六个系数，大象将会摇动尾巴。

——A.L. 柯西

大多数需要计算的科学和工程技术，都涉及物理定律和其他微分方程的数值解法，其中许多方程至今都无法用解析方法求解。许多研究、开发的对象都很复杂，以至于连性能最强大的计算机都不能有效处理它们的所有细节。因此，概念的抽象方法和数学建模都是绝对必要的。多年来，凭借数学洞察力，科学家和工程技术专家已经开发了许多可以有效完成计算任务的算法。例如，蒙特卡罗方法、快速傅立叶变换（fast Fourier transform，FFT）算法。

算法（algorithm）一词源自 9 世纪初，中亚波斯地区的花拉子密（Muhammad AL-Khwārizmī）的名字。花拉子密撰写了两本影响久远的著作。第一本讲述的是算术，该书在将我们现在使用的印度数字引入欧洲的过程中发挥了较大的作用，印度数字现仍被错误地称为"阿拉伯数字"。这部关于古印度数字体系的著作只有拉丁文译本保存了下来，它的卷首语是"根据花拉子密……"（Dixit Algorithmi...）。因为这段卷首语，掌握了这种"新算术"（相对于旧罗马数字体系，后者对运算毫无帮助）的中世纪欧洲学者称自己为"算术家"（algorithmists）。很久以后，人们用"算法"（algorithm）这个词来表示经过有限次确定步骤后可以完成的计算过程。这是现代数学家和计算机科学家使用的含义。第二本书的名字是《还原与对消计算概要》（花拉子密给它命名为 Kitāb al-mukhtasar fī hisāb al-jabr wa-l-muqtābala）。这是一本代数和算术教材，是 600 年前丢番图的《算术》之后在这个领域中第一部意义重大的著作。此书分为三个部分，分别是关于二次方程的解法、面积和体积的测量以及处理复杂继承法所需的数学。很久以后，这本书被翻译成拉丁文，标题的最后几个阿拉伯单词被做了语音学上的近似处理，于是这本书的拉丁文名字变成了 Liber Algebræ 或者 Almucabola。渐渐地，Almucabola 这个术语不再被使用，让位给了由花拉子密首创的、代表这个学科的单词：al-jabr，algebræ，algèbre，即代数学。事实上，花拉子密的主要代数学成就就是提出把方程作为研究对象的想法，他将所有包含一个未知量的一次方程和二次方程分类，并给出操作它们的法则。

卓越的阿拉伯记数法有自己的位置记法和零符号，大大地促进了书面数字计算程序的发展。这些新的算术程序被称为算法，随着时间的流逝，它们代替了算盘和算表。算法一词的含义渐渐地扩展到将其他计算规则包括在内。算法也意味着代数学的实际应用，代数学的能力在于对抽象的非数值符号（包括那些代表未知之物的符号）的运算。它们一起勾画了计算机科学的三个核心思想：信息表示法、操作程序和抽象符号处理。

算法是指解题方案的准确而完整的描述，是一系列解决问题的清晰指令，算法代表着用系统的方法描述解决问题的策略机制。也就是说，能够对一定规范的输入，在有限时间内获得所要求的输出。如果一个算法有缺陷，或不适合某个问题，执行这个算法将不会解决相关问题。不同的算法可能用不同的时间、空间或效率来完成同样的任务。一个算法的优劣可以用空间复杂度与时间复杂度来衡量。算法中的指令描述的是一个计算，当其运行时能从初始状态和（可能为空的）初始输入开始，经过一系列有限而清晰定义的状态，最终产生输出并停止于一个状态。一个状态到另一个状态的转移不一定是确定的。包括随机化算法在内的一些算法，包含了一些随机输入。

一个算法应该具有五个主要特征：①有穷性（finiteness），算法必须在执行有限步骤之后终止；②确切性（definiteness），算法的每一步必须有确切的定义；③输入项（input），一个算法有 0 个或多个输入，以刻画运算对象的初始情况，所谓 0 个输入是指算法本身确定了初始条件；④输出项（output），一个算法有一个或多个输出，以反映对输入数据加工后的结果。没有输出的算法是毫无意义的；⑤可行性（effectiveness），算法中执行的任何计算步骤都可以被分解为基本的可执行的操作步骤，即每个计算步骤都可以在有限时间内完成（也称有效性）。

　　算法会自然而然地运用到与数学有关的对象上。其实，人类的一切活动都有算法的身影，算法涉及方方面面。但我们首先要解决一个关键问题：如何描述算法。描述算法的方法有多种，常用的有自然语言、结构化流程图、伪代码和 PAD 图等，其中最普遍的是流程图。欧几里得算法被人们认为是史上第一个算法。第一次编写程序是 Ada Byron 于 1842 年为巴贝奇分析机编写求解伯努利方程的程序，因此 Ada Byron 被大多数人认为是世界上第一位程序员。由于查尔斯·巴贝奇未能完成它的巴贝奇分析机，这个算法未能在巴贝奇分析机上执行。

　　尽管算法这个术语出现得比较晚，但自古以来，解决特定问题的各种各样的程序已为世界各地的人们所使用。随着数学的发展，求解问题方法的增加，许多特殊的算法也产生了。在数学和计算机科学之中，算法作为一个计算的具体步骤，常用于计算、数据处理和自动推理。精确而言，算法是一个表示为有限长列表的有效方法。计算机算法在很大程度上借鉴了古人已经知晓的解决问题的方法。例如，在花拉子密的《代数学》一书中，他不但考察了抽象的数学对象，还给出了实际的解决方法，正因为如此，巴格达的市民们才能够不费吹灰之力地解决具体问题，而不需要掌握那些基本的定理。同样，我们也不需要跟一台计算机解释某个它或许无论如何都不能理解的理论。计算机只需要人们告诉它进行怎样的计算，以怎样的顺序进行计算。

　　计算机作为工具，已经对数学产生了巨大的冲击。计算机至少在三个方面改变了数学。第一个变化是，允许数学家测试猜想并发现新结果。这就允许"实验数学"。第二个变化和模拟与可视化有关。计算机可以制作数据图片，这些图片往往比数字数据本身更具有启发性。计算机允许我们使用数值计算找到方程的近似解。因此，我们可以用计算机来理解因为精确的描述过于复杂而无法进行完整数学分析的情况。如今，对复杂微分方程的近似求解是这一努力的核心部分。第三个变化与所谓的计算机代数有关。这些计算机程序可以"做代数"。

　　当人们设计和构造复杂系统时，或研究自然界、人类社会中漫长的演变过程和不易重复试验的事物时，若对研究对象本身进行试验，从时间、人力、物力等因素考虑要付出昂贵的代价，甚至不可能进行。因此，需要制造一个模型来进行各种试验。在计算机开创的崭新研究途径中，一个典型案例就是计算机模拟，它包括用模型来表示真实的情况，以及在计算机上运行这个模型。计算机模拟，又称计算机仿真，是指在计算机上执行数学模型的过程，旨在预测现实世界或物理系统的行为或结果。系统的仿真表示为系统模型的运行。它可以用于探索和获得对新技术的新见解，并估计对于分析解决方案而言过于复杂的系统的性能。计算机模拟的首次大规模开发是著名的曼哈顿计划中的一个重要部分。计算机模拟最初被作为其他方面研究的补充，但当人们发现它的重要性之后，它便成为一门单独的科学技术而被广泛使用。

计算机模拟的发展与计算机本身的迅速发展是分不开的。可编程的数字计算机出现以后，因为它具有很强的数学运算和数据处理能力，可以把数学模型编成计算机程序，提供新的、通用的试验方法。计算机也可以模拟与运筹有关的活动，例如，可以模拟参加竞争的双方所采取的步骤和最终的结局。它的应用领域很快就扩展到各种类型的系统，从小型的系统一直到规模巨大的系统，这些系统的数学描述常常非常复杂，要给出确定的解析解或精确的数值解非常困难。计算机模拟通过反复试验，帮助人们了解系统的性能，检验预想的假设，进行系统分析、设计、预测或评估，还可以提供相当逼真的环境来培养和训练人员。计算机模拟已成为工程研制、教学训练、军事研究、组织管理等许多领域的一个强有力工具。

模拟方法既可以涉及理论方面，也可涉及试验方面。在前一种情况下，研究者广泛地使用计算机来求解一些方程，这些方程通常以空气动力学或电磁学之类的公认理论形式来表示。为了处理不宜运用解析法的复杂情况，这些在计算机上运行的模型总是依靠某些物理近似和数值近似的方法，如采用有限元方法求解复杂设备结构中的麦克斯韦方程组。在后一种情况下，可以把它们看作虚拟试验。像物质形态的试验一样，在特定的条件下，它们能够得到一些特定场合的结果，不同的是这些结果采取了抽象的形态，只存在于计算机的虚拟空间之中。它们形成了一种新的技术（建模与仿真技术），对于研究由大量相互作用的要素构成的复杂动态系统非常有用。在掌握一般知识，以及为研究的系统收集详细资料的基础上，研究者构建了一个概念的或数学的模型，这个模型可以是确定性的，也可以是或然性的（借助于计算机产生的随机数）。然后，这个模型被变成模拟器，也就是能够在计算机上执行的某种形式。

一个模拟器实际上就是一个虚拟的试验室。研究者可以通过制定一组参数来设计一个试验。他们通过不断地改变参数，进行很多试验性运作，运用统计的方法得到系统的整体模式。这是一种试验性质的探索。它的数学模型反映了一种物理学的观点，即认为系统是由要素构成的，但是这种模型在系统的层次上涉及的理论假设最少。然而，通过无数次地观察系统中各要素在受控条件下的情况，计算的结果揭示了有关系统的整体信息。尽管模拟器和它们所支持的试验都是抽象性质的，但是它们仍然能够处理现实世界的问题。

计算机运算的能力不断提高，计算机程序也越来越复杂，这都是不可阻挡的发展趋势。尽管现在的技术还很简陋，但人们已经十分痴迷于构造虚拟环境。我们相信计算机能够模拟真实的世界，并且越来越复杂、越来越逼真。

5.4　阅读欣赏：史上最美的等式（欧拉恒等式）

> 读读欧拉吧，他是我们所有人的导师。
>
> ——皮埃尔 - 西蒙·拉普拉斯（法国数学家）

莱昂哈德·欧拉（Leonhard Euler，1707—1783），数学家、自然科学家。1707 年 4 月 15 日出生于瑞士的巴塞尔，1783 年 9 月 18 日在俄国圣彼得堡去世。欧拉出生于牧师家庭，自幼受父亲的影响。13 岁时入读巴塞尔大学，15 岁大学毕业，16 岁获硕士学位。欧拉是 18 世纪数学界最杰出的人物之一，也是历史上最伟大的数学家之一，他不但为数学界作出贡献，更把整个数学应用到整个物理领域。他是数学史上最多产的数学家，平均每年写出 800 多页的论文，还写了大量的力学、分析学、几何学、变分法等的课本，《无穷小分析引论》《微分学原理》《积分学原理》等都成为数学界中的经典著作。欧拉对数学的研究如此之广泛，因此在许多数学分支中经常见到以他的名字命名的常数、公式和定理。从初等几何的欧拉线、多面体的欧拉定理、立体解析几何的欧拉变换公式、数论的欧拉常数、四次方程的欧拉解法到数论中的欧拉函数、微分方程的欧拉方程、级数论的欧拉常数、变分学的欧拉方程、复变函数的欧拉公式等，数也数不清。欧拉一生孜孜不倦，共撰写了 886 本（篇）书籍和论文，其中分析、代数、数论占 40%，几何占 18%，物理和力学占 28%，天文学占 11%，弹道学、航海学、建筑学等占 3%。该纪录一直到 20 世纪才被保罗·埃尔德什打破。后者发表的论文达 1525 篇，著作有 32 部。欧拉在他的时代，产量之多，无人能及。尽管在人生最后 7 年，欧拉的双目已完全失明，但他还是以惊人的速度产出了平生一半的著作。19 世纪伟大的数学家高斯（Gause，1777—1855）曾说："研究欧拉的著作永远是了解数学的最好方法。"

学习和研究欧拉的著作给人的印象是，他是一名洋溢着各种思想火花的数学家。他在很多方面都有涉猎，包括数学和物理学，也有关于天文学、工程学和哲学方面的知识。当研究某样东西需要用到已有的数学知识时，他就拿来使用。当没有可用的数学知识时，他就去研究发展新的数学知识。欧拉的影响是巨大的，他是第一个建议人们，最好考虑正弦和余弦作为角度的函数，并根据单位圆来定义它们的人。他是第一个以现代形式表达牛顿定律的人。他推广了用"π"表示圆周率，并发明了"e"作为自然对数的基本符号。

在欧拉的所有工作中，首屈一指的是他对分析学的研究。先后出版的《无穷分析引论》（1748）、《微分学》（1755）和《积分学》（共三卷，1768—1770）三本书，堪称微积分发展史上里程碑式的著作。《无穷分析引论》中给出了著名的极限 $\lim\limits_{x\to\infty}\left(1+\dfrac{1}{x}\right)^{x}=\mathrm{e}$（数学常数 e=2.718 281 828……，又被称为欧拉数），而复变函数论里的欧拉公式 $\mathrm{e}^{i\theta}=\cos\theta+i\sin\theta$ 更是在微积分教程中占据了重要地位。这个公式把微积分的三个极为重要的函数联系在一起，而这些函数正是人们研究了千百年的课题！

指数函数 $\exp(x)$，可等价写为 e^{x}，这是微积分中唯一一个（不考虑乘常数倍）导数和积分都是它本身的函数。而三角函数中的余弦函数 $\cos\theta$ 和正弦函数 $\sin\theta$ 则是微积分中的"榜眼"和"探花"。阿尔福斯曾感慨："纯粹从实数观点处理微积分的人，别指望指数函数和三角函数之间有任何关系。"欧拉却能独具慧眼地将三角函数的定义域扩大到复数，从而建立了三角函数和指数函数的关系。

如果取一个特殊值，令 $\theta=\pi$，代入复变函数论里的欧拉公式 $\mathrm{e}^{i\theta}=\cos\theta+i\sin\theta$ 中，可得 $\mathrm{e}^{i\pi}=\cos\pi+i\sin\pi$，即 $\mathrm{e}^{i\pi}=-1+0$，经整理为 $\mathrm{e}^{i\pi}+1=0$。它囊括了 5 个最重要的常数：0（零），加上或减去它后结果不变；1，乘以或除以它后结果不变；e，是刻画指数级增长与衰减的核心数字；i($\sqrt{-1}$)，是虚数的基本单位；π（3.141……），是圆的周长与直径之比，存在于数学和物理学的诸多方程中。其中，e 和 i 两个常数由欧拉本人提出。欧拉的出色之处在于，他将这 5 个里程碑式的数字 0、1、e、i、π 用 3 个简单的数学运算联系了起来——幂运算、乘法和加法，同时也将物理学中的圆周运动、简谐振动、机械波、电磁波、概率波等联系在一起。这个融合了数学五大常数的公式被誉为"史上最美的公式"，如图 5-7 所示。

欧拉恒等式仿佛一行极为完美而简洁的诗，道尽了数学的美好，数学家们评价它是"神创造的公式，我们只能看见它却不能完全理解它"。这个公式在数学领域产生了深远的影响，如三角函数、泰勒级数、概率论、群论等。此外，欧拉公式对物理学的影响也很大，如机械波论、电磁学、量子力学等。

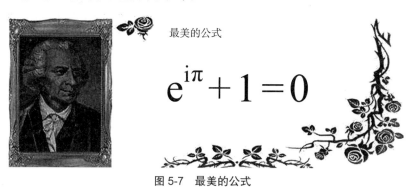

最美的公式

$$\mathrm{e}^{i\pi}+1=0$$

图 5-7　最美的公式

> 它很简单……却又格外深邃；它将 5 个最重要的数学常数纳入其中。
>
> ——戴维·玻西（英国数学家）

5.5　小结

同其他所有科学一样，数学是在人们的实际需要中产生的：是从丈量土地面积和衡量器物容积，从计算时间，从制造工作中产生的。社会实践在数学的发展中从三个方面起到了决定性作用。社会实践向数学提出新的问题，刺激数学向这个或那个方向发展，并且提供验证数学结论的真理性标准。不但数学概念本身，而且它的结论，它的方法都是反映现实世界的。数学的结论和证明是作为人们在经验中所研究的各种现实联系的反映而产生的。恩格斯强调指出，数学是反映现实世界的，它产生于人们的实际需求，它的初始概念和原理的建立是以经验为基础的长期历史发展的结果。数学，现在已发展成为分支众多的庞大系统。数学正如其他科学一样，反映了物质世界的规律，并成为理解自然和征服自然的有力武器。

物理学所研究的就是万物之理，物理学就是研究小到量子世界的量子，大到宇宙星体的奥秘，其主要思想就是解释万物的本质规律。马克思这样描述数学和自然科学的关系："一种科学只有在成功地运用数学时，才算达到了真正完善的地步。"数学是打开科学之门的一把钥匙。科学就是这样从观察（比如观察到由电流而引起磁针偏转），进入概括，进入现象的理论，进入规律的提出以及它们的数学表达式。新的结论从这些规律中产生，而后理论又体现在实践中，实践也给予理论以向前发展的新的强有力的动力。

数学连接了心灵感知的抽象与真实的世界，一直以来人们都把思想和感受称之为非现实的虚幻。如果认可了万物皆比特的信息观，那么数学就成为了从微观到宏观凭借结构与关系构建的通道，从而也必然成为连接虚拟世界与现实世界的桥梁。

第6章

构筑虚拟世界的元件：模型

世界是如此这般的广袤与复杂，以至于任何自然科学理论不论其何等全面，都不能展示出世界的所有方面。人类只能从某个侧面或某些侧面来形式化地描述认知的世界。开发模型的目的就是用模型作为替代，来帮助人们对原型（研究的对象）进行假设、定义、探究、理解、预测、设计，或者与原型的一部分进行通信。因此，模型不是"原型的重复"，而是根据不同的使用目的，选取原型的若干侧面进行的抽象和简化。在这些侧面，模型具有与原型相似的数学、逻辑关系或物理形态。换句话说，模型是对相应的真实对象和真实系统及其关联中那些有用的、令人感兴趣的特性的抽象，是对真实对象和系统某些本质方面的描述，它以各种可用的形式提供所研究对象和系统的信息。当我们创造新事物时，模型也可以是虚构对象的抽象和简化。

虚拟世界是由各式各样的数字模型、软件和数据构成的，不管我们承认与否，它都一直存在于计算机生成系统之中。本章关注的是构成虚拟世界的模型（最终能在计算机上运行的模型），而不关注现实世界中实体对象的物理模型。当然，对于构建虚拟世界的模型（概念模型、数学模型或逻辑模型），我们也无法做到面面俱到，以下各节仅就模型的概念，虚拟环境、人造系统、人类行为等模型给出简单的介绍。社会学、心理学、智慧大脑等领域的模型则暂时不予考虑，感兴趣的读者可以自行研究。

6.1 模型的概念

随着科学技术和计算机的持续发展，各种各样的模型被广泛应用于自然科学和社会科学研究的各个领域，并取得了显著的成就。模型方法已经成为人们认识世界、改造世界，使研究方法形式化、定量化、科学化的一种主要工具。随着所研究的系统或原型的规模越来越大，复杂程度越来越高，模型的价值体现越来越重要，对模型方法的要求也

图 6-1　模型是对实体的某个或某些部分的描述

就越来越高。在科学研究和工程实践中，我们能够构建一个（组）模型，利用它（们）进行试验，并根据特定的应用目标，对它（们）进行相应的修改完善。由于客观世界的复杂性和无限性，人类在某一个具体阶段，对于客观世界的认识也是有限的，只能从客观事物的某个部分或某些方面来描述和反映客观世界，即总是从客观事物的无限属性中，选择出主要的、当前关注的若干属性，形成对于某事物（或复杂系统）的一个简化"版本"，这就是所谓的"模型"，建立模型的方法和过程则称为建模，如图 6-1 所示。

美国国防部把模型定义为：以物理的、数学的或其他合理的逻辑方法对系统、实体、现象或进程的再现；是对一个系统、实体、现象或过程的物理的、数学的或者逻辑的描述。中国仿真学会编撰的《建模与仿真技术词典》中给出了模型定义：所研究的系统、过程、事物或概念的一般表达形式，是对现实世界的事物、现象、过程或系统的简化描述，或其部分属性的抽象。按照系统论的观点，模型是将真实系统（原型）的本质属性，用适当的表现形式（如文字、符号、图表、实物、数学公式等）描述出来的结果，一般不是真实系统本身，而是对真实系统的描述、模仿或抽象。

笔者归纳、采用的模型定义：模型是对系统、实体、过程或物理现象（针对给定目标构建的）的物理、数学或逻辑上的（抽象）表示，它以某种确定的形式（如文字、符号、图表、实物、数学公式等）提供关于研究对象的知识。值得注意的是，这个定义包括了大量类型的模型，而不仅仅是计算机模型。例如，一组数学方程、处理信息的一组规则、飞机的缩比模型（用于风洞试验）等。

模型具有三个特征：①它是被模拟对象的抽象或模仿；②它是由说明系统本质或特征的诸因素所构成的；③它集中表明这些因素之间的关系。这些特征使模型与被模拟对象之间存在相似性，包括外形相似、结构相似、运行规律相似。模型的本质通常表现为一种二重性：一方面它舍弃了某些东西，对实体系统的结构、功能和联系等进行简化，因此一定程度上"不像"实体原型；另一方面它又从本质上极力与现实实体系统的体系结构、功能和联系保持一致，因此从模型出发不会引申出与原型不一致的结论。一种具有认识价值的模型必然能将这两个对立面有机统一起来，而没有认识价值的模型，通常会破坏这两方面的统一：过分简化，歪曲了原型，使模型不具有认识价值；或过分强调与原型的一致性，导致模型过分复杂而不能发挥认识作用。

模型的作用不在于、也不可能表达系统的一切特征，而是表达它的主要特征，特别是我们最需要知道的那些特征。建立系统模型是一种创造性的劳动，不仅是一种技术，而且是一种艺术。

对物理现象的建模，最常用的是微分方程或者偏微分方程组的形式，这些都是从对这些现象的已知物理规律中推导出来的。以台球下落为例，可以建立只有一个变量的常微分方程，非常容易求解。但是，在大多数"现实世界"的案例中，物理规律会更加复杂，需要采用未知数的偏微分方程。这种类型的方程一般在对物理现象的仿真和科学研究中非常普遍。

研究的系统（对象）与模型不是一对一的关系。对于同一个系统（对象），从不同的角度，或采用不同的方法，可以建立多种模型。同一模型，特别是数学模型，如果对它的参数和变量赋予具体各异的物理意义，就可以用来描述不同的系统（对象）。而且，模型是有粗细之分的。一般来说，在研究一个新系统时，为了寻找最佳解，需要从最简单的模型入手，求得对于系统的解能有一个概略的了解，找到前进的方向，然后逐步增加模型的复杂程度，直到求得较为精确的解。任何模型都有自己的优点与不足，多种模型互相取长补短，组成模型体系，才能解决复杂系统的综合性问题。

模型一般可以分为物理模型、数学模型和概念模型。物理模型，是广义的，具有物质的、具体的、形象的含义。物理模型又可分为实体模型、比例模型和模拟模型。物理模型常用于水利工程、土木工程、船舶工程、汽车制造、飞机制造等方面。数学模型是针对参照某种实物系统的特征或数量依存关系，采用数学语言，概括地或近似地表述出来的一种数学结构，这种数学结构是借助于数学符号刻画出来的某种系统的纯关系结构。数学模型处于真实世界和数学（虚拟）世界之间，是控制两者沟通渠道的咽喉。概念模型是为了某一应用目的，运用语言、符号和图形等形式，对真实世界系统信息进行的抽象和描述。概念模型是将要、正在或已经完成研究的计算机仿真模型的一种与软件无关的描述，它描述模型的目标、输入、输出、内容、假设条件和简化要求。

对各种模型都要一分为二。虽然概念模型看起来不如数学模型或物理模型好，在工程技术中也很难直接使用，但是在工程项目之初，问题尚不明晰，物理模型和数学模型都难以建立，则不得不采用概念模型。虽然物理模型形象、生动，但是很难改变参数。尽管数学模型容易改变参数，便于计算和求最优解，但是却特别抽象，甚至难以说明其物理意义。

6.2 虚拟环境模型

虚拟环境包括对自然系统、人类不可感知但又真实存在的事物（如波长超出可见光的电磁波），以及虚构的场景（人类虚构、计算机生成的现实世界中不存在的场景）。自然系统也叫天然系统，是宇宙巨系统中亿万年来天然形成的各种自循环系统，诸如天体、地球、海洋、生态、气象、生物等。它也是一个高阶复杂的自平衡系统，如天体的先天运转、季节的变换交替、地球上动植物的生态循环，乃至食物链等维持人体生命的各种形态都是自动平衡的。为了保证仿真的真实性，需要生成虚拟的陆地、海洋、天空等地理环境，风、雨、雷电等自然现象，以及电磁环境等。人类虚构的场景（如梦境）和计算机生成的虚构场景（可能违反物理原理）与特定应用场景关联，且难以把握其规律，本节就不介绍了。

地形环境仿真的主要对象包括坡度、地物植被、通行性（道路等级、土质）、隐蔽性（影响搜索、发现、杀伤），以及人工环境（化学沾染、弹坑、桥梁）。地形具有很多特征，在环境建模时，这些特征可能都需要考虑（这依赖于所支持工作的需要）。需要判断地形表示是采用二维还是三维，以及是否为模型执行和结果的可视化采用同样的地形表示。使用相同的地形模型进行内部推理及表现，不仅能确保地形具有正确的外观，而且能确保观察和感觉的正确性。当构建地形模型时，高程、地表类型及地表覆盖物都是地形的主要特征。

海洋环境仿真的主要对象包括海洋自然环境（海底地形地物、地表文化特征），以及水波和海浪。根据需求生成基于风力属性的水面动态仿真效果，包括风浪、尾浪、波形、流向和浪高等。可根据海水深度、洋流速度、日照周期、浑浊系数、天气参数，逼真模拟水下动态效果，包括水下地形、浑浊度可视范围、水面反光可视化效果、水下动态光线效果，模拟水下参数化重力、浮力和浮动等。

大气及气象环境仿真的主要对象包括气温、气压、大气密度、空气湿度和风的时空分布，云、雨、雪、雾的宏微观结构及其时空分布和演变，雷暴、台风和暴雨等危险天气的生成、移动、发展和消亡的演变过程，大气能见度、昏暗度和透明度的场景描述，以及霾、沙尘和烟尘污染（包括核生化武器的再生环境）环境的定量描述等。

天体环境仿真的主要对象包括行星、卫星、恒星、星系、星系团和星系间物质等，还包括暗物质、暗能量等。天体环境是时刻变化的环境，为了对天体环境进行建模，必须选定时间基准。天体环境常用的时间系统有恒星时系统、太阳时系统和原子时系统。为了仿真天体环境，还必须建立准确的空间基准。在天体环境中建立准确的三维星空模型，是进行逼真的天体环境仿真的基础，包括星空背景模型、行星及行星特效模型。星空背景主要由远离太阳系的各类恒星、彗星等天体组成。行星模型包括行星表面、行星自转公转、行星其他特效（如晨昏线、大气圈光晕、土星光环等）。

电磁环境仿真的主要对象是有意电磁辐射，主要描述辐射源类型、数量、位置分布、工作状态（辐射信号功率、频率、式样、辐射方向、信号发生时间、信号持续工作时间）等基本参量及由辐射源辐射产生的电磁信号环境的状态。有意电磁辐射又可分为军用和民用，其中军用有意电磁辐射最被人们关注，而民用有意电磁辐射可当作背景电磁辐射来处理。对于无意电磁辐射，无须考虑辐射源自身的状态，只需考虑辐射源工作时在不同频段上的无意辐射信号式样和能量分布及其产生的电磁信号环境的状态（自扰和互扰）。对于背景电磁辐射，主要描述不同地域内在不同频段上的背景信号式样和能量的分布。对于自然电磁辐射，侧重于它对有意电磁辐射源工作和辐射信号传播的影响，一般当作噪声来处理。对于辐射传播因素，侧重于它对电磁波传播造成的影响。

6.3　人造系统模型

人造系统，又称人工系统，是指人类加工改造的自然系统或人类借助已有知识创造出的新系统。它将劳动创造者的功能与自然系统的功能相互融合、相互渗透，构成一个新的运转合理的系统。人造系统往往只是为了某一功能，服务于一种目的。比如雨水管网是用来收集和排除雨水，火力发电厂燃烧煤炭只是为了发电。人造系统大多各自为政、互不相干。比如城市雨水管网与交通系统、能源的产生和输送都有各自的体系，彼此相互独立。人造系统是人类认识和改造自然的一种标志，是人类智慧的升华。人造系统的系统化程度、水平，是各个时代人类文明的直接标志。

根据人类改造的程度可分为纯人工系统和自然人工系统。根据系统本身的特性可分为

（1）基于自然系统并加以改造使之为人类服务的工程技术系统和产品。例如，拦洪蓄水发电系统、桥梁系统、沟渠系统等。

（2）根据人们对自然现象和社会现象的研究而创立的学科体系和技术系统。例如，生产系统、运输系统、电力系统、计算机系统、武器系统等。城市在更大程度上属于人工系统。

（3）由一定的组织制度、程序、手续等构成的管理系统和其他社会职能，如社会福利系统、社会保障系统。

（4）根据需要构建的各类组织，如公司、工厂、学校、军队等。组织作为人造系统具有集合性、相关性、目的性和环境适应性等。

系统通常要遵守一定的物理规律。最为常见的是，根据这些物理规律往往可以建立数学模型，为理解这些规律和研究的系统提供了一种简化方式。理解一个系统是对之进

行建模的关键。所以，建模永远无法与系统运行的专业背景知识完全分离。我们可以构建人造系统实体的三维模型、运动模型，也可以构建各种场（力学、流体、电磁场、温度场等）的模型，用来模拟人造系统（局部）的某个学科或多学科的属性（或许肉眼可能根本看不见）。人造系统的模型必须遵守物理定律，并符合逻辑。例如，人类目前还无法以接近光速或超光速飞行，尽管在游戏中可以构想这样的情景并在计算机上加以实现，然而，构造具有超光速飞行能力的飞行器模型对研究飞行器是没有现实意义的。强调一点，除了想象和游戏之外，在人造系统建模时杜绝物理不可能和违反逻辑的事件发生。

6.4　人的行为模型

在系统及其以上层面的仿真中，经常会存在真实系统的操作人员和／或决策人员。他们对于系统行为的影响会不断变化，且常常是一个决定性的因素，例如，在工厂仿真中，工人们可能是拖延、失误、生产故障的源头。对人的行为建模是很复杂的。即使对人的因素进行了简化，甚至是过分简化描述时，情况也是如此。例如，一条生产线上公认的失误可能会用概率规律表示，简化成一种随机过程。

在人的行为模型中，可以看到两个基本要素：①决策过程，可以基于事先定好的规则和知识、已有经验，甚至是自动获取的经验（使用基于先前仿真结果的推导）来建立决策过程模型；②人的因素，这可能会对决策具有直接或间接影响，这种影响因素建模更多考虑基于主观的准则，如恐惧、压力、疲劳、文化等。通常情况是，实际中的决策过程和人的因素之间，并不具有十分清晰的界限。

根据使用行为模型进行仿真的目标，重要性与否是与人的因素相一致的。所以，用来研究人类工程学的仿真就会在人的因素上扮演重要角色。决策过程的目的在于，通过考虑环境因素、系统的当前状态，以及对所建模的人类实体的约束来实现某一目标。人的因素可以通过中间规则对决策过程产生影响。即使冒着过分简化的风险，决策过程也必须考虑背景的可能变化（如环境、生理限制等）。所以，人的行为模型必须能够规划自己的行动。

如果不想将对人的仿真简化为单纯的认知行为模型，那么就有必要考虑人的因素。人的因素是指由人的行为对系统产生的一组影响。系统会改变人的表现，如疲劳和压力，而且还会对指挥官的判断或射击手的射击精度产生影响。人的因素包括人体工程、人员选择、工作绩效和人类表现评价等领域的原理和应用。

要记住的关键一点是，目前在仿真领域中，人的行为是很多重大课题的研究对象。随着日益增加的复杂行为模式、协同行为、逼真的人群、实时决策等，对这些实体的建模要求也在不断增加。游戏中的近似是可以允许的，但对于专业应用而言就不能这样，必须保证各种因素中，重现的行为是正确的。如果想了解更多细节，请阅读人的行为建模领域的专业书籍和文献。

6.5　小结

模型方法是系统工程的基本方法，已经存在了几千年。模型是为了对事物进行研究，依照研究的需要，将被研究对象的内在规律、外部表现进行简化、提炼，它和原事物具有一定的相似性，是对原事物抽象映射的结果。其中的建模对象（事物）可以是客观存在的实体，也可以是人们构想中的虚拟"事物"。模型可更形象、直观地揭示事物的本质特征，使人们能对事物有一个越来越全面、深入的认识，从而可以帮助人们更好地解决问题。由于认知的局限性，面对复杂、纷乱的世界，我们只能对实体对象（事件）的某个侧面或某些侧面进行简化描述，这就决定了模型与实体对象（事件）不是一一对应的关系，而是多对一的关系，即反映一个实体对象（事件）需要多个模型。

随着计算机、互联网的发展，虚拟世界已经悄悄地渗透到我们的生活中，成为人们生活中不可缺少的一部分。不管承认与否，虚拟世界真实地存在于计算机系统（网络）之中，如网络游戏中的虚拟现实环境、元宇宙等，尽管不利用感知设备我们无法真实地看到或感受到它。现如今，虚拟世界不仅与现实世界交相辉映，而且帮助我们从另一个角度来研究探索、认识我们生活的现实世界。大家都知道，虚拟世界是由计算机模型构建起来的，这些计算机模型来源于对现实世界和／或虚拟"事物"进行适当简化而构建的概念模型和数学模型（含逻辑模型）。因此，针对研究的问题，知晓构建什么样的模型，掌握构建满足目的的模型的方法、过程，才能确保构建虚拟世界的成功。

第 7 章

虚实融合世界的实现方法与过程

虚拟世界（赛博空间）是由许许多多计算机模型运行过程和结果产生的数字，即众多 0 和 1 符号串组合构成的世界。从现实世界转换到虚拟世界需要经历两次抽象：从现实世界到概念模型、数学模型是第一次抽象；从概念模型、数学模型到仿真模型（计算机模型）是现实世界向虚拟世界转换的第二次抽象。只有通过这两次抽象，才能构建出我们需要的虚拟世界。

随着科学技术的发展，人类对现实世界认知范围不断扩大，认知程度不断深入，解决的问题也越来越难。由于研究的对象越来越复杂，需要构造的虚拟世界也越来越复杂，迫使我们不得不采用多种方法和手段（如建模与仿真、系统工程、项目管理等），确保在有限资源约束下构建虚拟世界任务的完成。未来虚拟世界也不是现实世界实体对象的某个或某些特性的单向映射，而是相互关联、双向互动，共同进化。虚拟世界的智能体可根据现实世界实体的反馈进行快速决策，并引导现实世界的实体做出相应的调整，快速应对外部环境的变化，支持人类创造出真正意义上虚实融合的世界。

7.1 从现实到虚拟的两次抽象

在由现实世界向虚拟世界转换的过程中，一般要建立三种类型的模型，即概念模型、数学模型、仿真模型。基于这三种模型所采用的表达形式，其抽象程度是依次递增的。也就是说，在表现形式上，从现实世界到概念模型、数学模型，从概念模型、数学模型到仿真模型，离我们所认知的现实世界是越来越远的。

由于现实世界的复杂性，加上人类认知的局限性，我们根本没有办法全面地认识现实世界。我们看到的、感知到的仅仅是现实世界的某一侧面或某些侧面（冰山的一角）。为了更好地认识和改造客观现实世界，我们需要对感兴趣的事物（对象）进行适当的简化。概念模型、数学模型为我们提供了形式化、简化描述事物（对象）的方法和手段。概念模型是对现实世界（或想象的现实世界）的第一次抽象，是对现实世界存在的实体、发生的行动和交互等进行概念描述的、与仿真实现无关的视图。概念模型作为仿真系统开发的参照物，抽取出与现实世界的运行有关的重要实体及其主要行动和交互的基本信息。从计算机仿真应用的角度，概念模型通常不是模型的最终形态，通常作为由现实世界向虚拟世界转换的桥梁和过渡。概念模型不能直接在仿真系统上运行，需要将它转换为数学模型，再进一步转换为仿真模型。概念模型只用于抽象和常规设计，它只是系统信息定义的规范描述，而不是具体和专门地执行设计。数学模型（包括逻辑模型）是一种符号化的模型，它通过数学、逻辑符号和数学、逻辑关系式来描述使命空间要素之间的内在联系。数学模型一般用于描述概念模型中的算法，其他可单纯由数据结构描述的概念模型要素（如简单的属性、指令），则不必建立数学模型。数学模型是在概念模型简化的基础上，进行进一步的抽象，是对相关使命空间要素的联系进行量化和函数化描述。数学模型也不能直接在计算机上执行，因此需要将数学模型转换成计算机模型，也就是仿真模型。构建概念模型、数学模型是从现实世界向虚拟世界的第一次抽象。

仿真模型（此处专指计算机模型）是建模者对建模对象为满足仿真应用需求而建立的、以计算机语言给出的描述，可在计算机上执行。从某种意义上来说，计算机模型是一类特殊的软件。因此，计算机模型与计算机操作系统、采用的编程语言、采用的算法（与计算精度、稳定性、实时性要求有关）有密切关系。计算机模型首先要能忠实地映射形式化描述的模型，其次作为一种软件产品要符合仿真应用的需求：有用、能用、好用和重用。构建仿真模型是现实世界向虚拟世界转换的第二次抽象。

通过对现实世界进行两次抽象，构建了可在计算机上执行的仿真模型，为构建虚拟世界创造了必要的条件。仿真软件（模型）、模型的驱动数据、仿真运行过程信息、仿真结果等都是 0 和 1 数字串的组合，共同构成了虚拟（仿真）世界。

7.2　从系统工程走向体系工程

工程是人类的一项创造性实践活动，是人类为了改善自身生存、生活条件，根据当时对自然规律的认识而进行的一项物化劳动过程。**工程系统**是为了实现集成创新和建构等功能，由各种"技术要素"和诸多"非技术要素"按照特定目标及功能要求所形成的、完整的集成系统。从工程哲学的视角来看，工程活动的核心是构建出一个**新的存在物**。工程活动中所采用（集成）的各种技术始终围绕着一个新的存在物展开，所以构建新的存在物是工程活动的**基本标志**。这些新的存在物因其组成的复杂程度而分为简单系统、复杂系统、体系等。有关系统的概念可参阅系统科学方面的书籍，此处不再赘述。

　　系统工程在很早以前就已经存在，如修建埃及的金字塔，中国的长城、都江堰等，甚至还有更早的例子。系统工程最初的发展是用来处理大型的、令人瞩目的、前所未有的系统，如"曼哈顿"计划、"阿波罗"登月计划和采用原子能的全国能源发电系统等。开发完成使命任务之前，这些系统都是前所未有的。系统工程作为一个学科则公认起源于第二次世界大战期间。系统工程是大生产和科学技术高度发展的产物。随着科学技术的发展和生产规模不断扩大，迫切需要发展一种能有效地组织和管理复杂系统规划、研究、设计、制造、试验和使用的技术，即系统工程。系统工程是以研究大规模复杂系统为对象的新兴边缘科学，是处理系统的一门工程技术。系统开发是一个认识不断深化的过程，人们不可能一开始就对系统需求、系统结构、系统各部分之间的关系以及系统环境有明确、清晰的结论，而是要遵循理论与实践相结合、不断螺旋上升的认识过程。系统工程以过程的形式，对系统重复开展"分析—设计—验证"的过程，实现对系统认识的不断深化和系统实现的持续改进，通过迭代的方式对系统不同组成部分重复应用，通过递归的方式对系统不同层级重复应用。半个多世纪以来的实践证明：系统工程是成功实现系统的有效方法。任何一种社会活动都会形成一个系统，这个系统的组织建立、有效运转需要运用系统工程的方法、过程和手段。因此，系统工程可以解决的问题涉及改造自然、提高社会生产力、增强国防力量，直至改造整个社会活动。

　　针对越来越复杂的需求，需要开发和构建的人造系统越来越庞大。人们认识到：建立复杂系统并不是完全开发一个全新的系统，而最好是在已有系统上继承和发展，要能够根据新任务的需求，把现有系统与新开发的系统组合在一起。将独立开发的系统联合起来，同时还不能对各系统原有设计做出重大改动，其技术挑战性体现在这些系统采用的接口和通信协议上。为解决此类复杂问题，美国军方提出了系统的系统（system of systems），即体系的概念。一些大型公司，如波音、洛克希德·马丁也投入了大量的人力物力来研究体系问题。体系具有代表性的例子是互联网、航空系统、智能交通系统、信息化组织体系等，可以说，现代复杂系统最具体的现实体现就是体系。

　　在实践中，人们逐步认识到系统工程的思想、方法、工具在解决体系问题时遭到了挑战。虽然体系是由多个复杂系统组合而成的更加复杂的系统，但是体系和复杂系统是有一定区别的，体系是复杂系统，但复杂系统不一定是体系。体系和系统最大的不同是，系统的构成要素之间相互紧密关联，是紧耦合关系；体系的构成要素往往具有较强的独立目标，且独立工作能力相对较强，这些要素之间是松耦合关系，且根据不同的任务需求可以快速地重组或者分解，即体系的结构和配置是动态变化的（不断有新实体进入体系，其他实体离开体系）。虽然体系和系统的组成要素似乎没有什么区别，但是可以发现体系的视角更多的是从一个横向的角度、联合的角度去观察问题，而且当观察方位发生变化时，体系的组成系统就会有较大差别，也就是所谓的体系动态性——构成体系的要素是不确定的，但这种不确定并不一定会导致体系不稳定，因为不同要素构成的体系可以完全胜任同样的任务。相反，恰恰是体系构成要素的动态性为体系完成其使命带来了强大的鲁棒性。

在体系开发的实践中（例如，武器装备体系开发），人们不断丰富、完善系统工程的内容，逐步形成了一套体系工程的思想、方法、工具。体系工程（system of systems engineering，SoSE）源于系统工程，但高于系统工程，为的是解决系统工程解决不了的体系问题。体系工程实践由五种不同的体系特征驱动：①单个系统运行独立；②系统管理独立；③地理位置分散；④涌现行为；⑤渐进开发。这些性质对应用于体系研究的仿真以及系统本身都有重要的影响。通过组合异构的模型来支持体系工程，每一个模型都代表一个构成系统或是该系统中的一部分，用以构成正在研究的更大的体系的模型。用这种方式组合模型，可以获得对体系性能有价值的深刻理解，并允许操作人员或设计师提升该体系，揭示出体系的新应用的机遇，并为训练操作人员提供强有力的工具。体系工程是实现更高一层的系统最优化的科学，是一门高度综合性的管理工程技术，涉及最优化方法、概率论、网络理论、可靠性理论以及系统模拟、通信等问题，还与经济学、管理学、社会学、心理学等各种学科有关。体系工程的关注点是，将异构独立的系统组合起来创造一个更大的系统，新的系统能够提供新颖的、我们所期望的扩展能力。体系工程不能进行"完美"的预先设计，体系的成形是一个涌现形成的实践过程，是一个渐进成形、边建设边应用的过程。因此并不能在开始阶段就给出长期严格的建设计划，所以从某种程度来讲，体系只能依赖"演化"，而不能建造。

虚实融合的世界既可以是一部手机、一台家电，也可以是一条生产线、一座工厂，甚至可以是工业互联网、整个宇宙。我们可以看到，虚实融合的世界不仅可以是复杂系统，也可以是体系，因此构建虚实融合的世界需要系统工程思想、方法和工具的支持，还需要体系工程的思想、方法和工具的支持。换句话说，解决虚实融合世界问题的方法已经从系统工程走向了体系工程。

7.3 从简单任务的管理到大型工程项目的管理

任务是指人们在日常生活、工作、娱乐活动中所从事的各种各样有目的的活动，通常指上级交派的工作、担负的责任。简单，就是不复杂、头绪少。简单任务，顾名思义，就是不复杂、头绪少的活动。简单任务使用简单的方法，很容易完成。当我们面对大型项目，需要组织成千上万人来完成这个项目时，简单任务的管理方法就不适用了，必须寻找新的方法来管理工程项目，特别是大型工程项目。

现代意义上的项目，是一个很广义的概念，纵贯全国的高速公路建设、核电站建设到卫星发射、大水坝的建造等都是一个个的项目。对具体项目而言，在时间跨度上可以跨越数十年，如水利工程项目的建设，也可以在短期内完成；在空间上，项目可以横贯万里疆域，也可以在一个狭小的空间里完成。从投资规模看，有些项目花费巨大，如三峡工程，开支达数千亿元，也有投资不大的；从技术上看，有些项目需要大量高精尖且十分复杂的高新技术，如卫星发射，也有些项目无须特殊的技术要求；从组织上看，有些项目牵涉到若干企业和部门，甚至不同的行业，需要多工种、多专业、多学科交叉协同攻关，如"两弹一星"的研制，有些项目则由某一小部分人或者独立的部门即可完成。项目等级按照参加的子项目划分，分为特大型、大型、中型、小型四档，特大型项目总投资一般在 20 亿元以上，独立投资额在 10 亿元以上；大型项目总投资在 1 亿元以上，独立投资额在 5000 万元以上；中型项目总投资额在 5000 万元以上，独立投资额在 2000 万元以上；小型项目总投资额在 500 万元以上，独立投资额在 100 万元以上。

大型工程项目是指投资规模巨大的工程项目。所谓工程项目是指一般的按设计文件实施，经济上统一核算，行政上有独立组织并实行统一管理，完成后可独立发挥设计文件要求的作用的项目。大型工程项目一般具有下列特点：①规模庞大。一般都要由几万个甚至几十万个零部件装配而成，因此要把它分解成合理的多级递阶结构。②因素众多。它不仅有本身的技术经济因素，还涉及社会、政治、经济、环境等许多外部因素，因此要建立多层次、多目标的目标体系。③技术复杂。系统开发涉及机、电、液、控、软件、管理等数十个学科和成百上千的专业知识，多个学科的知识耦合在一起，共同决定系统的结构、功能和行为。④组织复杂。往往需要不同行业的许多机构和不同专业的许多科技人员协同工作，涉及成千上万的单位，需要几万人甚至几十万人参加。⑤开发周期长。一般大型工程项目需要经过几年、十几年，甚至几十年的时间才能完成。⑥投资额大。研制经费高达几亿元、几十亿元甚至超过百亿元。这些特点充分说明了大型工程项目需要运用系统工程的方法来进行协调、控制、规划、组织和管理。

例如，美国1961年开始进行的"阿波罗"工程，由地面、空间和登月3个部分组成，该项目于1972年结束。在工程最高峰时期，有2万多家厂商、200余所高等院校和80多个研究机构参与了研制和生产，总人数超过30万，项目耗资255亿美元。完成"阿波罗"工程不仅需要火箭技术，还需要了解宇宙空间和月球本身的环境。为此又专门制订了"水星"计划和"双子星"计划，以探明人在宇宙空间飞行的生活和工作条件。为了完成这项庞大的计划，美国航空航天局（National Aeronautics and Space Administration，NASA）成立了总体设计部以及系统和分系统的型号办公室，以便于对整个计划进行组织、协调和管理。在计划执行过程中自始至终采用系统分析技术、网络技术和计算机仿真技术，并把计划协调技术发展成为随机协调技术。由于采用了成本估算和分析技术，使这项史无前例的庞大工程项目基本上按预算完成。

　　大型工程项目所面临的基本问题是，怎样把比较笼统的初始研制要求逐步转变为成千上万个研制任务参加者的具体工作，以及怎样把这些工作最终合成一个技术上可行、经济上合算、研制周期短、能协调运转的实际系统，并使这个系统成为它所从属的更大系统的有效组成部分。大型复杂工程项目的管理者面对着两个重要的系统，即被研制的**工程系统**和大型项目所处的**组织机构系统**（其中包括项目团队）。鉴于复杂大型工程系统研制容易出现系统级性能不佳的问题，美国国防部规定所有的工程项目，都必须采用严格的系统工程方法。NASA 强调，应自觉将系统工程置于项目管理的背景下，在项目各制约因素下实践系统工程方法。

　　工程系统研制包含系统的建模及其组织管理工作，组织管理服务于系统建模过程。这两项工作如何开展，就是系统工程方法。系统工程这种组织管理的技术，不仅包括建模工作的组织管理技术，也包括系统建模的技术，因为管理的基础是沟通，复杂工程中沟通的基础就是**系统模型**（是对于系统的描述、模仿和抽象，它反映系统的物理本质与主要特征），系统模型必然由人利用系统建模技术来构建。系统工程这种技术，实质上包括系统建模技术和系统建模工作的组织管理技术。工程系统建模工作必须进行良好的管理，即计划、组织、领导和控制。计划，主要就是确定整个复杂工程系统研制，即系统建模各个方面的工作，以及这些工作之间的逻辑关系、协作关系和时间关系等。组织，就是确定这些工作由哪些单位和哪些人来完成。领导，就是引导和激励所有的单位和个人，并且协调解决相关的矛盾与冲突。控制，就是对建模工作进行监控和督促，确保按计划完成，也就是各种各样的技术评审和检查等。

　　随着应用需求的不断增加，虚实融合世界涉及的范围、领域地不断扩大，复杂程度地不断加深，虚实融合世界开发项目的管理复杂性也日益增大，迫使我们不得不引入现代大规模项目管理的方法和手段，实现对虚实融合项目的有效管控。类似地，我们可以将虚实融合世界的构建项目按照规模大小分成特大型、大型、中型、小型四档。根据需要，采用多种管理方法和工具对虚实融合世界的开发过程进行管控，以确保在有限资源的约束下，达到项目总目标和实现方法的最优。

7.4　从单向进化到双向协同进化

　　对于大部分复杂系统来说，尤其在构建复杂系统的早期阶段，不可能对其进行真正的试验（系统还没产生），这个时候模型就是研究系统的唯一可行途径。工程系统的研制过程，就是建立工程系统模型的过程。用户提出的需求是工程系统研制工作的"第一推动"，系统设计师把用户需求"翻译"为系统架构模型（功能模型），再结合技术供应商的零部件模型，形成一个平衡、优化、集成、联动的系统模型，进而得到能够让下游使用的模型（例如，蓝图及工艺规程）。各个层次、各个部分以及各个专业的模型，必须进行良好的追溯、集成，此后各方对模型的修改完善都以此为基础。而且，系统模型是否符合现实，需要不断地通过系统仿真、试验、验证和确认来进行模型的修改完善。因此可以说，工程系统的模型是工程系统研制工作的成果和中心。工程系统研制也是一个借助系统模型来实现技术沟通的过程。因为在复杂工程系统研制过程中，各参与方之间要进行良好的分工和协作，分工协作的基础是技术沟通，而技术沟通的基础则是系统模型。比如，用户向设计部门提出要求，而设计部门则提出解决方案（设计方案），双方提出的都是模型，是系统模型的不同视图。这是一个需求模型和设计模型沟通的过程，也是一个任务提出方给出"定义"、任务承接方给出"说明"的过程。可以看出，对于复杂系统的建模与仿真本身就必须遵循工程化的过程。

以往，我们通过构建系统的概念模型、数学模型对工程系统进行形式化描述，即构建复杂系统的虚拟样机，随后将各类、各级虚拟样机转化为仿真模型，进行多种仿真试验，对仿真结果进行分析，为完善设计提供建议。该过程是单向的，也就是说，构建虚拟样机与实际生产的系统之间没有发生交互。虽然在实际生产和运行使用过程中采集了一部分数据，但它们并没有马上用于系统虚拟样机的完善，更不用谈双向互动了。之所以这样，除了认知的局限性外，还因为当时传感器、计算机网络、数据处理等技术不足以支持虚实融合的双向互动。随着传感器、计算机网络、大数据、人工智能等技术的发展，数字孪生的概念浮出水面。此时，人们已认识到了虚实对象之间进行互动交流、动态演化的必要性，并通过实践验证了数字孪生的可行性。例如，利用采集的系统运行的真实数据，完善系统的健康模型，对系统未来的健康状态进行预测，并根据预测的结果制定系统运维的优化方案，及时进行维修和零部件更换，避免系统因故障而造成巨大的损失。

数字孪生的定义有很多，笔者采用参考文献 [71] 中关于数字孪生的定义：数字孪生是根据特定目的，对物理实体（含对象、过程、环境等）进行抽象、形式化描述而生成的模型。该模型通过接收来自物理实体的数据而协同演化，从而与物理实体在全生命周期中保持状态协调一致。基于数字孪生可进行分析、预测、诊断、训练等（以下统称为"仿真"），并将仿真结果反馈给物理实体，从而支持对物理实体进行优化和决策。模型与物理实体不是一对一的关系，因目的的不同，同一个物理实体可以有多个模型与它对应。

强调一点，系统开发早期阶段所构建的虚拟样机并不是实际系统的数字孪生，因为那时实体系统还在孕育之中，还没有生产出来，当然也就不可能有实际系统运行的数据，因此也就无法构建实体系统的数字孪生了。开始进行实体生产时，才是构建数字孪生的起始点。数字孪生技术的产生，使虚拟样机从单向进化走向了双向交互进化。我们相信，未来虚实融合的世界一定是虚实系统的智能互动、协同进化。

7.5　小结

今天，我们面临着一个由技术引发的悖论：**在我们对世界的了解变得更多、更深入的同时，这个世界也变得更加复杂了**。随着科学技术的进步，需要解决的系统问题越来越复杂，涉及的人员也越来越多。由于非线性、不确定性等大量存在，想要准确地预见未来并完美地提前做好准备，是不现实的；想要让复杂的系统只做符合我们期望的事情，也是不现实的。即使在最理想的情况下，也只能是暂时实现。事实是，我们永远无法完整地理解这个世界，也无法像还原论者所期望的那样彻底解构这个世界。为此，我们需要站在系统整体的高度来审视和解决复杂性问题。具体方法就是将系统工程、体系工程、项目管理、复杂系统 / 体系建模与仿真等学科有机地综合起来。

建模与仿真科学帮助我们能够对复杂的现实世界、虚构的事物进行简化和形式化描述，经过两次抽象获得可以在计算机上运行的仿真模型，对仿真模型进行试验，以便获得解决系统问题的优化方案。进而通过数字孪生技术的支持，实现虚实系统的双向互动。由于虚实系统的开发受到有限资源的限制，构成虚拟系统的模型十分复杂、数量庞大，需要进行仿真的项目（任务）多如牛毛，需要成百上千人来共同完成，真实产品的生产和服务也需要为数众多的人来完成。系统工程与项目管理将在其中发挥巨大的作用。

第8章

虚实融合的经典范例：智能制造中的 CPS

CPS 是具有嵌入式软件的系统，其中：①使用传感器记录数据，利用执行机构操纵物理过程；②评估和保存所记录的数据，并在物理和数字世界中进行主动的交互；③通过数字通信网络（无线的和/或有线的、本地的和/或全球的）与其他系统/对象连接；④使用多种界面与环境和人员进行交互。因此，CPS 是促成众多创新应用的集成系统，包括但不限于智能物流系统、后勤保障系统、智能交通、移动能源供给和消费、健康医疗和安养护理，以及未来的工厂等。

CPS 的核心就在于虚拟（数字）空间与实体（物理）空间水乳交融般的深度融合，而虚拟系统的价值在于对实体系统的状态和活动进行精确评估。实际上，虚拟系统实现对实体系统的精确评估是一个渐进的过程。虚拟系统作为实体系统的映射，不可能从一开始就十分逼真、完美，基于对物理现实世界认知而建立的模型需要经过不断地细化、优化，才能逐步完善，逼近实体系统，直到最终看起来像两个孪生兄弟（姐妹）一样（永远都不会一样）。

从空间角度来说，CPS 使得数字世界将不再仅仅是现实物理世界的映像，而将成为人类新的生存空间，这个空间远远超越了现实物理世界，超越了物理距离，没有边界，一切物体都以光速联系彼此；从时间上来说，CPS 使得现实物理世界的发展速度将呈指数级增长。

由于 CPS 的范围很大，为了易于理解，以下各节提及的 CPS 仅指制造业的智能制造系统。这里，智能制造系统是覆盖制造领域的、具有嵌入式软件的系统，它是虚实融合世界的典型范例，具有虚实融合世界的一切特点。

8.1　CPS 是虚实融合世界的子集

德国工业 4.0 是以智能制造为主导的第四次工业革命或革命性的生产方法，目标是建立高度灵活的个性化和数字化的产品与服务的生产模式，推动制造业向智能化转型。工业 4.0 概念的基础是 CPS，采用信息通信技术与网络空间虚拟系统、物理系统相结合的手段，即实体物理世界和虚拟网络世界的融合，由集中式控制向分散式增强型控制的基本模式转变，实现数字化和基于 IT 的端到端的集成。其核心是融入虚拟制造及智能制造，实现产品全生命周期管理（product life-cycle management）和生产全生命周期管理（production life-cycle management）的对接和信息共享，旨在把产品、机器、资源和人有机地联系在一起，并实时感知、采集、监控生产过程中产生的大量数据，达到生产系统的智能分析和决策优化。

按照工业 4.0 的纲领，未来的工业企业的各种 CPS 将由全球的物（务）联网支持，将各类智能机器、后勤系统与生产系统集成在一起。在制造环境中，这些 CPS 所包含的智能机器、存储系统和生产实体可以自动地交换信息、触发动作、相互独立地控制。这些实体对工业过程的基本改进涉及了制造、工程、材料使用、供应链和全生命周期管理。在 CPS 支持下，出现了实现全新生产方法的智能工厂及具有动态配置生产方式的智能生产线。CPS 生产出的智能产品在整个生产时段内，都知道自己的历史、现状以及达到最终生产目标的生产路径。如图 8-1 所示，以物联网与服务网为基础的工业 4.0 中的 CPS，其核心是智能工厂和智能产品。

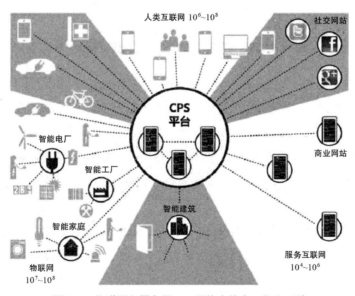

图 8-1　物联网和服务网——网络中的人、物和系统

工业 4.0 中的 CPS 可将个体客户和产品特殊性能需求融入产品设计、组态、订货、生产、运行与回收各阶段；也可在制造前或制造进行时将最后一分钟的客户需求加入制造中，实现单件或小批量制造并赢利；同样也可让生产者来控制、调节或组态智能制造的资源网络和制造步骤。生产者可以从生产任务的过程中解放出来，致力于创新和增值的生产活动。他们将在生产过程中起关键作用，特别是在质量保证方面。同时，灵活的工作条件也可协调他们的工作和个人的需求。

图 8-2 清楚地展示了 CPS、体系（SoS）与虚实融合世界之间的关系。通俗地讲，虚实融合世界是体系、简单系统 / 复杂系统以及模型的总和，由完整的物理世界和广义的虚拟世界构成，包括人类头脑中虚构、幻想出的世界；体系是由一些分布的复杂系统构成的集合，其中每个复杂系统可独立运行；CPS 的集合中一部分属于体系，还存在一些独立的 CPS 在体系之外（复杂系统），但都包含在虚实融合世界中。由此，不难得出结论，CPS 是虚实融合世界的子集。

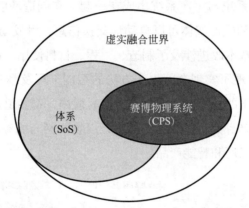

图 8-2　CPS 与体系（SoS）、虚实融合世界的关系

CPS 之所以是虚实融合世界的子集，是因为 CPS 无论是在覆盖的范围、涉及的领域，以及对象的种类等方面，都小于一般意义上的虚实融合的世界。具体而言，制造业 CPS 中的赛博空间，指的是工业软件和管理软件、工业互联网平台（系统）、模型、数据等构成的虚拟空间（不包含虚拟人、精神世界，以及违反物理规律、逻辑等的臆想情境）。其中的物理空间，是指能源环境、人（不包含赛博格）、工作环境、网络通信以及设备与产品等。

虽然 CPS 仅仅是虚实融合世界的一个子集，但它依旧是连续离散混合系统、复杂自适应系统、软件密集型系统、健壮的系统、均衡的系统。这些特征的解释详见 4.5 节，此处不再赘述。

8.2 CPS 模型的演化

严格意义上讲，我们对 CPS 的认知根本不可能一步到位，需要在大量的研究与工程实践中不断纠正错误、修正航向、提高认识。以下简要分析几种模型，从中可以看出模型进化的轨迹。更重要的是，可以看到我们的认识越来越逼近真实的目标。

1. 鸡蛋模型

CPS 有一个极为通俗的解释，即所谓的鸡蛋模型。如图 8-3 所示，蛋黄——physical 表示了物理实体；蛋清——cyber 表示了信息、网络、计算机等虚拟世界。只有蛋黄不能称其为鸡蛋，cyber 越多，鸡蛋的营养越大，价值越高。它形象地说明了 cyber 的虚拟空间对实体的作用，说明了 cyber 与 physical 的相依关系。

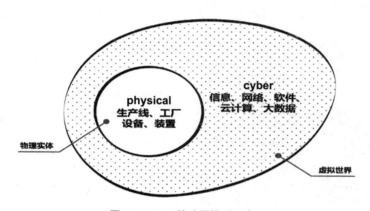

图 8-3 CPS 的鸡蛋模型示意图

CPS 连接了虚拟空间与物理现实世界，使物理实体能够通信，能与虚拟世界相互作用，创造一个真正的网络互联物理实体的世界。一旦网络扩展到互联网范畴，CPS 就可以发展成为无处不在的智能系统。一个个物理实体就处在"无处不连接"的连接之中，互联网的"蛋清"将与物理实体的"蛋黄"融为一体成为工业 4.0 的核心。

鸡蛋模型存在明显的不足之处：该模型虽然表明了 CPS 由虚实两个部分组成，但仅仅是物理形式的组合，也难以展现出 CPS 是个复杂适应系统，无法显式地体现虚实部分的双向进化，更无法体现 CPS 所拥有的智能（包括人的智能）。其实最大的问题是无法展现"鸡蛋"之间（多个 CPS 之间）的关联关系和群体效应，即使成千上万的"鸡蛋"堆在一起，也无法爆发出新的涌现特性。实际上，稍加思考就会发现这种静态模型是无法反映 CPS 的本质 / 精髓的。

2. 太极图模型

一个简单的太极图，可以揭示出宇宙、生命、物质的起源及其发生、发展、运动的自然规律。太极图中的"S"形曲线将太极图清晰地分为阴阳两个部分，表明任何事物的内部都有一个太极结构模式。太极图的整体结构均衡对称（旋转对称），表明它是一个稳定的结构。阴阳两侧的运动始终是均衡的、平衡的、稳固的。阴阳两者又是相对独立的体系，阴中生阳，阳中生阴，既对立又统一，双方均衡地互抱为一，处在平等的地位。"太"这个字有至的意思，"极"是极限的意思，就是到了极限，不但包括了至极的理，而且包括了至大至小的时空极限；能够大于任意的量，但不能超过圆周以及空间；还可以小于任意的量，但并不等于零或者无。宇宙是无限大的，因此称为太极，可是宇宙是有形的，也就是有实质性的内容。

图 8-4　CPS 的太极图模型示意图

如图 8-4 所示，太极图模型中的阳极代表 CPS 的实体部分（白色区域），阴极代表赛博部分（黑色区域）。有学者认为中间的"S"形曲线代表人的参与。太极模型很好地反映了 CPS 作为对立统一的整体，具有阴阳均衡、相互转化，以及自适应环境变化等特性。当然，太极图模型可表示不同规模的虚实融合世界。

太极图模型存在明显的不足之处：强调整体性，缺乏层次性，使得人们无法体会不同层次的 CPS 如何连接而构成一个更大的太极世界，无法展示 CPS 分布式的集群特性。另外，智能的体现也不够充分。

3. 一体两翼模型

CPS 的应用范围是制造业，构成 CPS 的要素也主要属于工业领域。虽然 CPS 的范围小于虚实融合世界所涵盖的范围，但它具备了虚实融合世界的所有特征。

CPS 是"一体两翼"的典范。如图 8-5 所示，由虚拟现实生成系统构建的赛博空间与由人、机器、设备、物料、产品等组

图 8-5　CPS 的"一体两翼"模型示意图

成的物理空间犹如鸟的一对翅膀，即所谓的"两翼"。工业互联网平台与智能化的软件，以及回路中的人构成拥有智能 / 智慧的"主体"，即所谓的"一体"。决策能力是 CPS 的核心能力（CPS 的算法智能 + 人的智能 / 智慧），是快速响应变化的自主适应能力。

　　"一体两翼"的鸟类模型具有的优点：CPS 不仅具有对称、动态均衡的能力，而且具有自主决策能力，可以根据周围环境的变化调整状态。更显著的优点是可以反映 CPS 的体系特性，像鸟儿一样，既可以三五成群，也可以成百上千地聚集在一起（如图 8-6 所示）。它们既可以独自生活，也可以群居，充分体现了 CPS 的独立运行、分布式集成、动态调整体系结构等特征。虽然鸟类模型在展示虚实方面不如太极图模型那样分明，但更接近现实。现实世界中，如果不借助显示、感知体验设备，人们也根本看不到或感受不到虚拟世界（赛博空间）。虚拟世界的外在表现依赖于显示或感知设备。不管是否看见、是否体验到虚拟世界，它总是以 0 和 1 的组合形式存在于网络的某个（些）地方，并且是不以我们的意志为转移的。

图 8-6　CPS 集群的鸟群示意图

8.3　CPS 开发与运行面临的挑战

　　CPS 是复杂的混合系统，在部署层面可能跨越社会的多个领域，组成的系统在不同程度上展现智能、适应或自主特性。CPS 由若干复杂系统组合而成，每个复杂系统均需独立面临一些关键的挑战。最重要的需求如下：

　　（1）自主协同：物理组件和软件组件相互交织，每个组件在不同的时空尺度上运行，并展现不同的行为，随环境的变化进行交互。它们共同表现出（期望的或不期望的）所谓的涌现行为。

　　（2）开放性：某些时候，CPS 组件和用户以随进随出的方式进行交互。例如，实时更新的交通信息与空中、铁路调度的集成，动态地规划符合当前状态的交通路径。

　　（3）学习和强韧性：在某些情况下，CPS 元素必须从新的状况中学习并适应（例如，组件失效或环境中发生很少出现但具有影响的事件）；或与新的系统进行协同，当创建CPS时，有些系统并未出现。

（4）智能：决策能力是CPS的核心，通常需要自我感知以及第三方感知，还需要具有面向解决方案目标的推理和推断的能力。

（5）深度人机交互：系统与监控、支配CPS运行的个人或团组进行交互，需要实现一致的赛博、物理和人员元素的无缝集成。

多个领域中的CPS功能相互重叠并不断增加，给其他工程系统带来了前所未有的复杂性。同时，跨部门的部署和使用也会带来风险，在高度的网络化环境中这些风险可以产生级联式的影响。网络环境中的远程控制系统是降低技术风险的一种可能的解决方案，但是绝对数量的变量以及各种可能的情景，也会在多个方面带来复杂性，而这种复杂性必然导致仅能制订有限覆盖的测试计划。与赛博物理系统相关的智能性、适应性、自主性和安全性等，也将使问题变得更加严重。CPS属于人造世界中超复杂系统的类别，如体系、复杂自适应系统等。

随着计算和通信技术的进步，赛博物理系统的复杂度正在迅速提高。同时由于这些系统的连接和自主性，在CPS设计、测试和运行方面的复杂性面临着若干的关键挑战。

1. 系统设计

1）系统建模的挑战

与一般嵌入式系统不同的是，CPS系统不仅强调了软硬件协同设计，保证系统功能的正确性以及性能的最优化，更加注重系统中计算进程和物理进程之间行为的一致性度量和表示问题。CPS融合了连续物理系统和离散计算系统，使其具有一般嵌入式系统所没有的空间属性，因此在一定程度上也增加了对于系统建模的难度和要求。我们即使在开发过程中完成了物理设备与计算机系统的接口连接，也可能无法处理那些关键和带有风险的用例。在设计和/或为了捕获现实用例中很难出现的各种情况，需要使用仿真。对于CPS之类的系统，代码生成是必不可少的工具，设计人员和工程师利用代码生成器的强大功能来构建可执行的系统模型。使用模型对异构集合进行系统级设计和分析，需要在以下方面取得进展：

（1）以不同形式表达的模型进行连接、组合或集成，可以在行为层通过协同仿真或共享仿真API，或在共享语义层级通过代码生成。

（2）跨动力学和执行语义使用的高效仿真模型，其中涉及针对连续时间、离散事件和离散事件行为的一系列潜在交互求解器的配置。动态语义和执行语义的结合是重要的进步。

2）系统集成的挑战

CPS 工程是一项依据运行场景来集合赛博元素和物理元素的活动。有时，运行场景可能跨越多个领域。这些复杂系统涉及不同规格层级的组件，而其中的组成要素又由多个供应商提供，因此，在缺乏正式的测试与评估基础设施的条件下构成一个解决方案，是一个真正的挑战。CPS 的功能集成不是发生在部署之前，而是发生在部署之后。在真实系统/体系上执行集成优化方案之前，需要构建系统仿真的环境，对各种不同的方案进行多次的仿真。CPS 工程需要一个一致的运行模型，该模型需要得到各种 CPS 提供方的支持。为此，需要解决以下方面的问题：

（1）异构组件的集成。如何设计灵活的接口支持不同异构组件的即插即用模式，以及如何支持组件间的自适应组合。

（2）方法的集成。CPS 涵盖许多领域，由于每个领域都有自成体系的一套模型、语言与方法，提取异构系统之间的共性技术用于 CPS 的开发非常困难。

（3）工具的集成。CPS 的设计与开发需要一套完整的工具包来全面支持其建模、分析、综合，以及各计算与通信组件的设计、开发与部署。

2. 系统测试

在已部署的系统上测试复杂的功能至关重要，但对嵌入于物理环境中的运行系统而言却是挑战。通常，在给定的可用计算资源的情况下，无法获得系统与环境交互的完整模型，或无法实现该模型。因此，在在线测试和设计优化环节中，替身模型可提供足够精确且在计算上可行的实际过程的近似值。

（1）在每个 CPS 内部，不同异构组件的组合使得 CPS 的行为极为复杂，作为使命与安全攸关的系统，CPS 需要经过充分的验证与测试，以确保系统设计满足利益相关方的要求。

（2）在构成体系的 CPS 之间，多个异构 CPS 的组合使得体系的行为更加复杂，测试协同功能的能力将确保共享资源的协同质量，同时能够在分布式环境中识别并自动缓解失效的根源。

3. 运行

1）互联运行

CPS 是由多个复杂系统构成的，甚至是由多个体系组合而成的，此时需要无线通信、数据共享和服务利用。

（1）高性能无线通信将支持具有不同服务质量特征的灵活系统进行可靠的配置。通信协议栈必须在物理上可察觉并可配置，同时与 Internet 协议（IP）兼容（如

IEEE802.15.4e），这样的协议支持低功耗的分级质量的实时服务，并在通信数据中包含（精确的）位置和时间信息。在分布式和无线连接环境中，必须支持精确的定时和同步。

（2）先进的数据共享将支持有效地开发分布式的信息资源，并使本不具有先验的系统特征的共享源成为可能。在离线方法中，系统集成负责数据流同步，而对于在线连接的场景必须通过构造解决。为获得系统特征的价值，必须有可能从通信数据中可靠地提取相应的（非歧义的）信息。

（3）在部署后，动态组合的系统将针对特定的（单一的）使用要求而被赋予特定可用功能的能力。基于服务的方法必须在物理环境中以实时嵌入的服务来运行，服务发现必须增加逻辑功能（是"智能的"）。在异构系统集合中必须支持信息的共享。

2）协同运行

为确保系统集合的高效、协同运行，必须妥善处理以下关系：

（1）必须处理物理系统与计算机系统的协同关系。CPS 在面向物理环境感知时，具有空间和时间上的关系，所以计算系统必须保证在时间处理、决策和控制时是准确和实时的，确保物理系统在控制和操作的空间和时间上的正确性。

（2）必须处理物理系统与信息网络系统的协同关系。信息网络系统实现了无处不在的通信接入，使得物理设备能够进行信息交互。所以，必须建立物理系统与信息网络系统之间的协同模型，定性和定量地分析物理系统和信息网络系统之间的协同关系。

（3）必须处理计算系统与信息网络系统的协同关系。由于物理系统中物理设备的安全性、面向对象性和可靠性需要和通用的计算系统中的部件存在本质上的差异，因此必须研究物理系统的动态性、计算系统的离散型和时序性，重构计算与信息网络的抽象体系。

（4）必须处理构成 CPS 的复杂系统之间的协同关系。

确保系统集合以协同方式运行的要求：

（1）运行时的安全和可靠的系统适应能力，使集合中某一系统能利用其他系统实现外部功能，从而实现高效、经济和强韧的运行。

（2）设计涌现行为的鲁棒方法，允许对作为整体集合中的系统进行系统化的设计，使整体以最佳方式实现期望的行为。

（3）集合中系统之间的共享功能。不仅通过可用的功能，而且通过有意义地交换有关该功能的信息和元信息，将允许在部署后创建新颖的系统功能。

除了上述的挑战外，CPS 的正确性需要验证，因为测试可能会漏掉错误。然而，这个问题很令人困惑，因为 CPS 在一种情况下的行为可能与另一种情况下的行为完全不同，特别是在不同目标下计算机做出的复杂决策相互影响时。在一个拥有海量可能性的系统中，根本不可能对所有的可能性进行测试。更糟糕的是，还不能依靠抽样的方式来对系统进行测试，因为它是非连续系统。计算机软件、分布式网络以及绝大多数的人工系统都是非连续的系统。对于一个超级复杂的系统来说，测试者没有任何把握说那些没有测试到的值就一定会和抽样到的数据之间呈现一种连续关系。随着系统复杂性迅速地增加，在最终对其进行详细检测是不可能的。因为它们是非连续的系统，所以总会隐藏着某些诡异的特例或是某种致命的响应——其被激活的概率可能只有几百万分之一，无论是系统化的测试还是抽样测试都无法发现它们。

目前，协同仿真被公认为是支持 CPS 开发、测试和最终培训的首选方案。在 CPS 工程中应用 M&S（modeling and simulation，建模与仿真）技术并非一件简单的事，它需要开发一种计算基础设施，在 CPS 使用背景的协同仿真环境中，在混合模型中整合各领域的仿真器。

8.4　CPS 安全的建模与仿真

CPS 既可以是独自运行的复杂系统，也可以作为体系的组成部分，其中涉及多种传感器、计算和作动装置的连接，从而支持直接的共享数据或跨多个传感器聚合数据结果而实现系统的执行。CPS 具有正确地感知输入、做出相应的反应动作并在各种可能的环境条件下运行而无须任何人为干预的能力，这对于 CPS 至关重要。考虑连通性和自主性的引入，就有必要重点关注系统的安全性、可靠性和强韧性。从赛博安全的角度来看，CPS 是一个活跃的研究领域，具有众多的复杂性和挑战。复杂性来自于系统设计的复杂性、组件异构性、复杂的互联、缺乏整体可见性、物理过程的安全性和可靠性之间的权衡等。

当今的汽车都是 CPS 的实例。它们配备了多种自动功能，包括驾驶员辅助技术、自动制动以及感应和规避技术。这些功能中的每一种都可感知车辆周围的状况并以最少的人工干预自动做出反应。结果是，这些功能将会带来设计中始料未及的脆弱性。2015 年 7 月，Charlie Miller 和 Chris Valasek 演示了通过车载互联网娱乐系统远程侵入并控制车辆关键功能的过程。Miller 和 Valasek 最终能够接入 Jeep Cherokee 的 CAN（controller area network，控制器接入网络）总线，该总线用于控制汽车的主要功能（转向、制动、加速等）。虽然 CANBUS 与互联网之间没有直接连接，但 Jeep 娱乐系统可作为一个桥接点。一个称为"Uconnect"的服务，为数千辆菲亚特克莱斯勒汽车用户提供互联网连接，并提供汽车娱乐系统与互联网之间的连接。Miller 和 Valasek 通过该链接访问娱乐系统，并重写娱乐系统的固件，使其能通过 CANBUS 网络发送命令。当他们获得了 CANBUS 的访问权时，便能够禁用或驱动转向、制动或发动机等组件。Jeep 汽车黑客攻击报告的脆弱性凸显了保证 CPS 安全所面临的主要挑战。未来的运输系统不只是单个的网络使能功能的车辆，未来的系统将由联网的汽车组成，通过网络汽车相互交互，并与道路上的传感器交互。在车到车（vehicle to vehicle，V2V）和车到基础设施（vehicle to infrastructure，V2I）通信的设计过程中，如果无法适当地开发出安全控制机制，则可能会引发具有重大安全影响的脆弱性。随着 CPS 复杂性的增加，理解所有可能的脆弱性将成为持续的挑战。

能源 CPS 的运行规模范围非常巨大，实际上能源系统是成百上千 CPS 的集合。理解和保护如此大型的 CPS 网络是一项重大的挑战。2016 年 12 月，黑客使用恶意软件 CRASHOVERIDE 发起对乌克兰电网的攻击，这是对电力设施最恶劣的赛博攻击之一。与以往不同的是，这次攻击完全是自动的，通过编程使其具有直接与电网设备"对话"的能力，以不为人知的协议发送命令来控制电流的开启和关闭，预示着不久的将来针对能源公用事业可能会发起更加复杂的攻击。

许多的强韧性研究都涉及工业控制系统（industrial control system，ICS）——主要的一类 CPS。与传统 IT 安全系统不同，ICS 往往是时间关键系统，许多都是建立在实时操作系统之上。ICS 可用性要求较高，影响服务的中断是无法接受的。对于 ICS 不能通过卸载和重启组件的传统方式来进行软件修补或滚动开发。ICS 将人员安全和公共卫生放在首位，任何影响公共安全的安全控制都无法接受。在许多情况下，由于设备的遗留特性或根本无法说服制造商进行更新，因此采取的安全控制可能行不通。

M&S 技术已证明是改善系统的整体设计、开发、集成和测试的有效工具，使用 M&S 改进设计以及在系统工程过程中提高效率的事例比比皆是。波音 777 的设计和建造利用数字化产品定义（digital product definition，DPD）、数字化预装配（digital product assemble，DPA）、计算机辅助工程分析（computer aided engineering analysis，CAE）、可制造性设计（design for manafacturing，DFM）等，在制造前全面评估设计和权衡性能，充分展现了 M&S 的巨大作用。在系统的设计阶段，使用 M&S 作为识别潜在安全脆弱性的方法，对安全工程师具有极大的吸引力。近年来，将安全性纳入正式的系统工程过程的想法开始备受关注。美国国家标准和技术研究院（national institute of standards and technology，NIST）出版物（NIST SP 800-160）特别提及在赛博强韧性验证过程中使用 M&S。M&S 方法可对各种威胁性的系统进行行为建模，并帮助开发具有强韧性的方法。CPS 的 M&S 并不成熟，需要表达目标系统的物理动态特性、系统的网络连接性以及连接对目标系统的影响。随着这种能力的成熟，我们可以预见到在许多情况下，将有效地使用 M&S 来确保 CPS 的安全。

在许多 CPS 案例中，由于系统处于关键应用（能源、健康）的持续使用中或考虑到制造方的问题，直接在真实系统上进行验证并不是一种可选方案，此时就可使用 CPS 的数字孪生，从而研究系统关于威胁的响应，而无须实际系统的停机。数字孪生是"贯穿整个生命周期的物理对象或系统的虚拟化表达"，它使用实时数据和其他资源实现学习、推理和动态调整，以改善决策能力。由于 CPS 系统的连接特性，随着新软件功能集成到系统中而创建新的连接，系统始终在演进和变化。数字孪生概念可确保随着实际 CPS 的变化，该系统上的传感器将这些变化传给数字孪生体，因此可保持一致性。通过支持生产过程和机器运行分析，数字孪生已在制造领域中获得显著关注。数字孪生的概念将使安全工程师可监视 CPS 的数字复制品，并创建安全的数字方法而不影响实际的设备。安全控制、脆弱性评估以及针对 CPS 威胁响应的理解都可在数字域中开展，并可在实际 CPS 应用之前进行验证。

在不了解复杂组织体内部存在哪些风险的情况下，盲目地应用安全控制措施不会提升其安全性；相反，它有可能使安全资源与最优先级的脆弱性不匹配。M&S 应用不仅可表达 CPS 的复杂性，而且可表达 CPS 是如何耦合到运行环境中，以及它所经受的外部威胁影响。同时作为执行风险评估的工具，M&S 也是极其有用的。

当 CPS 在工业互联网中部署时，将会给间接使用的关键基础设施架构带来大量的风险。因此，未来的物联网和 CPS 还要面临许多挑战，随着管理和运行关键基础设施架构的利益相关方意识到所涉及的风险，风险的增长可能会受到遏制。CPS 可能具有多种模式，将现有 CPS 置于新的运行环境中，会使事情变得更加复杂。如果缺乏充分的 T&E（testing and evaluation，测试和评估）和 V&V（verification and validation，校核和验证），就无法预测 CPS 是否会威胁可靠性的行为并对基础设施造成新的压力，从而导致级联式故障。

确保 CPS 安全的一个主要问题是理解系统内部的脆弱性如何引发大量的大规模系统之间的级联性效应。因为 CPS 可能依赖于跨多个系统的众多网络连接，所以大规模地发生意外行为的可能性确实存在。目前，尚无容纳规模巨大的 CPS 的试验场，也无法为大家提供在受控环境中探究此类行为的机会。随着 M&S 更好地表达 CPS，在较大范围内部署仿真实例，将更有意义地支持 CPS 的交互分析。

8.5　小结

曾几何时，我们身边常见的物体大都是没有感觉、不会思考、不会合作的，是没有灵魂的"死物"。随着计算、通信、人工智能等技术的飞速发展，各种智能感知设备、智能机器不断问世，为构建充满"生命力"的 CPS 奠定了基础。智能算法、机器的引入，使 CPS 不仅可以感知、理解和操纵周围的物理系统，而且还能够随着环境的变化或时间的推移进行学习和自我完善。与此同时，通信的进步使得物理系统的分布式架构成为可能，所以多个自主系统能够以协同的方式一同运行。CPS 正在变得越来越庞大、越来越智能。开发和运行 CPS 也将面对日益复杂、严峻的挑战。

通过多种计算方式、物理方式与人、其他 CPS 以及环境进行交互的能力，是我们应对复杂性挑战的主要方法和手段之一。它支持 CPS 在不同的领域运作，并为许多不同的使用者提供服务。通过不同的接口来访问相同的功能，将其应用到不同领域的多个背景环境中，也使 CPS 的验证颇具挑战性。在无法预料的事件变化中，适应性反应的选项数量也会增加。如果众多的 CPS 在同一领域中提供多种服务，那么即使在灾难性的情况下，供我们选择的适当反应也会增多。多模态不仅是复杂性增加的根源，同时也提供了应对复杂性的方法，因为它可实现更高的敏捷性和灵活性。如果某一模态失效或不可用，则可用其他调用结构快速替换。CPS 的多模态特征带来了挑战，但同时也提供了应对挑战的方法。

对制造业而言，未来的 CPS 是具有智能的、自适应的、均衡的复杂系统/体系。首先，CPS 能够自主感知周围环境的变化，进行智能决策，并迅速做出反应。其次，CPS 可以根据需要进行自主学习（机器智能），并主动进行自我改进、完善。最后，根据制造业生态圈价值网络的变化，可随时增加或裁减 CPS，而且还确保整个智能制造体系稳定地运行。未来的 CPS 是构筑在工业互联网与平台之上的复杂自适应系统/体系，并遍布全球，外来的攻击给系统安全带来严峻考验。工业互联网虽然通过人、机、物的全面互联和全局优化，实现全系统效率的提升，但这种效率的提升是以脆弱性为代价的，任何一个环节出了问题，都会影响全局。

第9章

构建 CPS 的技术途径

生产力决定生产方式和组织形式。如果生产方式和组织形式与同时代的科学技术水平不匹配，不管是超前还是滞后，都不可能正常发挥科学技术的能力，有时甚至会导致生产力的下降。半个多世纪以来，制造企业为了确保长久生存和可持续发展，坚持不懈地研究和探索先进制造模式，从而形成了一系列先进制造模式。随着科学技术的飞速发展，人类跨入了数字（智能）经济时代，制造业必然会选择与今天的科学技术水平相适应的先进制造模式，即智能制造模式。当然，仅有智能制造模式的支持是不够的，建设与之配套的 CPS，则是制造企业的首要任务之一。常言道："条条大路通罗马。"制造企业构建满足自身发展需求的智能制造系统的技术途径并不是唯一的，对于不同行业的生态圈、不同规模的制造企业来说，由于拥有的人、财、物等资源存在一定的差异，需要解决的问题也不一定相同，因此实现智能制造的过程也不尽相同。

当下，强大的算力、人工智能算法、工业互联网平台、智能感知设备、广博的知识、众多的模型等，以及强大的网络基础设施，为智能制造系统的构建，实现产品和服务的数字化、网络化和智能化，奠定了坚实的基础。不同规模的制造企业根据自身各异的需求，可以从众多的技术途径中进行选择。即使是规模相当的制造企业，选择的技术途径也不一定相同。本节提供的各种技术途径都是泛化的，各制造企业可量体裁衣，自行完善技术途径。强调一点，制造企业实施智能制造本身是一项长期的工程项目，不可一蹴而就，其智能制造系统会在持续改进和优化过程中进化。

9.1　CPS 的架构

由于制造企业规模（企业集群、大、中、小）不同，对 CPS 的功能、性能需求不一致，笔者仅仅给出一种通用的系统组成，供不同规模类型的制造企业参考。由制造企业未来的 CPS 示意图可见（见图 9-1），该系统是一个多层次的、横跨虚实两个世界的集成系统。智能制造系统既可以由单一的 CPS 构成，也可以由多个 CPS 综合集成而构成（体系）。

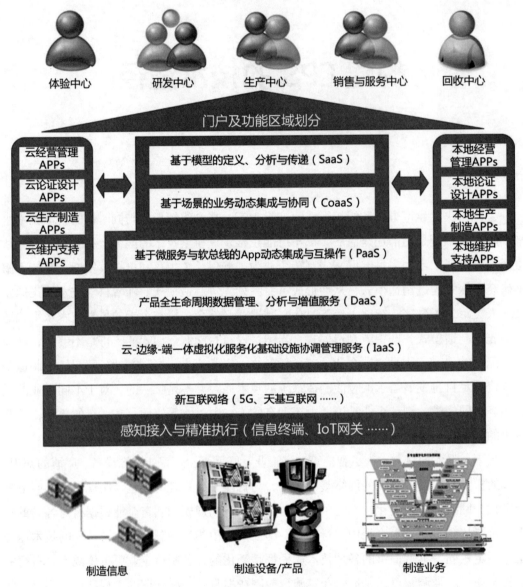

图 9-1　未来的 CPS 功能组成示意图

为了便于介绍，笔者将 CPS 看成一个整体，不管它是一个复杂系统，还是由多个复杂系统组成的体系。我们从横向过程、纵向层次和使用者等不同的角度来阐述 CPS 的功能组成。每个可独立运行的 CPS 都可参照此示意图进行系统设计。

从横向看，覆盖从用户体验、概念需求、工程设计、生产、售后支持与服务，乃至报废的全生命周期。从纵向看，覆盖信息基础设施、数据服务、平台服务、协同服务、软件服务、应用门户等多个层次。从使用者视角看，覆盖体验中心（需求对接、主题交流、消费者体验）、研发中心（设计、仿真、试验）、生产中心（零部件加工、产品装配、测试）、销售与服务中心（产品销售、服务支持、维修、保障）、回收中心（产品回收、材料循环、销毁）。各利益相关方通过云端互联、端到端集成，实现消费者 / 主题社区 / 独立专家、制造商 / 供应商、经销商 / 零售商、运输 / 安装 / 服务商等共同参与创造价值。

对于未来的制造企业而言，由于其生产已经从传统的"push"模式（生产之后想办法卖出去）转变为"pull"模式（按单设计、按单生产、按单装配等），相应的制造模式、制造系统都发生了相应的改进。价值网络上的所有成员都连接在工业互联网上，在生态圈内形成无边界的"虚拟"企业，项目团队可按需配置人员，敏捷、柔性地进行产品设计、生产、服务等。对于智能制造系统而言，它必须是柔性、可重构、自适应的开放系统，根据自主感知的市场需求变化和预测结果，动态调整系统的配置，并根据任务的进展情况迅速调度制造资源。在智能制造系统中，一条生产线能够生产多种产品。

对于大企业和企业集群而言，在构建、完善智能制造系统时，需要通盘考虑已有系统的继承性问题，这是一项复杂的、极具挑战的工作。例如，跨多个工业互联网平台、异地分布、互操作性、系统集成，以及支持成千上万人协同工作等。将生态圈中、产业链上，大量已存在的系统汇集在一起时，看上去各个组成部分应该不会相互补充，它们当然也不会以理想的方式相互配合、协调行动。毕竟在汇集到同一个架构之前，它们都拥有各自的目的、各自的运行使用构想、各自的"做事方式"或文化。一旦汇集起来，就有可能需要协调它们的行动，使各不相同的部分"更加地互补"，以加强它们之间的合作与协调。如果运气好，这些工作或许并不需要，但大家最好不要心存这样的侥幸。

9.2　中小企业

根据 2011 年 6 月 18 日工信部、国家统计局、发改委、财政部联合印发的《关于印发中小企业划型标准规定的通知》（工信部联企业〔2011〕300 号），以工业领域为例，从业人员 1000 人以下或营业收入在 40 000 万元以下的为中小型企业。其中，中型企业营业收入为 2000 万~40 000 万元，小型企业营业收入 300 万~2000 万元。

与大企业相比，中小企业在规模、技术方面存在较大的差距，融资渠道狭窄，又没有品牌优势，其市场竞争较弱，生存空间相对较小，它们要在大企业盘踞的市场中求得生存，实现持续发展，必须寻找适合自己生存的空间，采取合理的策略。一般而言，为了获得超额利润，大企业常常采用少品种、大批量的方式，追求"规模经济性"，这自然就为中小企业留下了很多大企业不屑涉足的狭缝地带，此乃中小企业的自然生态空间

（精细划分领域）。在当今经济环境处于买方市场的条件下，市场竞争激烈，中小企业要与大企业同场竞技，按照常规策略是难免要失败的，必须发挥中小企业在灵活性、敏捷性方面的优势。

较为典型的策略是与大企业一起置身于一个共同进化、互利共生的"商业生态圈"中，一个大企业网罗一大批中小企业（主要是大企业所需零部件的生产和供应），建立较稳固的协作关系，这是一种"伙伴式"的市场关系，一种属于大企业领导体制的"企业系列"，一种共同进化、互利共生的商业生态系统。中小企业的生存应力求进入这种系统，通过这种商业生态圈的运行，以自身专用资产与大企业长期合作，"靠山吃山"，实现自身的持续发展。

如图 9-2 所示，中小企业构建 CPS 系统时，多以配套制造业"伙伴式生态圈"中的头部核心企业为主（M_1，M_2，…，M_n），通过租赁工业互联网平台提供的支撑 / 应用服务来定制适合中小企业核心业务的系统级 CPS（专业化、精细化、特色化），节约购置软硬件的成本，避免小而全。与此同时，可以通过工业互联网平台提供的接口工具，较容易地接入整个"大制造"生态圈的产业链级（伙伴是生态圈）CPS 中。以下以航天云网 INDICS 平台提供的"云制造支撑系统 CMSS"和"系统级应用"为例，说明构建不同区域（L_1，L_2，…，L_n）的中小企业（A，B，C，D，…）的系统级 CPS。

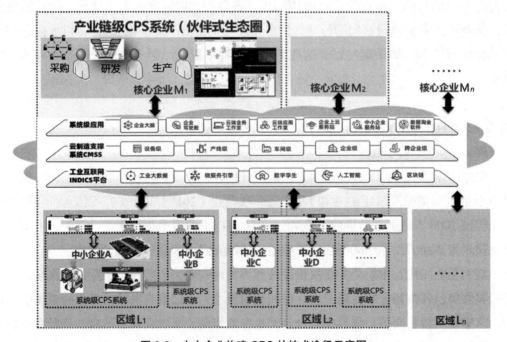

图 9-2　中小企业构建 CPS 的技术途径示意图

（1）**基于 INDICS 云制造支撑系统 CMSS 层开展中小企业智能车间 / 工厂 CPS 系统构建。** 如图 9-3 所示，其核心是通过"云排产"承接大企业"跨企业智能生产协同"产生的生产订单，形成产业集群 CPS 系统；并通过"云虚拟工厂 ++"开展高级计划排程后下发"云 MES"（企业无 MES 时实施）执行，形成系统级 CPS 系统；此外，通过制造大数据中心的互联，实时监控各企业生产执行情况反馈给云排产系统进行闭环反馈调整确保订单的精准有效执行，完成基于工业互联网平台的生产过程在线协同。其中"云虚拟工厂 ++"CPS 系统具有数据智能分析功能，接收本企业智能化改造基础上建立的制造数据中心中的各类数据，并通过对本企业车间 / 工厂的布局规划、高级计划排程方案仿真推演，生成适应大企业节拍的车间布局和生产计划。

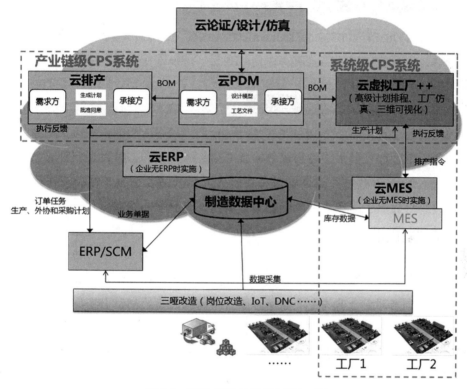

图 9-3 基于 CPS 的智能车间 / 工厂

（2）**基于 INDICS 设备层的 IIOT 开展中小企业系统级智能设备 / 工位 CPS 系统构建。** 如图 9-4 所示，其核心是在本企业内部建立能够适应不同产品生产工艺的柔性工位，通过"云设备"接入工业互联网平台，既能够通过本企业租用的云 MES 与该设备 / 工位互联，也可以接入其他企业云 MES 系统实现空闲时的设备 / 工位利用。其中，工位"云设备"CPS 系统需要建立工业机器人实时操作系统，用于感知物理世界状态、建立"机器 + 环境"的虚拟仿真系统、AI 赋能的运动控制智能体训练、模型生成指令下发、执行情况反馈等全过程，采用"以虚映实，以实促虚"的方式解决柔性工位的快速实施难题。

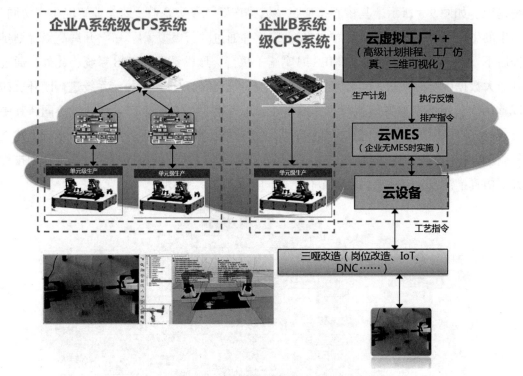

图 9-4　基于 CPS 的智能生产工位

9.3　大型企业

在现行体制下，大型（制造）企业为了保障科研生产任务的顺利完成，一般都已经形成分工明确、内部闭合的固定产业链，由于内部缺乏竞争和动态协作，容易导致"一般能力大家都有、瓶颈能力谁都没有、发展出路严重塞车"的现实问题，制约了大企业的转型升级。随着"中国制造 2025"提出的"信息技术与制造技术深度融合的数字化网络化智能化"为主线，推动"从要素驱动到创新驱动、从低成本优势到质量效益优势、从资源消耗粗放制造到绿色化制造、从生产型制造到创新服务型制造"的四大转变，给大企业走向世界一流制造企业带来了新的思路。

对于大型企业来说，由于信息安全、数据保密等诸多方面的原因，不可能将智能制造系统全部部署在工业互联网平台服务商提供的软硬件系统上。大型企业需要在用户自己的软硬件系统上建设自己的智能制造系统。如图 9-5 所示，大企业构建 CPS 一般在本企业内部数字化条件建设的基础上（一般包括数字化管理、数字化系统工程、数字化生产制造、数字化研发与试验、数字化基础与安全等方面的条件建设），通过购入工业互联网平台建设"私有云"的方式与本企业内部数字化条件集成，实现虚拟空间和物理空间的各类制造信息、制造装备 / 产品、制造业务的数字化接入；同时围绕产品全生命周期的虚拟模型（产品虚拟样机＋企业运行模型＋试验环境模型＋综合保障模型＋生产过程模型）和物理过程（产品及其使用环境＋采购、物流、人力、财务等管理过程＋实物 / 半实物试验验证活动＋装配、训练和保障活动＋工艺、生产活动），开展各领域应用 CPS 建设，包括智慧企业运行 CPS（支持产品研制的价值链和供应链分析）、协同设计 CPS（支持产品设计改进方案和协作模式分析）、智能制造 CPS（支持可装配性、可制造性分析）、智能试验内场 CPS（支持功能、性能、效能仿真分析）、智能运维保障 CPS（支持可维修性、保障性分析）等；最终通过数据增值服务（DaaS 层）、业务协作增值应用（CoaaS 层）等实现赛博空间模型层到物理空间的映射控制，以及物理空间产生的数据分析模型向赛博空间的反馈优化过程，实现"CPS+AI"赋能下的需求迭代 /设计改进 / 精准仿真、试验减少 / 故障预测 / 产品改进的绩效。此外，通过"私有云＋公有云"的协作模式，可以扩展大型企业的外部产业生态和市场能力，通过私有云门户层与其他工业互联网平台的链接，实现企业生态圈利益相关方的接入。

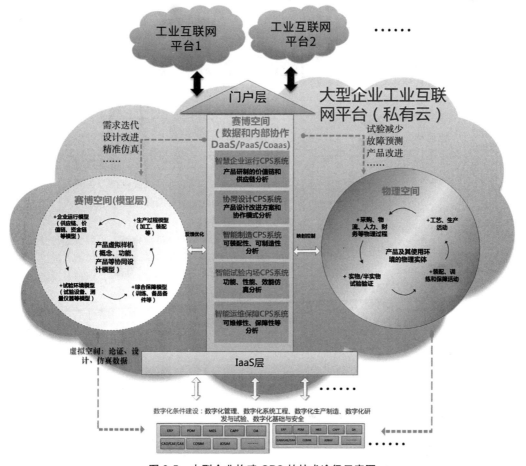

图 9-5　大型企业构建 CPS 的技术途径示意图

国内外当前已经涌现了一批以大企业原有业务背景为依托的专业工业互联网平台型企业/产品，典型的包括以面向高端装备行业的集团航天云网 INDICS 平台、面向服务行业规模化定制的海尔 Cosmoplat 平台、富士康 Beacon 平台，以及国外的 GE Predix 和西门子 MindSphere。研究发现，各平台架构基本一致，主要包括资源接入层 IoT 层、IaaS 层、PaaS 层、DaaS 层和 CoaaS 层五个层次，在每一个层次，不同工业互联网平台能力建设各有侧重。目前，通用电气（GE）的 Predix 和西门子的 MindSphere，由于不能本地化，国内大型企业几乎没有使用它们。而且，GE Digital 因经营问题已经转型，不再提供 Predix 服务。如表 9-1 所示，以下就海尔 Cosmoplat 平台、富士康 Beacon 平台、航天云网 INDICS 平台为代表分析其 CPS 解决方案中不同层级的能力。

表 9-1　典型工业互联网平台能力列表

序号	能力	海尔 Cosmoplat 平台	富士康 Beacon 平台	航天云网 INDICS 平台
1	IoT 层	网关：CP3352、CP3399、CP5708 等多种工业边缘智能网关； 支持协议：Modbus、Bacnet、CDT、DNP、OPC 等协议； 边缘计算：支持可视化流式管道、数字化建模与实体映射	网关：三类网关"Sirius Plus 工控网关、Sirius Lite 工业网关、Sirius Basic 工业网关"； 支持协议：支持 OPC UA、XMPP、Redis、MQTT 等 28 种工业通信协议	网关：2 类网关"智能网关、虚拟网关"； 支持协议：OPC-UA、Profinet、ModBus、MQTT 等 21 种工业协议； 边缘计算：提供量程变换、阈值判断、变化上传等数据清洗功能、存储和分析
2	IaaS 和 DaaS 层	已启动 IaaS 基础设施建设	—	自建数据中心
3	PaaS	开发语言：10 种以上； API：100 多种； 机理模型：2000 多种工业机理模型，包括化工、环保、水务、火电、热力等行业； 大数据：支持分布式并行计算、列存、内存计算、实时计算	开发语言：10 种以上； 机理模型：抛料率管理、AOI 误判分析、AOI 不良与贴片机智能回馈、智能叫料等机理模型	微服务：提供微服务引擎，为开发者提供微服务开发环境，实现微服务快速开发； 开发语言：8 种以上； 机理模型：提供聚类、分类、机器学习等算法模型，提供设备诊断等知识库，用于对设备运行数据进行分析； API：300 多个上行以及下行 API 接口； 大数据：提供 6 种数据库，支持流式计算、内存计算等算法
4	CoaaS	1000 多种工业 App：主打大规模订制，面向个人用户，属于自主创新能力	1228 个工业 App：提供了设计、生产、管理、服务等一系列创新性业务应用	以 5C 为核心的应用，包括智能研发、精益制造、智能服务和智慧管控等应用，云市场 700 多款第三方 App

9.4　生态圈企业集群

关于企业集群的定义由于研究背景不同有不同的理解，但基本都强调企业的专业化分工、区域的相对聚集。生态圈企业集群模式具有相对灵活的组织架构和较为稳定的协作模式，具备基于本地互联形成的聚集优势，并与全球产业链对接的能力。

根据《促进中小企业特色产业集群发展暂行办法》（工信部企业〔2022〕119 号）中的要求，企业集群要增强创新活力和产业链关键环节配套能力，2023 年 1 月 13 日公布评选的 100 家特色产业集群，可以按功能划分为：生产制造类产业园区，包括浙江省绍兴市上虞区氟精细化工产业集群、山东省滕州市中小数控机床产业集群、贵州省遵义市汇川区精密零部件产业集群等；创新研发类产业园区，包括海南省海口市龙华区数字创意设计产业集群、天津滨海新区车规级芯片产业集群、上海宝山区成套智能装备产业集群；服务类企业园区，包括北京市海淀区行业应用软件产业集群、河北省河间市再制造产业集群等。

如图 9-6 所示，生态圈企业集群在构建 CPS 时重点是增强内部规模化效应和对接上游需求企业，因此需要建立跨多个工业互联网平台（F_1，F_2，$\cdots F_n$）的多级集成 CPS，

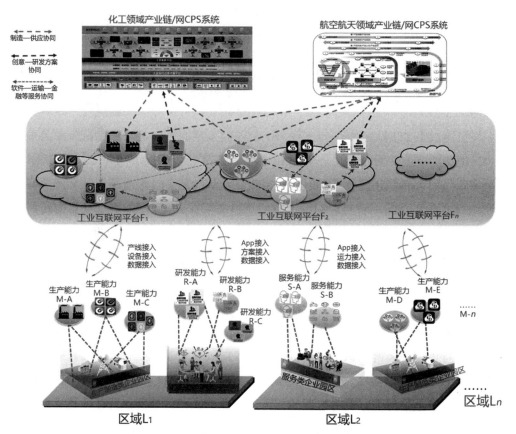

图 9-6　生态圈企业集群构建 CPS 的技术途径示意图

实现本区域内的生产制造、创新研发、服务等专业能力按行业/按能力大小等维度区分
（如生产能力 M-A/M-B/M-C/M-D/M-E，研发能力 R-A/R-B/R-C，服务能力 S-A/S-B 等），
并通过不同工业互联网平台在区域内实施能力集成定制化实施实现聚集后的能力包上
云，以构成增强型的"制造—供应协同、创意—研发方案协同、软件—运输—金融等服
务协同"的集聚效应，最后通过与不同行业 CPS 对接，实现集群聚集涌现能力与上游
企业的集成。下面通过典型示例简要说明生态圈企业集群 CPS 的构建方式。

（1）以龙头企业工业互联网平台为核心的生态圈 CPS。如图 9-7 所示，这种模式下，
生态圈企业 CPS 产生的聚集能力接入方式需要以核心企业（M_1）的 CPS 建设模式为牵
引，即需要与龙头企业的私有云或承接对接业务的"公有云"对接。这种模式下要以集
群能力（虚拟企业 A，B，C，D，…）到制造过程的服务集（产品设计/生产加工/仿
真评估……）为映射关系开展"制造能力"注册发布发现标准制定，统一集群内部使用
的 App 标准/数据标准/工艺质量标准等。

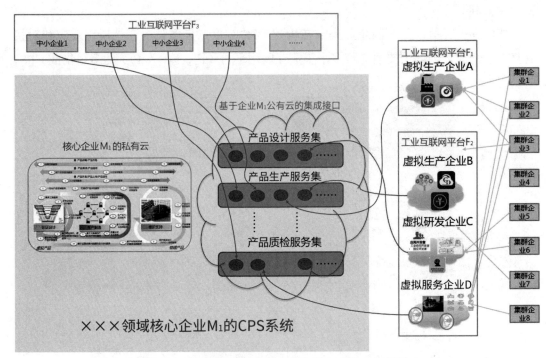

图 9-7　核心企业带动的生态圈企业 CPS 构建示意图

（2）同质企业规模化生态圈模式下的 CPS。如图 9-8 所示，这种模式适用于产生了
规模效应的特色生态集群，该生态集群以多个区域同质化制造能力集群为基础，建立基
于工业互联网平台的行业工业云 F_1，同时接入本行业其他区域公有云（F_2/F_3）中的同
质能力，形成统一的行业集成标准接口规范。以此为基础，与其他行业的核心企业公有
云/私有云（$F_4/F_5/F_6$）开展接口适配，实现与这些大型企业的对接。

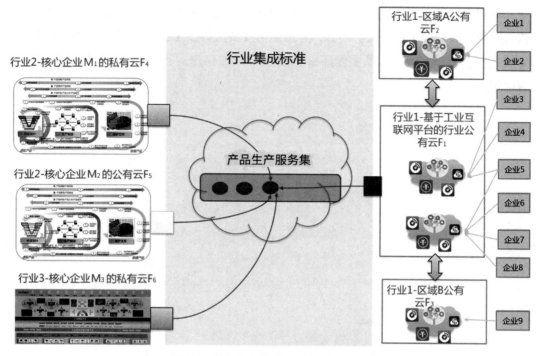

图 9-8 特色生态集群 CPS 构建示意图

9.5 小结

制造业是由众多不同规模的企业构成的。如果希望长久地生存下去，企业都需要找准自己的生态圈，确立自己的生态位，采用相应的先进制造模式 / 系统，实现 T（时间）、Q（质量）、C（成本）、S（服务）、E（环境）、K（知识）等的综合优化。数字经济时代的科技催生了以工业 4.0 为代表的智能制造技术 / 系统，迫使身处不同生态圈、不同生态位的制造企业纷纷建立与之相适应的 CPS。研究与实践表明，制造业的智能制造系统既是典型的虚实融合系统，又是复杂自适应系统或系统集群（体系），它的构建本身就是一项非常复杂的工程项目，需要从产业链结构、价值网络、企业协作模式、企业规模、生态环境等多个维度去分析，制定满足自己需求的实施方案。但总的来说，采用分布式体系架构、多级分层框架等是不同产业链、不同规模企业构建 CPS 的通用模式。

对于中小规模企业而言，为了节省人、财、物的投入，可以通过购买工业互联网平台供应商提供的软件、硬件租赁和系统定制开发等服务，在平台供应商的帮助下构建满足自身需求的 CPS，并进一步通过平台的接口服务，实现与价值网络中大型企业的智能制造系统集成。对于大型企业来说，可以通过购买工业互联网平台进行本地化定制。根据需要，可随时通过工业互联网与其他利益相关方的智能制造系统进行集成。今天，工业互联网平台可否在用户所在地安装，已经成为衡量工业互联网平台水平的一个重要参数。对于企业集群（生态圈）而言，有可能需要解决跨多个工业互联网平台的异构系统集成问题，建设完成后，既要保证每个独立的 CPS 稳定运行，又要保证整个体系的健康稳定运行。

第10章

未来智能制造系统的构想

21 世纪才刚刚走过 20 年左右，尽管还不到一个世纪的四分之一，但这 20 余年世界格局的惊人变化却向世人表明：21 世纪注定是个不平凡的世纪，充满了不确定性。第一，科学技术突飞猛进，极大地改变了我们的生产和生活方式。2007 年，iPhone 巧遇移动互联网技术的突破，把全世界人民连接到移动互联网并主宰了智能手机市场。智能手机永久地将我们连接到互联网，而且我们几乎意识不到自己已经时时刻刻处于在线状态。2016 年，Alphabet（谷歌的母公司）旗下的一家专注于开发人工智能的英国公司 DeepMind 开发的围棋程序 AlphaGo 战胜了世界一流的韩国围棋高手李世石九段，给处于寒冬中的人工智能送来了春风。消费互联网的电商平台、物流等为我们提供了各式服务，人们足不出户就可以购买到所需的商品。如今，ChatGPT 的对外发布再度刺激了人们的热情，也再次掀起了人工智能的狂潮。第二，新概念如雨后春笋般涌现，人们在概念中徘徊、困惑，甚至无所适从。昨天，人们还在讨论大数据、人工智能、工业4.0。今天，数字孪生、MBSE、虚拟现实、元宇宙等概念就扑面而来，似乎一瞬间就将昨天的概念冲刷得无影无踪。人们不仅在概念中迷失了自我，而且社会上渐渐滋生了空谈之风，高谈阔论和肆意曲解，给理解这些新概念带来了困难。第三，资本裹挟着新概念恣意妄为，强烈冲击实体经济，普罗大众很容易掉入资本的陷阱。在资本操纵和媒体的鼓噪下，虚拟经济过度膨胀，实体经济遭到前所未有的冲击。例如，在新型冠状病毒疫情面前，医疗资源的匮乏，暴露了实体经济（特别是实体制造业）在数字经济的围剿下未能充分发展的窘态（应对新型冠状病毒疫情，制造业的反应能力遭遇到前所未有的挑战）。灾难面前，虚拟经济瞬间就失去了往日的风采，显得苍白无力。事实胜于雄辩，抛开实体经济，即使拥有再多的数据，而无实体的物资、仪器设备，则虚拟经济必然成为"无米之炊"。多年来，有太多的企业或个人因反复落入资本的圈套，被资本一遍又一遍地"割韭菜"。第四，在持续三年的新型冠状病毒疫情和局部战争的冲击下，全球一体化走向倒退。虽然互联网缩短了国与国、人与人的距离，但是在地缘政治、新型冠状病毒疫情等影响下，全球一体化的进程倒行逆施。

在遭遇百年未有之大变局的情况下，合理预测未来将会更加困难。尽管未来学家雷·库兹韦尔曾预言通用人工智能（artificial general intelligence，AGI）将在 2029 年实现；超级人工智能（artificial super intelligence，ASI）将在 2045 年实现，即人工智能超过人类的智能。雷·库兹韦尔在他 2005 年出版的书《奇点临近》（*The singularity near*）中第一次提及这一预测。笔者并不像库兹韦尔先生那样乐观。其实，目前备受推崇的深度学习只是让机器具备了高超的能力而非智能，与人类认知能力相去甚远。即便如此，这丝毫不影响我们尽情地发挥得天独厚的虚构能力和创造力。我们十分清楚：由于复杂性的存在，未来是不可以预测的，但它可以尽情地想象。正如量子力学提出的："科学的预言必然是概率性的。我们能够预言这个结果出现的概率，也能够预言那个结果出现的概率，但通常无法预言实际出现的到底是哪个结果。"出现哪个结果本身并不重要，关键在于我们是否怀有梦想。沃特·迪士尼的名言："只有心怀梦想，才能实现梦想。"刚好表达了笔者的想法。

10.1　相关技术的发展

随着智能制造技术应用领域发展的不断壮大、深度的不断加深，智能制造系统的功能不断扩展、性能不断提高，迫切需要众多相关技术的突破。支持智能制造系统构建、安全稳定运行的技术有很多，无法一一加以说明，更何况笔者也没有能力掌握这么多的学科知识。例如，制造场景包含多个层次，从生产线到车间，再到整个工厂，甚至可以扩展到分布在全球多个地域的制造企业集群。这些不同层次的（系统）模型不仅仅由互联网上的网页文字内容生成，而很多系统需要构建三维模型，这些模型还有可能分布在不同的地域，而且需要实时仿真、渲染，它们对计算力和网络带宽提出了极高的要求。不同的制造企业都拥有自己的CPS，为了共同创造价值，需要将诸多的CPS连接在一起，支持在多个虚拟空间中的模型共享、转换。因此对模型的互操作性提出了需求，而且根据互操作性原则，无论模型传递到哪里，模型的变化都会持续存在。

笔者只能依据多年的研究与实践经验，从中挑选若干技术，如计算力、人工智能、工业互联网、建模与仿真等，简要阐述它们的进展情况，希冀这些信息能对读者构想、研究未来智能制造技术/系统有所裨益。

1.云服务上整体计算力突飞猛进

所有数字工作的执行都依赖于计算。我们可以看到，每年可用的和制造的计算资源数量在不断地增加，也见证了计算力的日益强大。然而，计算资源从过去到现在甚至未来，都可能处于稀缺状态，因为当人类获得更强的计算能力时，通常更大的、更复杂的计算需求就已经摆在我们的面前了。例如，电影中的一个镜头可能需要数百万束单独渲染的灯光，渲染镜头的每一帧需要数十个甚至数百个内核时间。与电影镜头相比，元宇宙所需的渲染和计算要复杂得多，它们还必须大约每 16ms，或者最好是大约每 8.3ms 就创建一次。即使当下最成熟、最耀眼的虚拟世界，在计算方面也面临着限制。

在数字经济时代，新的原材料是信息，互联网上每时每刻都产生大量的信息，并被存入数据中心，然后在数据中心通过复杂的计算方法运算。对于大多数公司来说，这意味着很大的一笔投资，也是为什么许多公司会把数据这部分外包给其他公司或第三方机构，它们会通过互联网提供计算处理和数据存储。今天，云计算和数据存储服务已经司空见惯。例如，谷歌已在全球范围内建立了 15 个数据中心来提供服务。IDC 公布的《数据时代 2025》显示，从 2016 年到 2025 年人类的数据总量将会增长 10 倍，达到 163ZB。面对如此庞大的数据量，数据分析、模型计算将变得更加复杂，对计算力的需求也在不断提高，挑战难度逐渐升级。

智能算力对提升国家、区域经济核心竞争力的作用已经成为业界共识。以国内为例，随着"东数西算"工程的启动以及智算核心的建设，从国家层面实现有效的资源结构整合，助力产业结构调整，构建更为健全的算力、算法基础设施。目前，国家在八地启动了国家算力枢纽节点的建设，并规划了 10 个国家数据中心集群，协调区域平衡化发展，推进集约化、绿色节能、安全稳定的算力基础设施的建设。IDC 预测，中国智能算力规模将持续高速增长，预计到 2026 年中国智能算力规模将达到 1271.4 EFLOPS，未来五年复合增长率达 52.3%，同期通用算力规模的复合增长率为 18.5%。

2. 人工智能从感知走向认知

人工智能的第一个里程碑发生在 1997 年，当时全世界都见证了一款神奇的计算机——深蓝（Deep Blue）的诞生，它是由美国 IBM 公司发明的超级计算机，战胜了国际象棋的前世界冠军加里·卡斯帕罗夫（Garry Kasparov）。深蓝的胜利具有伟大的象征意义，因为这是计算机第一次在基于人类智能的策略游戏中击败人类。另一个里程碑，发生在 2016 年。Alphabet（谷歌的母公司）旗下一家专注于开发人工智能的英国公司 DeepMind 编写的程序 AlphaGo 战胜了全世界一流韩国的围棋高手李世石九段。围棋要比国际象棋复杂得多，因此，像模拟国际象棋一样去模拟围棋全部可能的步数是不可能的。这也是为什么 DeepMind 的工程师采用了完全不同的方法，并尝试了机器学习。同样的技术已经被运用到开发谷歌照片应用程序的智能搜索功能。

计算智能、感知智能和认知智能是探索人工智能道路上的三个台阶。计算智能是指对数据的基础逻辑计算和统计分析。感知智能是指基于视觉、声学的信号，对目标进行模式识别与分类。认知智能是指机器具有主动思考和理解的能力，不用人类事先编程就可以实现自我学习，有目的地推理并与人类自然交互。今天，在计算智能方面，机器早已远远超过人类。在感知智能方面，由于深度神经网络（deep neural networks）和大数据等应用，机器也已达到可媲美人类的水平。以自动驾驶汽车为例，它通过激光雷达等感知设备和人工智能算法，实现感知智能。当前感知智能层已相对成熟，但其仍属于弱人工智能。它仅能实现语音识别、图像识别和简单的自然语言处理等非常有限的一部分，并且依赖于大规模的标注数据进行监督训练。在强调知识、推理能力的认知智能方面，机器与人类仍有较大的差距。目前被大众接受的 AI 达到的程度介于感知智能和认知智能之间，距离通用人工智能（AGI）还有很长的路需要走。

新一代人工智能正在逐步从感知智能向认知智能转化。认知智能将从心理学、脑科学及人类社会历史中汲取灵感，并结合跨领域知识、因果推理、持续学习等，建立稳定获取和表达知识的有效机制，让知识能够被机器理解和运用，实现从感知智能到认知智能的关键突破。

3. 工业互联网为制造业铺路架桥

简单地讲，工业互联网是连接工业设备和生产的网络。它通过传感器、信息通信技术连接众多工业设备，使得系统能够收集、传输、交换和分析工业数据，并对生产过程和各个环节进行监控和优化，帮助企业进行更明智和更快速的业务决策，优化资源的配置。这里所说的系统就是构筑在工业互联网平台上的智能制造系统。所谓工业互联网平台，是指面向制造业数字化、网络化、智能化需求，构建基于海量数据采集、汇聚、分析的服务体系，支撑制造资源泛在连接、弹性供给、高效配置的工业云平台。工业互联网（＋平台）汇成了一个庞大的网络制造系统，为制造企业提供全面的感知、移动的应用、云端的资源和大数据分析，实现各类制造要素和资源的信息交互、数据集成，释放数据价值。今天，工业互联网平台已经为不同地区、不同行业、不同规模的制造企业，提供了不同层级的智能制造系统的定制和服务，从底层的生产线、车间到工厂，乃至跨多个工业互联网平台的制造业生态圈。

与消费互联网平台赢家通吃的局面大相径庭。由于制造业的应用场景十分复杂，而且各行各业存在较大的差异，现阶段，工业互联网平台服务商并没有形成由少数两三家公司垄断的态势。目前，工业互联网平台呈"百花齐放"的局面，此种状态在国内尤为明显。根据 AII（China Industrial Internet Industy Alliance，中国工业互联网产业联盟）发布的统计结果：我国已有超过 300 种工业互联网平台类产品，有一定行业区域影响力的平台超过 50 种。虽然工业互联网可以为制造业生态圈提供良好的环境，但是面对种类繁多的工业互联网平台，制造企业难以抉择，甚至望而却步。与此同时，各类工业互联网平台服务商提供的服务还相当有限，这也给大范围推广应用工业互联网平台带来了一定的影响。

未来，工业互联网平台标准化、接口规范化、工业 App 的开发必将成为重中之重。通过标准化、规范化、服务的多样化，实现支持制造业生态圈内（价值网络上）多种平台的集成，支持制造业生态圈众多企业实现协同工作、共享信息和价值共创。

4. 建模与仿真扛鼎虚实融通

随着云计算、大数据、物联网、移动互联等技术的飞速发展，新概念如雨后春笋般不断涌现。当人们还沉迷于大数据、机器学习等成果而津津乐道之际，数字孪生、基于模型的系统工程（MBSE）、虚拟现实/增强现实/混合现实等，特别是 2021 年的元宇宙，如飓风般瞬间席卷全球。迄今为止，这些新技术的定义还尚未统一，得到共识。以元宇宙为例，有人认为元宇宙是虚实融合的世界，也有人认为它是虚拟数字世界，还有人认为元宇宙不是新生事物，它是诸多技术集合的产物。目前，一些著名的企业领袖、知名专家都是站在企业或个人立场提出了不同的定义，并且对元宇宙的技术体系的描述也不尽相同。不管元宇宙是虚拟世界，还是虚实融合的世界，我们需要把握的是它的本质。大量的论文与书籍都试图解释什么是元宇宙，元宇宙的目的、意义、特征等，却很少提及如何构建元宇宙。我们都知道，宣讲概念、目的和意义，即便是论述技术体系，相对来讲都容易一些。例如，有关这些概念的 5W，即 When、Where、Who、What、Why 都阐述得较为清晰，而关键的 how to 干脆只字不提或闪烁其词。并不是有了新概念就绕过了一直困扰大家的"建模"这个难题，对客观世界对象或事物进行满足精度要求的建模是躲也躲不掉的。实际上，构建虚拟现实、元宇宙的数字世界都离不开建模与仿真（M&S）这门学科的支撑，即没有从现实世界到仿真世界的两次抽象，就不会生成虚拟世界，就更不要奢谈沉浸式体验了。对研究和开发利用这些技术的专家学者、工程师而言，通晓如何去做尤为重要，否则就掉入了空谈的困境。对所有技术都应该不仅要知其然，更要知其所以然。

人造系统的开发和优化依赖于建模与仿真这门科学，数千年的实践也反复证明了模型方法是工程的基本方法。随着网络、计算机、专业领域软件等的高速发展，M&S 越来越能发挥其举足轻重的作用，可以解决自然科学、社会科学中许许多多的难题。从简单系统到复杂系统的建模与仿真，再到异地、分布的体系的建模与仿真，从单点仿真到分布式交互仿真，乃至基于全球网络的分布式协同仿真，在计算力、人工智能、网络基础设施、领域知识等进展的支持下，未来的建模与仿真技术的应用深度和广度将不断加深、加大，覆盖的领域也越来越多，模型的逼真程度越来越高，可强有力地支持科研、工程技术人员在虚实融合的环境中研究越来越复杂的问题、开发更多的新产品。

10.2　未来的智能制造系统

　　智能制造是制造强国建设的主攻方向，也是制造业提升核心竞争力的主要途径。制造企业实现智能制造不仅需要智能制造模式，而且需要构建不同规模、层次的智能制造系统。智能制造系统是一种由智能机器和人类专家共同组成的人机一体化智能系统，它在制造过程中能进行智能活动，诸如分析、推理、判断、构思和决策等。类似于互联网的发展，未来的智能制造系统将建立在工业互联网之上，充分利用工业互联网平台提供的各类服务，构成遍布全球的、多层次的智能制造网络。未来的智能制造系统是虚实融合的系统，虽然它是虚实融合世界的子集，但它具有虚实融合世界的所有特征。在工业互联网/平台、强大的计算力、人工智能算法、工业软件、高逼真度模型、大量数据的支持下，未来的智能制造系统将极大地改变人类的生产和生活方式。

　　以下仅列出笔者构想的智能制造系统的部分功能，涉及企业组织管理、资源计划动态调度、数字化研制、敏捷物流、培训与保障等方面，供大家参考。当然，智能制造系统的功能不只限于此，不同规模的制造企业可在工业互联网平台上，通过适当地扩充或裁减来构建自身的智能制造系统，从而形成不同规模、层次的 CPS 或 CPS 集群。

　　（1）无边界的企业管理与决策：在工业互联网上，智能制造系统能够穿透利益相关方企业的边界，即支持无边界企业的组织管理、运作，把需要的信息畅通无阻地送到价值网络上的相关节点，确保信息准确、及时传输到位，支持各层级组织、团队进行决策。

　　（2）资源、计划动态调整与优化：根据市场、用户需求，各行业、区域的头部企业与利益相关方可动态调整、优化智能制造系统的资源配置。头部企业牵头制订产品设计生产的主计划，相关企业逐级分解落实，形成一套计划网络，支持整个组织分布、并行、协同地工作。各级计划执行系统根据项目、产品的进展，动态调整与优化项目、产品计划，确保有限制造资源的充分利用。

　　（3）贯穿产品全生命周期的数字化研制：未来的智能制造系统是由多层次的 CPS 构成，支持从用户体验、产品概念设计到产品详细设计、生产，再到产品运行保障，以及报废回收全过程的建模与仿真，及早发现和解决产品设计错误，确保产品一次投放成功。

　　（4）数据的采集与及时处理：实时收集项目、产品全生命周期中的各类数据，根据需求，在不同的层级、地点进行数据分析处理，包括边缘端的实时处理。为各利益相关方（价值网络上）进行不同层级的决策，提供所需的、准确的数据。

　　（5）敏捷的物流计划和调度执行：以项目、产品计划为约束制定物流计划，并根据物资调度执行情况及时调整物流计划，确保物资及时准确地运送到所需地点，使得不同层级的库存量最小，避免库存积压造成的浪费。

（6）身临其境的体验和精准的产品保障：利益相关方的各类人员可以在系统中参与产品的开发活动，身临其境地体验产品，并为完善产品提出建议。综合保障人员在赛博空间中对用户进行产品使用和维护培训，提供远程的操作指导等。根据采集的产品运行数据，系统对产品的健康状态进行分析评估，形成精准的产品保障方案，支持综合保障人员及时进行现场保障。

《孙子兵法》中提到："兵无常势，水无常形。能因敌变化而取胜者，谓之神。"未来的制造企业因其自身具备了自适应性而随需应变，它的 CPS 也必然会根据系统的决策，进行动态调整、优化部署资源，敏捷地响应市场需求的变化，确保及时为用户提供优良的产品和服务。

10.3　小结

德国工业 4.0 的提出（于 2011 年德国汉诺威工业博览会上）已经十余年了，虽然 CPS 的问世更早于工业 4.0，但是工业 4.0 则越发引起了制造强国、大国对 CPS 的重视。一瞬间，CPS 走进了普罗大众的视野，掀起了大家研究、开发和应用 CPS 的热潮。今天，CPS 与如日中天的元宇宙相比，似乎已经不怎么火热了，但是不管是 CPS，还是元宇宙，它们都与虚实融合的世界密切相关，差别仅在于应用的领域、范围有所不同。从根本上讲，无论是 CPS 还是元宇宙都要建立自己的赛博空间。就建立赛博空间而言，不管大家认同与否，都离不开建模与仿真这门科学的支持。当然还需要计算机网络、混合现实、人工智能、内容制作等领域众多技术的支持，实现更加真实的体验。没有建模与仿真技术的支持，赛博空间只能沦为个人头脑中的"海市蜃楼"，无法实现多人共享和群体体验。

智能制造模式是制造业实现转型升级的有效模式，CPS 的建设是重中之重。对于制造业生态圈而言，未来的设计、生产和管理等系统是由众多 CPS 构成的规模巨大的体系。类似于互联网，工业互联网也必然是一个日益发展壮大的网络。在一定时期内，还会有众多的工业互联网平台服务商存在，为不同的制造企业、行业或生态圈提供各种类型的服务。当然，也会有跨多个工业互联网平台集成的需求。与当下的消费互联网平台"赢家通吃"有所不同，不同的工业互联网平台因侧重点、功能部署开发的不同，再加上工业应用场景众多而且复杂，短时间内还难以发生"赢家通吃"的状况。目前，制造行业的头部企业大都围绕自己的生态圈，基于某一个工业互联网平台，构建自己的 CPS，再进一步构建跨企业的 CPS 集群。事实上，构成遍布全球的工业互联网，将制造资源连接在一起来共同创造价值，道路还是相当漫长的。

　　对于中国的制造业而言，由于国内拥有完整的工业体系，制造企业为数众多，种类、规模齐全，但水平参差不齐，需要有多种技术路线支持不同规模的制造企业构建满足自身需求的 CPS。未来，我国制造业生态圈实现智能制造也注定要经历相当长的一段时间，而不会是一蹴而就的。不管任务多么艰巨，道路多么艰难，笔者坚信：中国一定能够战胜一切困难，从制造大国转变为制造强国，实现中华民族的伟大复兴。

参 考 文 献

[1] 麦克唐纳. 后真相时代 [M]. 刘清山，译. 北京：民主与建设出版社，2019.

[2] 波特. 竞争优势 [M]. 陈小悦，译. 北京：华夏出版社，2001.

[3] 朱文海. 制造企业数字化转型的系统方法论：局部服从整体 [M]. 北京：北京大学出版社，2021.

[4] 达尔文. 物种起源：彩图珍藏版 [M]. 舒德干，等译. 西安：陕西人民出版社，2006.

[5] 理查德·道金斯. 盲眼钟表匠：生命自然选择的秘密 [M]. 王道还，译. 北京：中信出版社，2016.

[6] 凯利. 失控：全人类的最终命运和结局 [M]. 张行舟，陈新武，王钦，等译. 北京：电子工业出版社，2016.

[7] 朱文海，施国强，林廷宇. 从计算机集成制造到智能制造：循序渐进与突变 [M]. 北京：电子工业出版社，2020.

[8] 康金成. 把握德国工业的未来：实施"工业 4.0"的建议 [R]. 北京：中国工程院咨询服务中心，2013.

[9] 森德勒. 工业 4.0：即将来袭的第四次工业革命 INDSTRIE4.0[M]. 邓敏，李现民，译. 北京：机械工业出版社，2016.

[10] OSTP. American Competitiveness Initiative[EB/OL]. [2016-12-20]. http://georgewbushwhitehouse.archives.gov/stateoftheunion/2006/aci/.

[11] PCAST. Leadership under Challenge: Information Technology R&D in a Competitive[EB/OL].[2016-12-20]. https://www.whitehouse.gov/sites/default/files/microsites/ostp/pcast-07-nitrdreview.pdf.

[12] CPS Steering Group. Cyber-Physical Systems Executive Summary [EB/OL]. [2016-12-20]. http://www.cs.virginia.edu/~son/cs851/papers/CPSExecutive-Summary.pdf.

[13] Cyber Physical Systems PWG. Framework for Cyber-Physical Systems [EB/OL]. [2016-12-20]. https://pages.nist.gov/cpspwg.

[14] 李杰，邱伯华，刘宗长，等. CPS：新一代工业智能 [M]. 上海：上海交通大学出版社，2017.

[15] 李杰. 工业大数据：工业 4.0 时代的工业转型与价值创造 [M]. 邱伯华，等译. 北京：机械工业出版社，2015.

[16] 李杰，倪军，王安正. 从大数据到智能制造 [M]. 上海：上海交通大学出版社，2016.

[17] 李洪阳，魏慕恒，黄洁，等. 信息物理系统技术综述 [J]. 自动化学报，2019，45（1）：37-50.

[18] 赫拉利. 人类简史：从动物到上帝 [M]. 林俊宏，译. 北京：中信出版社，2017.

[19] 多伊奇. 真实世界的脉络：平行宇宙及其寓意 [M]. 梁焰，黄雄，译. 2 版. 北京：人民邮电出版社，2016.

[20] 加来道雄. 平行宇宙 [M]. 伍义生，包新周，译. 重庆：重庆出版社，2014.

[21] 冯鹏志. 从混沌走向共生：关于虚拟世界的本质及其与现实世界之关系的思考 [J]. 自然辩证法研究，2002，18（7）：44-47，67.

[22] 赵沁平. 从虚拟现实技术管窥新兴工科人才培养 [J]. 中国大学教育，2019（9）：7-9.

[23] 陈宝权，秦学英. 混合现实中的虚实融合与人机智能交融 [J]. 中国科学：信息科学，2016，46（12）：1737-1747.

[24] 格林加德. 虚拟现实 [M]. 魏秉铎，译. 北京：清华大学出版社，2021.

[25] 何汉武，吴悦明，陈和恩. 增强现实交互方法与实现 [M]. 武汉：华中科技大学出版社，2018.

[26] 赵罡，刘亚醉，韩鹏飞，等. 虚拟现实与增强现实 [M]. 北京：清华大学出版社，2022.

[27] 斯蒂芬森. 雪崩 [M]. 郭泽，译. 成都：四川科学技术出版社，2018.

[28] 吉布森. 神经漫游者 [M]. Denovn，译. 南京：江苏文艺出版社，2013.

[29] 鲍尔. 元宇宙改变一切 [M]. 岑格蓝，赵奥博，王小桐，译. 杭州：浙江教育出版社，2022.

[30] 李颖悟，方鹏，刘杰. 元宇宙未来：通往真实的虚拟现实 [M]. 北京：中国商业出版社，2022.

[31] 杜雨，张孜铭. WEB3.0：赋能数字经济新时代 [M]. 北京：中译出版社，2022.

[32] 吉布森. 全息玫瑰碎片 [M]. 李克勤，等译. 北京：北京时代华文书局，2021.

[33] 李耐和. 赛博空间与赛博对抗 [EB/OL]. [2011-02-26] http://www.docin.com/p-299368494.html.

[34] 张之沧. "赛博空间" 释义 [J]. 洛阳师范学院学报，2004（3）：21-25.

[35] 周光霞，王菁，赵鑫. 美军赛博空间发展动向及启示 [J]. 指挥信息系统与技术，2015，6（1）：1-5.

[36] United States Army Combined Arma Center. Cyber-electromagnetic Activities[R].Washington D.C.: Department of the Army，2014.

[37] 孙欣，费洪，赵锋，等. 美军赛博战 X 计划 [J]. 指挥信息系统与技术，2013，4（3）：25-27.

[38] FRANLIN, KRAMER, STUART, et al. 赛博力量与国家安全 [M]. 赵刚，况晓辉，方兰，等译. 北京：国防工业出版社，2017.

[39] 徐阳，宁焕生，万月亮，等. 赛博逻辑与赛博驱动逻辑 [J]. 工程科学学报，2021，43（5）：702-709.

[40] NING H S, YE X Z, BOURAS M A, et al. General cyberspace: Cyberspace and cyber-enabled spaces[J]. IEEE Internet Things J, 2018, 5(3): 1843.

[41] 费安翔，徐岱.赛博空间概念的三个基本要素及其与现实的关系[J].西南大学学报（社会科学版），2015，41（2）：111-119.

[42] 哈拉维. 类人猿、赛博格和女人：自然的重塑 [M]. 陈静，译. 郑州：河南大学出版社，2016.

[43] 李建会，苏湛. 哈拉维及其 "赛博格" 神话 [J]. 自然辩证法研究，2005，21（3）：18-22，36.

[44] 海勒. 我们何以成为后人类：文学、信息科学和控制论中的虚拟身体 [M]. 刘宇清，译. 北京：

北京大学出版社，2017.

[45] 福山. 我们的后人类未来：生物技术革命的后果 [M]. 黄立志，译. 桂林：广西师范大学出版社，2017.

[46] 蓝江. 走出人类世：人文主义的终结和后人类的降临 [J]. 内蒙古社会科学，2021，42（1）：35-43.

[47] 罗斯布拉特. 虚拟人 [M]. 郭雪，译. 杭州：浙江人民出版社，2016.

[48] 尼克莱利斯. 脑机穿越：脑机接口改变人类未来 [M]. 黄珏苹，郑悠然，译. 杭州：浙江人民出版社，2015.

[49] 吴国盛. 什么是科学 [M]. 广州：广东人民出版社，2016.

[50] 吴国盛. 科学的历程 [M]. 长沙：湖南科技出版社，2018.

[51] 多伊奇. 无穷的开始：世界进步的本源 [M]. 王红艳，张韵，译. 2 版. 北京：人民邮电出版社，2019.

[52] 皮寇弗. 数学之书 [M]. 杨大地，译. 2 版. 重庆：重庆大学出版社，2021.

[53] 洛奈. 万物皆数：从史前时期到人工智能，跨越千年的数学之旅 [M]. 孙佳雯，译. 北京：北京联合出版公司，2018.

[54] 德比希尔. 代数的历史：人类对未知量的不舍追求 [M]. 张浩，译. 修订版. 北京：人民邮电出版社，2021.

[55] 柏林霍夫，费尔南多·辜维亚. 这才是好读的数学史 [M]. 胡坦，译. 北京：北京时代华文书局，2019.

[56] 柯朗，罗宾. 什么是数学：对思想和方法的基本研究（中文版）[M]. 4 版. 左平，张饴慈，译. 上海：复旦大学出版社，2021.

[57] 亚历山大洛夫. 数学：它的内容、方法和意义：第一卷 [M]. 孙小礼，赵孟养，裘光明，等译. 北京：科学出版社，2001.

[58] 郑乐隽. 数学思维 [M]. 朱思聪，张任宇，译. 北京：中信出版社，2020.

[59] 量子学派. 公式之美 [M]. 北京：北京大学出版社，2020.

[60] 吴军. 数学通史讲义 [M]. 北京：新星出版社，2021.

[61] 英国 DK 出版社. 数学百科 [M]. 赵朝熠，译. 北京：电子工业出版社，2022.

[62] 帕多瓦. 莱布尼茨、牛顿与发明时间 [M]. 盛世同，译. 北京：社会科学文献出版社，2019.

[63] 欧阳莹之. 工程学：无尽的前沿 [M]. 李啸虎，吴新忠，闫宏秀，译. 上海：上海科技教育出版社，2017.

[64] 王精业，等. 仿真科学与技术原理 [M]. 北京：电子工业出版社，2012.

[65] 刘兴堂，周自全，李为民，等. 仿真科学技术及工程 [M]. 北京：科学出版社，2013.

[66] 肖田元，范文慧. 系统仿真导论 [M]. 2 版. 北京：清华大学出版社，2010.

[67] 中国仿真学会. 建模与仿真技术词典 [M]. 北京：科学出版社，2018.

[68] VELTEN. 数学建模与仿真：科学与工程导论 [M]. 周旭，译. 北京：国防工业出版社，2012.

[69] 佩奇. 模型思维 [M]. 贾拥民，译. 杭州：浙江人民出版社，2019.

[70] 朱文海，郭丽琴. 智能制造系统中的建模与仿真：系统工程与仿真的融合 [M]. 北京：清华大学

出版社，2021.

[71] 美国国家航空宇航局. NASA 系统工程手册 [M]. 朱一凡，李群，杨峰，等译. 北京：电子工业出版社，2012.

[72] 希金斯. 系统工程：21 世纪的系统方法论 [M]. 朱一凡，王涛，杨峰，译. 北京：电子工业出版社，2017.

[73] 孙东川，孙凯，钟拥军. 系统工程引论 [M]. 4 版. 北京：清华大学出版社，2019.

[74] 胡晓峰，张斌. 体系复杂性与体系工程 [J]. 中国电子科学研究院学报，2011，6（5）：446-450.

[75] 陈英武，姜江. 关于体系及体系工程 [J]. 国防科技，2008，29（5）：30-35.

[76] 雷尼，图尔克. 建模与仿真在体系工程中的应用 [M]. 张宏军，李宝柱，刘广，等译. 北京：国防工业出版社，2019.

[77] 国际系统工程协会. 系统工程手册：系统生命周期流程和活动指南 [M]. 张新国，译. 北京：机械工业出版社，2014.

[78] BORKY，BRADLEY. 基于模型的系统工程有效方法 [M]. 高星海，译. 北京：北京航空航天大学出版社，2020.

[79] 周军华，薛俊杰，李鹤宇，等. 关于武器系统数字孪生的若干思考 [J]. 系统仿真学报，2020，32（4）：539-552.

[80] 张霖. 关于数字孪生的冷思考及其背后的建模和仿真技术 [J]. 中国仿真学会通讯，2019，9（4）：58-62.

[81] 项目管理协会. 项目管理知识体系指南 [M]. 卢有杰，王勇，译. 3 版. 北京：电子工业出版社，2005.

[82] AUSTIN. NSF Workshop on "Cyber-Physical Systems" [EB/OL]. Proceedings available online at http://varma.ece.cmu.edu/CPS before 2016.11,2006-10-16/2006-10-17.

[83] LEE E. Computing Foundations and Practice for Cyber-physical Systems：a Preliminary Report, Technical Report UCB/EECS-2007-72[R]. USA:University of California, 2007.

[84] 何积丰. Cyber Physical systems. [J]. 中国计算机学会通讯，2010，6（1）：25-29.

[85] MARWEDEL P. Embedded System Design: Embedded Systems Foundations of Cyber-physical Systems[M]. Berlin: Springer-Verlag, 2011.

[86] 赵新，尹忠海，周诚，等. 基于事件驱动 CPS 体系架构的层级模型 [J]. 计算机工程，2018,44（4）：81-88.

[87] 张晶，王亮，范洪博. CPS 系统物理实体时空一致性建模与分析 [J]. 计算机工程与应用，2018，54（14）：41-44.

[88] 郭楠，贾超. 信息物理系统国内外研究和应用综述 [J]. 信息技术与标准化，2017，（6）：47-50.

[89] 赵新，尹忠海，周诚，等. 基于事件驱动 CPS 体系架构的层级模型 [J]. 计算机工程，2018，44（4）：81-88.

[90] 阿卢尔. 信息物理融合系统（CPS）原理 [M]. 董云卫，张雨，译. 北京：机械工业出版社，2017.

[91] 普拉泽. 信息物理系统逻辑基础 [M]. 曾海波，李仁发，译. 北京：机械工业出版社，2021.

[92] 航天云网科技发展有限责任公司. INDICSC 产品介绍 [R]. 北京：航天云网科技发展有限责任公司，2022.

[93] 刘伟，李霏，等. 航天复杂产品数字孪生车间构建 [R]. 北京：北京电子工程总体研究所，2022.

[94] 关于公布 2022 年度中小企业特色产业集群名单的通告（工信部企业函〔2023〕3 号）[EB/OL].（2023-01-11）[2023-05-01] https://wap.miit.gov.cn/zwgk/zcwj/wjfb/tg/art/2023/art_3ca534006b4628a1fdaa5609754bd9.html.

[95] MITTAL，TOLK. 赛博物理系统工程建模与仿真：赛博物理系统的复杂性挑战：支持智能、适应和自主的建模与仿真的应用 [M]. 高星海，译. 北京：北京航空航天大学出版社，2021.

[96] 塔勒布. 反脆弱：从不确定性中获益 [M]. 雨珂，译, 北京：中信出版社，2014.

[97] 克利菲尔德，希尔克斯. 崩溃 [M]. 李永学，译. 成都：四川人民出版社，2019.

[98] 美国通用电器公司. 工业互联网：打破智慧与机器的边界 [M]. 北京：机械工业出版社，2015.

[99] 史彦军，韩俏梅，沈卫明，等. 智能制造场景的 5G 应用展望 [J]. 中国机械工程，2020，31（2）：227-236.

[100] 周济. 智能制造："中国制造 2025" 的主攻方向 [J]. 中国机械工程，2015，26（17）：2273-2284.

[101] 王喜文. 中国制造 2025 解读：从工业大国到工业强国 [M]. 北京：机械工业出版社，2016.

[102] 戴曼迪斯，科特勒. 未来呼啸而来 [M]. 贾拥民，译. 北京：北京联合出版公司，2021.

[103] 明德尔. 智能机器的未来：人机协作对人类工作、生活及知识技能的影响 [M]. 胡小锐，译. 北京：中信出版社，2017.

[104] 米歇尔. AI 3.0：a guide for thinking humans [M]. 王飞跃，李玉珂，王晓，等译. 成都：四川科学技术出版社，2021.

[105] 马库斯，戴维斯. 如何创造可信的 AI [M]. 龙志勇，译. 杭州：浙江教育出版社，2020.

[106] 斯加鲁菲. 人工智能通识课 [M]. 张翰文，译. 北京：人民邮电出版社，2020.

[107] 波斯特洛姆. 超级智能：路线图、危险性与应对策略 [M]. 张体伟，张玉清，译. 北京：中信出版社，2015.

[108] 沙利文，朱塔弗恩. 数字时代的企业进化：机器智能＋人类智能＝无限创新 [M]. 冯雷，冯瑜，钟春来，等译. 北京：机械工业出版社，2020.

[109] KURZWEIL. 奇点临近 [M]. 李庆诚，董华，田源，译. 北京：机械工业出版社，2018.

[110] 巴拉特. 我们最后的发明：人工智能与人类时代的终结 [M]. 闫佳，译. 北京：电子工业出版社，2016.

[111] KURZWEIL. 人工智能的未来 [M]. 盛杨燕，译. 杭州：浙江人民出版社，2016.

[112] 戴曼迪斯，科特勒. 创业无谓：指数级成长路线图 [M]. 贾拥民，译. 杭州：浙江人民出版社，2015.

[113] 李伯虎，柴旭东，张霖，等. 智慧制造云 [M]. 北京：化学工业出版社，2020.

[114] 周济，李培根. 智能制造导论 [M]. 北京：高等教育出版社，2021.

[115] 阿什肯纳斯，尤里奇，吉克，等. 无边界组织：移动互联时代企业如何运行 [M]. 姜文波，刘丽君，康至军，译. 北京：机械工业出版社，2018.

致　　谢

感谢中国工程院李伯虎院士，感谢他率领我们大家在计算机集成制造（CIM）、并行工程（CE）、系统工程（SE）、建模与仿真（M&S）、复杂产品虚拟样机、虚拟采办（SBA）等领域开展研究与实践探索。无论是建模与仿真、虚拟样机、虚拟采办等，还是今天的智能制造、基于模型的系统工程（MBSE）、数字孪生，李院士一直都在为我们指引技术研究和探索的方向，并身体力行地长年坚持研究与探索工作。

感谢复杂产品智能制造系统技术全国重点实验室（以下简称"全国重点实验室"）依托单位北京电子工程总体研究所王蒙一副主任、刘建东副主任和同志们给予的关心和帮助；感谢国家科技部重点研发计划"网络协同制造和智能工厂"重点专项（项目号：2021YFB1716300）的刘炜研究员、李霏高工以及团队其他成员提供的丰硕研究成果和技术支持；感谢航天云网科技发展有限公司提供的工业互联网平台 INDICS 的应用实施成果和技术支持；感谢依托单位的工程信息中心林廷宇书记、周军华副主任的支持；感谢全国重点实验室施国强主任、实验室办公室全静主任、主管调度张皓的支持和帮助；感谢全国重点实验室所有团队成员在本书成书过程中给予的支持和帮助！感谢我国智能制造领域领导和专家们多年来的关心和鼓励！

感谢清华大学出版社的刘杨老师等，为本书的正式出版所付出的辛苦和帮助！

最后感谢亲人们的默默付出！

朱文海

2023 年 5 月